中等职业教育国家规划教材

全国中等职业教育教材审定委员会审定

焊 接 工 艺

（焊接专业）

第 3 版

主 编 陈云祥 叶蓓蕾

参 编 寿祖平 姜 龙

机 械 工 业 出 版 社

本书为中等职业教育国家规划教材，出版发行十余年来深受广大院校师生认可和好评。根据《国家教育事业发展"十三五"规划》文件精神，结合现代焊接专业教学实际和企业工程技术人员的意见，本书在第 2 版基础上进行了修订。

本书共分 10 章，内容包括气焊与气割、埋弧焊、熔化极气体保护焊、钨极惰性气体保护焊、等离子弧焊接与切割、其他焊接方法、金属材料焊接性分析方法、常用金属材料的焊接、常用非铁金属的焊接和焊接污染及控制。

本书可作为中等职业学校、技工院校的焊接核心课教材，也可作为焊工培训考级、相关专业工程技术人员参考用书。

图书在版编目（CIP）数据

焊接工艺/陈云祥，叶蓓蕾主编．—3 版．—北京：机械工业出版社，2018.2（2022.6 重印）

中等职业教育国家规划教材　修订版

ISBN 978-7-111-58762-0

Ⅰ．①焊⋯　Ⅱ．①陈⋯②叶⋯　Ⅲ．①焊接工艺-中等专业学校-教材　Ⅳ．①TG44

中国版本图书馆 CIP 数据核字（2017）第 312773 号

机械工业出版社（北京市百万庄大街22 号　邮政编码100037）

策划编辑：齐志刚　责任编辑：王海峰　王莉娜

责任校对：刘秀芝　封面设计：马精明

责任印制：李　昂

唐山三艺印务有限公司印刷

2022 年 6 月第 3 版第 8 次印刷

184mm×260mm · 12 印张 · 284 千字

标准书号：ISBN 978-7-111-58762-0

定价：36.00 元

电话服务

客服电话：010-88361066

010-88379833

010-68326294

封底无防伪标均为盗版

网络服务

机 工 官 网：www.cmpbook.com

机 工 官 博：weibo.com/cmp1952

金 书 网：www.golden-book.com

机工教育服务网：www.cmpedu.com

中等职业教育国家规划教材出版说明

为了贯彻《中共中央国务院关于深化教育改革全面推进素质教育的决定》精神，落实《面向 21 世纪教育振兴行动计划》中提出的职业教育课程改革和教材建设规划，根据教育部关于《中等职业教育国家规划教材申报、立项及管理意见》（教职成［2001］1 号）的精神，我们组织力量对实现中等职业教育培养目标和保证基本教学规格起保障作用的德育课程、文化基础课程、专业技术基础课程和 80 个重点建设专业主干课程的教材进行了规划和编写，从 2001 年秋季开学起，国家规划教材将陆续提供给各类中等职业学校选用。

国家规划教材是根据教育部最新颁布的德育课程、文化基础课程、专业技术基础课程和 80 个重点建设专业主干课程的教学大纲（课程教学基本要求）编写，并经全国中等职业教育教材审定委员会审定。新教材全面贯彻素质教育思想，从社会发展对高素质劳动者和中初级专门人才需要的实际出发，注重对学生的创新精神和实践能力的培养。新教材在理论体系、组织结构和阐述方法等方面均作了一些新的尝试。新教材实行一纲多本，努力为教材选用提供比较和选择，满足不同学制、不同专业和不同办学条件的教学需要。

希望各地、各部门积极推广和选用国家规划教材，并在使用过程中，注意总结经验，及时提出修改意见和建议，使之不断完善和提高。

教育部职业教育与成人教育司

第 3 版前言

中等职业教育国家规划教材（焊接专业）系列丛书自出版以来，深受中等职业教育院校师生的欢迎，得到了他们的认可，经过多轮的教学实践和不断修订完善，已成为焊接专业在职业教育领域的精品套系教材。为深入贯彻落实《国家教育事业发展"十三五"规划》文件精神，确保经典教材能够切合现代职业教育焊接专业教学实际，进一步提升教材的内容质量，机械工业出版社于2017年3月在渤海船舶职业学院召开了"中等职业教育国家规划教材（焊接专业）修订研讨会"，与会者研讨了现代职业教育教学改革和教学实际对该专业教材内容的要求，并在此基础上对系列教材进行了全面修订。

为满足职业教育，以及焊接新技术、新工艺的发展需要，遵照国家对职业教育、教学改革的要求，结合使用本书师生的建议，特别是征求了企业从事焊接工艺工作的技术人员的意见，对教材内容进行了修订，力争使修订版更具实用性。此次修订保留了原教材的编写体系和特点，主要从以下几个方面做了修订。

1. 正视中等职业教育的培养目标和生源特点，教材中更多采用了图表、图片形式，直观易懂。

2. 为了贴近新型学徒制人员培养，突出校企合作需求，增加了工艺过程的内容。

3. 对部分章节内容进行了删减、调整，力求更加简洁，方便初学者入门。

4. 考虑到第2版中第八章~第十一章均为常用金属材料的焊接知识，为便于初学者理解，将该四章合并为一章。

本书由陈云祥、叶蓓蕾在第2版的基础上组织修订，参加修订工作的还有寿祖平、姜龙。修订版包含了原版作者的大量工作，在此向他们表示深切的谢意。

由于编写人员水平有限，书中难免存在疏漏和不当之处，敬请广大读者批评指正。

编　者

第 2 版前言

《焊接工艺》教材是根据 2001 年 5 月教育部颁布的中等职业学校焊接专业"焊接工艺"课程教学大纲编写的，是中等职业学校焊接专业的必修课程。

考虑到十年来，中等职业教育教学理念的转变和课程改革的需求，以及焊接新技术、新工艺的发展现状，遵照国家对职业教育、教学改革的要求，结合部分使用本书师生的建议，征求企业从事焊接工作的工人及工程技术人员的意见，我们对教材内容进行了修订，力争使修订版更为完善、实用。此次修订保留了原教材的编写体系和特点，主要从以下几个方面做了修订：

1）正视中职教育的培养目标和生源的特点，对教材的内容和文字做了进一步推敲，使论述更加简洁明了。

2）在前六章介绍的各种常用的焊接方法中，增加了与职业能力培养相关的新技术、新工艺，具有一定的超前性和先进性。

3）对一些旧的材料牌号进行了更新，按照最新的国家标准，删除已作废焊接材料，增加了新旧牌号的对比，使教材内容更加贴合企业实际。

本书由陈云祥在第 1 版的基础上组织修订，参加修订工作的还有叶蓓蕾和寿祖平，邱葭菲负责本书的审稿工作。修订版包含了原版作者的大量工作，修订者在此向他们表示深切的谢意。

由于修订时间仓促，书中难免存在疏漏和不妥之处，敬请广大读者批评指正。

编　者

第 1 版前言

  《焊接工艺》教材是根据 2001 年 5 月国家教育部中等职业教育焊接专业"焊接工艺"课程教学大纲编写的，是中等职业学校焊接专业的必修课程。其任务是讲述各种焊接方法的过程、特点和应用；各种基本焊接方法中影响焊接质量的工艺参数；讲述常用金属材料的焊接性及焊接工艺，为学生正确掌握和使用焊接技术打下良好的基础。

  全书共分十三章，第一章至第六章主要介绍各种常用的焊接方法；第七章至第十二章主要介绍了常用金属材料焊接性及焊接工艺；第十三章主要介绍焊接污染及控制。本书力求贯彻中职教育培养高素质劳动者和中、初级专门人才的目标。取材上注重了理论的实用性，删除了一些与中职培养目标不相符的专深理论知识，叙述上注重了深入浅出。全书以目前应用最广泛的电弧焊方法和常用金属材料为讨论的重点内容，同时简要地介绍了焊接新技术与新工艺，每章末均附有复习思考题供复习之用，使学生通过本课程的学习了解所必需的焊接工艺的基本知识和基本技能。

  本书第一章至第四章由浙江机电职业技术学院陈云祥编写；第五、六、十三章由北京机械工业学校李荣雪编写；第七、八、十一、十二章由兰州石化职业技术学院王建勋、蔡建刚编写；第九章由渤海船舶职业学院李莉老师编写；第十章由渤海船舶职业学院赵丽玲编写。全书由陈云祥主编，由董芳审阅。本书的责任主审崔占全教授，审稿徐瑞教授、赵越超教授。

  由于编者专业知识有限，书中一定会在内容上有欠妥之处，敬请读者批评指正。

编 者

2002 年 1 月

目　　录

绪　　论

一、焊接在现代工业中的地位及发展概况

1. 焊接在现代工业中的地位

焊接是通过加热或加压，或两者并用，并且用或不用填充材料，使工件达到永久性结合的一种工艺方法。在工业产品的制造过程中焊接是最常采用的一种零件（或构件）连接方法。

在工业生产中，连接方法主要分为可拆连接和不可拆连接两大类。螺钉、键、销等连接方式属于可拆连接，它们通常不用于制造金属结构，而是用于零件的装配和定位工作中。不可拆连接有铆接、焊接和粘接等几种方式，它们通常用于金属结构或零件的制造中。其中铆接应用较早，但它工序复杂、结构笨重、材料消耗也较多，因此在现代工业中已被焊接所取代。粘接虽然工艺简单，而且在粘接过程中对被粘接材料的组织和性能不产生任何不良影响，但受胶粘剂的影响，其接头强度一般较低，也使其应用受到了限制。焊接方法不但易于保证焊接结构等的强度要求，而且相对来说工艺比较简单，加工成本也比较低廉，所以目前还没有其他方法能够比焊接更为广泛地应用于金属结构件的连接中。

据工业发达国家统计，每年仅需要进行焊接加工之后使用的钢材就占钢材总产量的45%左右。我国也有40%～45%的钢材要经过焊接才能变为工业的最终产品。

焊接作为制造业的基础工艺与技术，为工业经济的发展做出了重要的贡献。在人类引以为自豪的各个领域，如航空航天、核能利用、电子信息、海洋钻探、高层建筑等领域，都利用了焊接技术的先进成果。

2. 焊接的发展概况

焊接是一种古老而又年轻的加工方法，远在我国古代就有使用锻焊和钎焊的实例，如在著称世界的秦始皇陵中出土的铜车马上就发现了钎焊的焊缝。明代的科学著作《天工开物》上就有关于锻焊的记载：“凡铁性逐节粘合，涂以黄泥于接口之上，入火挥槌，泥滓成楉而去，取其神气为媒，胶合之后，非灼红斧斩永不可断也。”

但是，目前工业生产中广泛应用的焊接技术，却是19世纪末和20世纪初现代科学技术发展的产物。1885年碳极电弧的发明，开创了电弧作为工业热源应用的先河。而1892年发现金属极电弧后，特别是1930年前后出现了涂药焊条以后，电弧焊才真正意义上地应用于工业生产。电阻焊是于1886年发明的，此后逐渐被完善为电阻点焊、缝焊和对焊方法。电阻焊的大规模工业应用也几乎与电弧焊同时代。

20世纪是焊接技术发展最活跃的时期，很多重要的焊接方法均产生于这一时期。期间，物理学中发现了一些功率密度比电弧高出几个数量级的电子束、等离子束、激光束等新型热源，因此应运而生了真空电子束焊、等离子束焊和激光焊。这些高能束焊接技术的工业应用，业已成为焊接技术向优质、高效、低耗、清洁、灵活的技术方向发展的代表。在20世纪后半叶，焊接自动化程度也得到了很大的提高。由原来以手工操作的电弧焊为主，发展到

以更加环保、经济、高效、优质的气体保护焊及自动焊为主。数字化焊接更进一步促进了焊接生产自动化、智能化的发展，并使焊接生产利用 Internet 实现远程控制成为现实。

事实上，各种新的焊接技术和方法，正是在新科技的推动下，在实际生产中不断提出的新需求的带动下向前发展起来的。

在今天，焊接作为一种传统技术正面临着新的挑战。一方面，材料科学进入 21 世纪已显示出五个方面的变化趋势，即从钢铁材料向非铁金属材料变化；从金属材料向非金属材料变化；从结构材料向功能材料变化；从多维材料向低维材料变化；从单一材料向复合材料变化。新材料的连接对焊接技术提出了更高的要求。另一方面，基于计算机技术的先进制造技术，如计算机辅助焊接（CAW）、焊接机器人、计算机集成制造系统（CIMS）等的蓬勃发展，正从信息化、集成化、系统化、柔性化等几个方面改变着焊接技术的生产面貌。

此外，Internet 上的一些焊接专业网站，如中国焊接学会（www. cws. com. cn）、中国焊接信息网（www. weldnet. com. cn），国际上著名的焊接专业网站，如美国爱迪生焊接研究所（www. ewi. org）、美国焊接协会（www. amweld. org）等，均为广大焊接工作者提供了最及时、最广泛的焊接专业咨询及最便捷的交流与学习机会。

但应该看到，目前我国焊接技术的总体水平与工业化国家还有一定的差距，尚需广大焊接工作者更加奋发和努力。

二、焊接工艺、焊接方法及金属材料的焊接性

1. 焊接工艺

焊接工艺是指与制造焊件有关的加工方法和实施要求，包括焊接准备、材料选用、焊接方法选定、焊接参数、操作要求等。显然，了解各种焊接方法和掌握被焊材料的焊接性是合理制订焊接工艺的关键。本书主要讲述的就是各种常用的焊接方法和常见金属材料的焊接性。

2. 焊接方法

焊接方法是指某特定的焊接方法，如埋弧焊、气体保护焊等，其内涵包括该方法所涉及的冶金、电、物理、化学及力学性能等内容。如何对现有的焊接方法进行科学的分类是一个非常有意义的问题。正确的分类不仅可以帮助我们了解、学习各种焊接方法的特点和本质，而且可以为科学工作者开发新的焊接技术提供有力的依据。

目前，焊接方法分类法甚多，通常情况下，按其焊接过程特点将其分为熔焊、压焊和钎焊三大类，每大类又按不同的方法细分为若干小类，如图 0-1 所示。

3. 金属材料的焊接性

金属材料的焊接性是指金属材料在限定的施工条件下焊接成按规定设计要求的构件，并满足预定服役要求的能力。换句话说，焊接性是指被焊材料在焊接加工中形成完整焊接接头的能力，以及已焊成的接头在使用条件下安全运行的能力。

在焊接生产实践中不难发现，不同的被焊材料因其成分与状态不同，焊接后将对其组织与性能产生不同的影响。例如低碳钢，几乎可以用任何焊接方法焊接，并且焊缝都能保证质量，热影响区也无明显变化。但对于 $w_C > 0.3\%$ 的碳钢或某些合金钢来说，为了获得优质的焊接接头，必须采用特殊的工艺措施。对于某些金属，防止焊接缺陷并不十分困难，但为了全面满足母材的性能要求，仍需辅以专门的工艺措施。这些都表明不同的金属获得优质焊接接头的难易程度不同，或者说各种金属对焊接工艺的适应性不同。因此，了解和掌握金属材料的焊接性，是能否合理制订焊接工艺的先决条件。

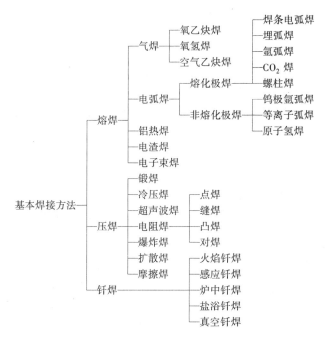

图 0-1　焊接方法的分类

金属的焊接性与铸造性、机械加工性一样，同属于金属材料的工艺性能。实践证明，金属的焊接性与材料成分、焊接方法、构件类型、使用要求等因素都有密切的关系，所以焊接性并不是金属材料的固有性能，而是随焊接技术的发展而变化的，不能脱离这些因素而单纯从材料本身的性能来评价焊接性。因此，很难找到某一项技术指标来概括材料的焊接性，只有通过综合多方面的因素，才能分析焊接性问题。

三、本书的内容和学习方法

本书是根据新修订的中等职业学校焊接专业"焊接工艺"课程教学大纲编写的，是介绍各种焊接方法及常用金属材料焊接性的一门主要专业课程。

本书讲述的主要内容为：

1）各类基本焊接方法的特点及应用范围。

2）各类基本焊接方法中影响焊接质量的工艺参数及其合理选择和控制。

3）金属的焊接性及其试验方法。

4）常用焊接结构的焊接性特点及焊接工艺。

"焊接工艺"课程是以"焊接电工""金属熔焊基础"课程为前导的一门专业课程。因此在学习本书之前，应先修完上述课程，并进行过专业生产实习，积累必要的基础知识。只有将上述知识学以致用，融会贯通，才能更扎实地学习好本书。

《焊接工艺》是焊接专业的主要专业课教材之一，也是一门实践性很强的课程，因此学习本书时应与其他课程和教学环节（如实习、课程设计等）配合，特别注意理论联系生产实际，培养自己分析问题和解决实际问题的能力。即不但应注意学好教材本身所介绍的内容，还要注意掌握分析各种焊接方法的思路，学会分析影响焊接质量的工艺因素，了解常用焊接方法的操作技术，同时还要特别重视实验和操作环节，才会有更好的学习效果。

复习思考题

1. 什么是焊接？与其他连接方法相比，其优点是什么？
2. 焊接方法是怎样分类的？各有什么特点？
3. 什么是金属材料的焊接性？影响材料焊接性的因素有哪些？了解金属的焊接性有何意义？
4. 什么是焊接工艺？

第一章　气焊与气割

在生产中，利用可燃气体与助燃气体混合燃烧所产生的火焰作为热源进行金属材料的焊接或切割的加工方法，称为气焊或气割。它们是金属材料热加工常用的方法。本章首先介绍气焊的基本原理、特点及应用，然后介绍气焊用气体、焊接材料、设备及工具和焊接工艺，最后介绍气割的原理及应用。

第一节　气焊概述

气焊是利用气体火焰作为热源的一种焊接方法。它借助可燃气体与助燃气体混合后燃烧产生的火焰，将接头部位母材金属和焊丝熔化，使被熔化的金属形成熔池，冷却凝固后形成牢固的接头，从而使两焊件连接成一个整体。最常用的气焊是氧乙炔焊，如图 1-1 所示。

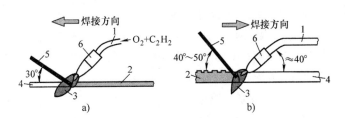

图 1-1　氧乙炔焊示意图

a）左焊法：板厚 ≤3mm 的钢材　b）右焊法：板厚 >3mm 的钢材

1—焊炬　2—焊缝　3—火焰　4—工件　5—焊丝　6—焊嘴

气焊与焊条电弧焊相比的优点是：

1）设备简单，移动方便，在无电力供应地区也可以方便地进行焊接。

2）可以焊接很薄的工件。

3）焊接铸铁和部分非铁金属时焊缝质量好。

气焊的缺点是：

1）热量较分散，热影响区及变形大。

2）生产率较低，不宜焊较厚的金属。

3）某种金属因气焊火焰中氧气、氢气等气体与熔化金属发生作用，会降低焊缝性能。

4）难以实现自动化。

由于气焊火焰具有温度低的特点，故气焊特别适用于薄板的焊接以及低熔点材料的焊接，可用于工具钢和铸造类需要预热和缓冷材料的焊接，广泛应用于非铁金属的钎焊及硬质合金堆焊，以及磨损和报废件的补焊。

第二节　气焊用气体和焊接材料

一、气焊用气体

气焊用气体由助燃气体（氧气）和可燃气体（乙炔、液化石油气等）两部分组成。可燃气体的种类很多，常见可燃气体的发热量及火焰温度见表1-1。

表1-1　常见可燃气体的发热量及火焰温度

气　　体	发热量/$J \cdot L^{-1}$	火焰温度/℃	气　　体	发热量/$J \cdot L^{-1}$	火焰温度/℃
乙炔	52753	3200	煤气	20934	2100
氢气	10048	2160	沼气	33076	2000
丙烷、丁烷	8876	2000			

（1）氧气　氧气是气焊（气割）时必须使用的气体。氧气在常温和标准大气压下是无色无嗅的气体，密度为1.43kg/m³。在大气压下温度降到 -182.96℃时，氧气由气态变为蓝色的液态，在 -218.4℃时形成淡蓝色的固体。氧气纯度对气焊与气割质量、生产率和氧气本身的消耗量有直接影响。气焊和气割必须选用高纯度的氧气，才能获得所需的导热强度。一般工业用氧气的纯度被分为两级：一级纯度质量分数不低于99.5%，常用于质量要求较高的气焊（气割）；二级纯度质量分数不低于98.5%，常用于没有严格要求的气焊（气割）。

（2）乙炔　乙炔的分子式为C_2H_2，是未饱和的碳氢化合物，在常温和大气压力下为无色气体。工业用乙炔混有许多杂质，如硫化氢、磷化氢等，故有刺鼻的特殊气味，密度为1.17kg/m³。乙炔的沸点为 -82.4℃，温度在 -83.6℃时成为液体，温度低于 -85℃时成为固体。气体乙炔能溶解于水、丙酮等液体，在常温常压下1L丙酮能溶解23L乙炔。

乙炔是一种危险的易燃、易爆气体，其液体或固体状态在一定条件下也可能因摩擦、冲击而爆炸。乙炔与铜或银长期接触后生成的乙炔铜（Cu_2C_2）或乙炔银（Ag_2C_2）是一种爆炸性的化合物，它们受到剧烈振动或者被加热到110～120℃就会爆炸。所以，凡是与乙炔接触的器具设备，禁止用银或含铜量超过70%的铜合金制造。乙炔和氯、次氯酸盐等反应会发生燃烧和爆炸，所以乙炔燃烧时，绝对禁止使用四氯化碳来灭火。

（3）液化石油气　液化石油气的主要成分是丙烷（C_3H_8）、丁烷（C_4H_{10}）、丙烯（C_3H_6）等碳氢化合物，在常压下以气态存在，在0.8～1.5MPa压力下，就可变成液态，便于装入瓶中储存和运输，液化石油气由此而得名。

液化石油气与乙炔一样，与空气或氧气形成的混合气具有爆炸性，但它比乙炔安全得多。液化石油气的火焰温度比乙炔的火焰温度低，其在氧气中的燃烧温度为2800～2850℃；液化石油气在氧气中的燃烧速度慢，约为乙炔的1/3，其完全燃烧所需的氧气量比乙炔大。因此，液化石油气用于气割时，金属预热时间稍长，但其切割质量容易保证，割口光洁，不渗碳，质量较好。

由于液化石油气价格低廉，比乙炔安全，质量又较好，目前国内外已把液化石油气作为一种新的可燃气体来逐渐代替乙炔。液化石油气在气割中已有成熟技术，广泛应用于钢材的气割和低熔点非铁金属材料的焊接中，如黄铜焊接、铝及铝合金焊接等。

二、气焊用焊接材料

1. 焊丝

气焊时，焊丝不断地被送入熔池内，与熔化的母材金属熔合形成焊缝。焊缝的质量在很大程度上与焊丝的化学成分和质量有关，因此焊丝的正确选用是非常重要的。

（1）选用焊丝的原则

1）考虑母材金属的力学性能。焊丝的化学成分是影响焊接接头力学性能的主要因素。因此，一般应根据母材金属的化学成分来选用焊丝。还要考虑焊接后焊件的受力情况，对焊接接头强度要求高的焊件，应选用比母材金属强度高的或等强度的焊丝。

如果焊件工作时承受冲击力，应选用韧性好的焊丝。如果要求焊件耐磨，则应选用耐磨材料焊丝。总之，选用焊丝材料的原则之一就是要符合焊件力学性能的要求。

2）考虑焊接性。选用焊丝除了考虑强度外，还要考虑焊缝金属和母材金属的熔合及其组织的均匀性。一般要求焊丝的熔点应等于或略低于母材金属的熔点。否则，在气焊过程中容易形成烧穿、咬边或夹渣等缺陷。

焊接性良好的焊丝填入焊缝熔池后，焊缝金属和熔合线处的晶粒组织细密，熔池金属没有沸腾、喷溅现象。检查焊丝的焊接性时，可用气焊火焰把焊丝一端熔化后观察一下，如果略为呈现油亮而黏稠状态，凝固后焊缝表面光亮，没有裂纹、塌陷、粗糙等现象，则焊丝就是较好的。

3）考虑焊件的特殊要求。焊接对介质和温度有特殊要求的焊件，应选用能满足这些要求的焊丝。

（2）常用焊丝的牌号和用途（表1-2）

表1-2　常用焊丝的牌号和用途

碳素结构钢焊丝		合金结构钢焊丝		不锈钢焊丝	
牌号	用途	牌号	用途	牌号	用途
H08	焊接一般低碳钢结构	H10Mn2	用途与H08Mn相同	H03Cr21Ni10	焊接超低碳不锈钢
		H08Mn2Si			
H08A	焊接较重要的低、中碳钢及某些低合金钢结构	H10Mn2MoA	焊接普通低合金钢	H06Cr21Ni10	焊接18-8型不锈钢
H08E	用途与H08A相同，工艺性能较好	H10Mn2MoVA	焊接普通低合金钢	H08Cr21Ni10	焊接18-8型不锈钢
H08Mn	焊接较重要的碳素钢及普通低合金钢结构，如锅炉、受压容器等	H08CrMoA	焊接铬钼钢等	H08Cr19Ni10Ti	焊接18-8型不锈钢
H08MnA	用途与H08Mn相同，但工艺性能较好	H18CrMoA	焊接结构钢，如铬钼钢、铬锰硅钢等	H12Cr24Ni13	焊接高强度结构钢和耐热合金钢等
H15A	焊接中等强度工件	H30CrMnSiA	焊接铬锰硅钢	H12Cr26Ni21	焊接高强度结构钢和耐热合金钢等
H15Mn	焊接中等强度工件	H10CrMoA	焊接耐热合金钢		

2. 气焊焊剂

（1）气焊焊剂的作用　在气焊过程中，被加热的熔化金属极易与周围空气中的氧气或火焰中的氧气化合生成氧化物，使焊缝中产生气孔和夹渣等缺陷。为了防止金属的氧化及消除已经形成的氧化物，在焊接非铁金属、铸铁以及不锈钢等材料时必须采用气焊焊剂。

气焊焊剂可以在焊前涂在焊件的待焊位置上或涂在焊丝上；也可以在气焊过程中将焊丝蘸上焊剂后再填加到熔池内。在高温下焊剂熔化与熔池内的金属氧化物或非金属夹杂物相互作用形成熔渣，浮在焊接熔池的表面，覆盖着熔化的焊缝金属，从而可以防止熔池金属的氧化并改善焊缝金属的性能。

（2）气焊焊剂的种类　气焊焊剂分为化学焊剂和物理焊剂两种。

1）化学焊剂由一种或几种酸性氧化物或碱性氧化物组成，所以也称为酸性焊剂或碱性焊剂。其中酸性焊剂有硼砂、硼酸、二氧化硅等，主要用于焊接铜及铜合金、合金钢等。焊接时形成的氧化亚铜、氧化锌和氧化铁等是碱性氧化物，因此要采用酸性焊剂。碱性焊剂包括碳酸钾和碳酸钠等，主要用于补焊铸铁。由于此时熔池内形成高熔点、酸性的二氧化硅（熔点为1350℃），所以采用碱性焊剂。

2）物理焊剂有氯化钾、氯化钠、氯化锂、氟化钾、氟化钠、硫酸氢钠等，主要用于焊接铝及铝合金。在气焊铝及铝合金时，熔池表面形成一层三氧化二铝薄膜，这种化合物不能被酸性或碱性焊剂中和，直接阻碍焊接过程的顺利进行，因此必须用有物理作用的焊剂将三氧化二铝溶解，从而获得高质量的焊缝。

（3）常用气焊焊剂及选用　气焊焊剂应根据母材金属在气焊过程中所产生的氧化物的种类来选用。所选用的焊剂应能中和或溶解这些氧化物。常用气焊焊剂的种类、用途及性能见表1-3。

表1-3　常用气焊焊剂的种类、用途及性能

焊剂型号	代号	应用范围	基 本 性 能
焊剂101	CJ101	不锈钢及耐热钢	熔点约为900℃，有良好的湿润作用，能防止熔化金属被氧化，焊后熔渣易清除
焊剂201	CJ201	铸　铁	熔点约为650℃，呈碱性反应，富潮解性，能有效地去除铸铁在气焊时所产生的硅酸盐和氧化物，有加速金属熔化的功能
焊剂301	CJ301	铜及铜合金	系硼基盐类，易潮解，熔点约为650℃，呈酸性反应，能有效地去除氧化铜和氧化亚铜
焊剂401	CJ401	铝及铝合金	熔点约为560℃，呈碱性反应，能有效地破坏氧化铝膜，因富有潮解性，在空气中能引起铝的腐蚀，焊后必须将熔渣清除干净

第三节　气焊设备及工具

气焊设备及工具主要由氧气瓶、乙炔瓶、减压器、回火防止器、焊炬和导管等组成，如图1-2所示。

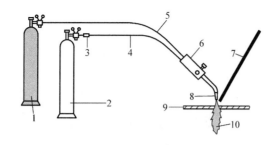

图 1-2　气焊设备的组成
1—氧气瓶及压力表　2—乙炔瓶及压力表
3—回火防止器　4—乙炔导管　5—氧气导管
6—焊炬　7—焊丝　8—焊嘴　9—工件　10—火焰

1. 氧气瓶

氧气瓶是贮存和运输高压氧气的容器，瓶体漆成天蓝色，并漆有"氧气"黑色字样。氧气瓶容量一般为 40L，额定工作压力为 15MPa。

2. 减压器

减压器是将气瓶中高压气体的压力减到气焊气割所需压力的一种调节装置。减压器不但能减低压力、调节压力，而且能使输出的低压气体的压力保持稳定，不会因气源压力降低而降低。气焊气割用减压器有氧气减压器、乙炔减压器和丙烷减压器等。

3. 乙炔瓶

乙炔瓶是贮存和运输乙炔的容器，瓶体漆成白色，并漆有"乙炔"红色字样。瓶内装有浸满着丙酮的多孔性填料，可使乙炔以 1.5MPa 的压力安全地贮存在瓶内。使用时，必须用乙炔减压器将乙炔压力降到低于 0.103MPa 方可使用。乙炔瓶比乙炔发生器安全，而且卫生。乙炔瓶应站立放置，不可横卧倒置，以防丙酮流出。

4. 液化石油气瓶

液化石油气瓶外表面涂银灰色漆，并用红漆写有"液化石油气"字样，其容量有 15kg、20kg、30kg、50kg 等多种规格。液化石油气瓶的最大工作压力为 1.6MPa，水压试验压力为 3MPa。

5. 焊炬

焊炬是用于控制火焰进行焊接的工具，其功用是将可燃气体与氧气按一定比例混合后以一定速度喷出。各种焊嘴的混合气体流速见表 1-4。

表 1-4　各种焊嘴的混合气体流速

焊嘴号码	1 号	2~3 号	4~6 号	7 号
混合气体流速/m·s^{-1}	60~80	80~120	120~140	140~160

焊炬的分类及特点见表 1-5。目前，我国应用最广泛的为射吸式焊炬。等压式焊炬由于使用中压或高压乙炔，尚未获得广泛应用。

表 1-5　焊炬的分类及特点

类别	结 构 图	工作原理	优点	缺点
射吸式	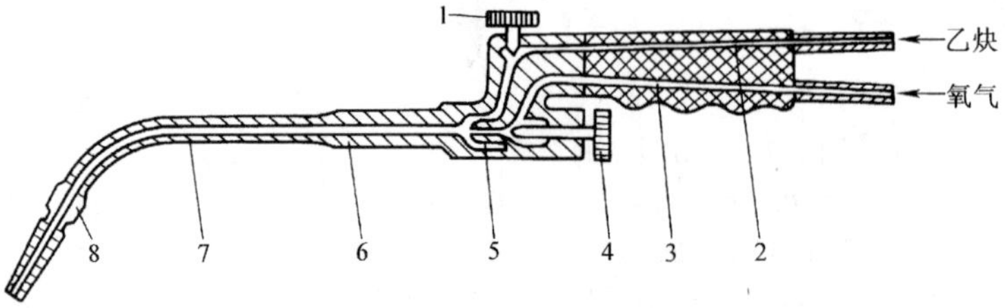 　1—乙炔阀　2—乙炔导管　3—氧气导管　4—氧气阀　5—喷嘴　6—射吸管　7—混合气管　8—焊嘴	靠喷射器(喷嘴和射吸管)的射吸作用调节氧气和乙炔的流量,保证乙炔与氧气按一定的比例混合。射吸作用主要利用高压氧气从喷嘴喷出产生的射吸力	工作压力在0.001MPa以上即可使用,通用性强,低、中压乙炔都可使用	较易回火
等压式(中压式)	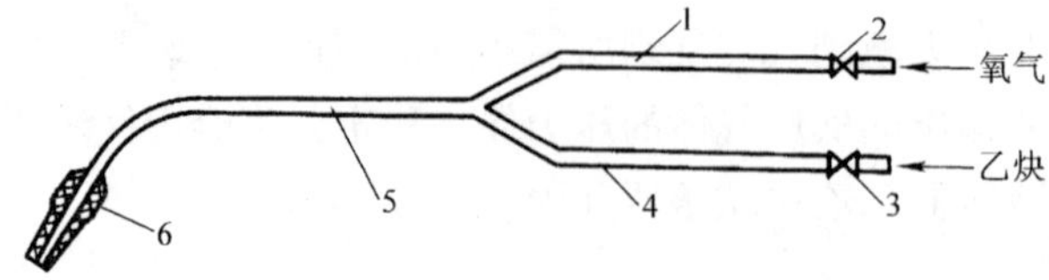 　1—氧气导管　2—氧气阀　3—乙炔阀　4—乙炔导管　5—混合气管　6—焊嘴	乙炔靠自己的压力与氧气在焊嘴接头与焊嘴的空隙内混合,因此乙炔的压力与氧气相等或接近	结构简单,火焰燃烧稳定,回火可能性比射吸式小	只能使用中压、高压乙炔,不能用低压乙炔

6. 输气胶管

氧气瓶和乙炔瓶中的气体须用橡皮管输送到焊炬或割炬中。根据国家标准《气体焊接设备　焊接、切割和类似作业用橡胶软管》（GB/T 2550—2016）规定，氧气管为蓝色，乙炔管为红色。连接于焊炬的橡胶管长度不能短于 5m，但橡胶管太长会增加气体流动的阻力，故橡胶管一般在 10 ~ 15m 为宜。焊炬用橡胶管禁止有油污、漏气，并严禁互换使用。

第四节　气 焊 工 艺

一、气焊火焰

1. 气焊火焰的种类及特点

气焊火焰是可燃性气体与氧气混合燃烧而形成的。乙炔与氧气混合燃烧所形成的火焰，一般称为氧乙炔焰。氧乙炔焰具有很高的温度（约3200℃），加热集中，是目前气焊中采用的主要火焰。

氧乙炔焰由于混合比不同有三种火焰：中性焰、碳化焰和氧化焰，如图 1-3 所示。

（1）中性焰　氧乙炔混合比（体积）为 1.1 ~ 1.2 时燃烧所形成的火焰。其特征为亮白色的焰心端部有淡白色火焰闪动，时隐时现。中性焰的内焰区气体为 CO 和 H₂，无过量氧，也没有游离碳，因此呈暗紫色。中性焰的内焰实际上并非中性，而是具有一定的还原性，故有人称中性焰为正常焰。中性焰应用最广，适用于焊接一般低碳钢和要求焊接过程对熔化金属不渗碳的金属材料。

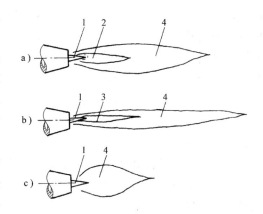

图 1-3　氧乙炔焰
a）中性焰　b）碳化焰　c）氧化焰
1—焰心　2—内焰（暗红色）
3—内焰（淡白色）　4—外焰

（2）碳化焰　氧乙炔混合比（体积）小于 1.1 时的火焰。其特征是内焰呈淡白色。这是因为碳化焰的内焰有多余的游离碳。碳化焰具有较强的还原作用，也有一定的渗碳作用，适用于含碳量较高的高碳钢、铸铁的焊接。

（3）氧化焰　氧乙炔的混合比大于 1.2 的火焰。其特征是焰心端部无淡白色火焰闪动，内焰、外焰分不清。氧化焰有过量的氧，因此氧化焰有氧化性。采用含硅焊丝焊接黄铜时，可阻止黄铜中锌的蒸发，宜采用氧化焰。

中性焰焰心外 2~4mm 处温度最高，达 3150℃ 左右。因此，气焊时焰心离开工件表面 2~4mm 时，热效率最高，保护效果最好。

2. 各种火焰的适用范围

根据焊接材料来选择不同性质的火焰，才能获得优质的焊缝。各种金属材料气焊时所采用的火焰见表 1-6。

表 1-6　各种金属材料气焊时所采用的火焰

焊件材料	应用火焰	焊件材料	应用火焰
低碳钢	中性焰	铬镍不锈钢	中性焰或轻微碳化焰
中碳钢	中性焰或轻微碳化焰	纯铜	中性焰
低合金钢	中性焰	锡青铜	轻微氧化焰
高碳钢	轻微碳化焰	黄铜	氧化焰，或减少锌蒸发
灰铸铁	碳化焰或轻微碳化焰	铝及铝合金	中性焰或轻微碳化焰
高速钢	碳化焰	铅、锡	中性焰或轻微碳化焰
锰钢	轻微氧化焰	镍	碳化焰或轻微碳化焰
镀锌铁皮	轻微氧化焰	蒙乃尔合金	碳化焰
铬不锈钢	中性焰或轻微碳化焰	硬质合金	碳化焰

二、气焊接头的种类及坡口形式

1. 气焊接头的种类

常用的气焊接头形式有卷边接头、对接接头及角接接头等几种，如图 1-4 所示。焊接接头的形式可根据焊件厚度、结构形式、强度要求和施工条件等情况选定。

一般气焊接头采用对接接头形式。气焊 0.5~1mm 厚度的薄钢板时，宜采用卷边接头及角接接头；当板厚在 1～3mm 时，也可采用 I 形坡口的对接接头；当板厚在 3～4mm 时，可采用搭接接头或 T 形接头；当板厚等于或大于 4mm 时，可采用 Y 形坡口。

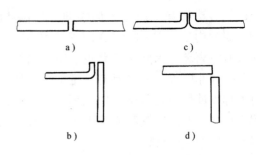

图 1-4　气焊常用的接头形式

a）、b）对接接头　c）卷边接头　d）角接接头

2. 气焊焊缝坡口的基本形式与尺寸

GB/T 985.1—2008 标准中规定了气焊等焊接接头的各种坡口形式与尺寸，可以根据板厚 t 从该标准中查出装配间隙 b。如果焊件厚度较大，需要开坡口，也可从该标准中查出相应的坡口形式及尺寸。

三、气焊工艺参数

气焊工艺参数通常包括焊丝的牌号、直径，焊剂，火焰性质与火焰能率，焊嘴的倾角，焊接方向和焊接速度等。

1. 焊丝直径的选择

焊丝直径根据工件厚度选择，可参考表 1-7。

表 1-7　气焊焊丝直径的选择

工件厚度/mm	1～2	2～3	3～5	5～10	10～15	>15
焊丝直径/mm	1～2	2	2～3	3～4	4～6	6～8

2. 气焊火焰的性质和火焰能率的选择

（1）火焰性质的选择　火焰性质根据焊件材料的种类及其性能来选择。一般来说，对于需要尽量减少元素烧损和增碳的材料，气焊时应选用中性焰；对于允许和需要增碳及还原气氛的材料，可选用碳化焰；而对于母材金属含有低沸点元素（Sn、Zn 等）的材料，因需要生成氧化薄膜覆盖在熔池表面，以保护这些元素不再蒸发，应选用氧化焰，具体可以参照表 1-6 选用。

（2）火焰能率的选择　火焰能率以每小时可燃气体（乙炔）的消耗量（L/h）来表示，其物理意义是单位时间内可燃气体所提供的能量（热能）。

焊接不同的焊件时，要选择不同的火焰能率。如果焊接较厚的焊件，熔点较高的金属，导热性较好的铜及铜合金、铅及铅合金，就要选用较大的火焰能率，才能保证焊缝焊透；反之，焊接薄板时，火焰能率就要适当地减小，以防烧穿。

火焰能率的大小主要取决于氧乙炔混合气体的流量。流量的粗调主要是靠更换焊炬型号和焊嘴号码来实现的；流量的细调则可通过调节气体调节阀来实现。焊嘴号码应根据母材金属的厚度、熔点和导热性能等因素来选定。

3. 焊炬倾角的选择

焊炬倾角是指焊炬中心线与焊件平面之间的夹角 α。焊炬倾角大，热量散失少，焊件得到的热量多，升温快；焊炬倾角小，热量散失多，焊件受热少、升温慢。因此，在焊接厚度大、熔点较高或导热性较好的焊件时，或开始焊接时，为了较快地加热焊件和迅速形成熔池，焊炬的倾角要大些；反之，则可以小些。焊接碳素钢时焊炬倾角与焊件厚度的关系如图 1-5 所示。

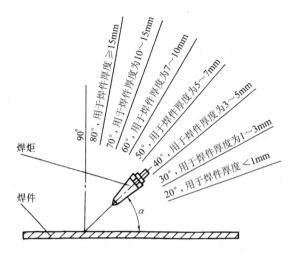

图 1-5　焊接碳素钢时焊炬倾角与焊件厚度的关系

图中标注：
- 90°
- 80°，用于焊件厚度≥15mm
- 70°，用于焊件厚度为10～15mm
- 60°，用于焊件厚度为7～10mm
- 50°，用于焊件厚度为5～7mm
- 40°，用于焊件厚度为3～5mm
- 30°，用于焊件厚度为1～3mm
- 20°，用于焊件厚度＜1mm
- 焊炬
- 焊件
- α

4. 焊接方向

气焊方向可有两种，如图 1-6 所示。左向焊适用于焊接薄板，右向焊适用于焊接厚度较大的工件。

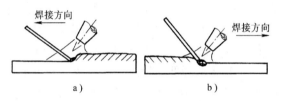

图 1-6　左向焊与右向焊
a) 左向焊　b) 右向焊

5. 焊接速度的选择

对于厚度大、熔点高的焊件，焊接速度要慢些，以免发生未熔合的缺陷；而对于厚度小、熔点低的焊件，焊接速度要快些，以免烧穿或使焊件过热，降低焊缝质量。

焊接速度的快慢，应根据焊工操作的熟练程度与焊缝位置等具体情况而定。在保证焊接质量的前提下，应尽量加快焊接速度，以提高生产率。

第五节　气　　割

一、气割的基本原理

1. 氧气切割的过程

气割是利用气体火焰的热能将割件切割处预热到一定温度后，喷出高速切割气流，使其燃烧并放出热量，实现切割的方法。氧气是常用的切割气体。图 1-7 所示为常用的氧气切割原理简图。

氧气切割包括下列三个过程：

（1）预热　气割开始时，先用预热火焰将起割处的金属预热到燃烧温度（燃点）。

（2）燃烧 向被加热到燃点的金属喷射切割氧，使金属在纯氧中剧烈地燃烧。

（3）氧化与吹渣 金属氧化燃烧后，生成熔渣并放出大量的热，熔渣被切割氧吹掉，所产生的热量和预热火焰的热量将下层金属加热到燃点，这样继续下去就将金属逐渐地割穿。随着割炬的移动，就切割出了所需的形状和尺寸。

因此，金属的气割过程可概括为：预热→燃烧→吹渣。其实质是金属在纯氧中燃烧的过程，而不是金属熔化的过程。

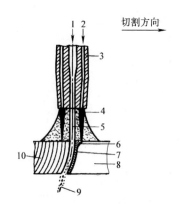

图 1-7 氧气切割原理简图
1—切割氧 2—预热气体 3—割嘴
4—预热火焰 5—切割氧流
6—预热区 7—反应区 8—割件
9—熔渣 10—后拖线

2. 氧气切割的条件

为了使氧气切割过程能顺利地进行下去，被切割金属材料应具备以下几个条件。

（1）金属材料的燃点应低于熔点 如果金属材料的燃点高于熔点，则在燃烧前金属已经熔化。由于液态金属流动性很大，这样将使切口很不平整，造成切割质量差，严重时甚至使切割过程无法进行。所以，被切割金属材料的燃点低于熔点是保证切割过程顺利进行的最基本条件。

例如，纯铁的燃点为 1050℃，而熔点为 1535℃；低碳钢的燃点约为 1350℃，而熔点为 1500℃，完全满足上述条件，所以纯铁和低碳钢均具有良好的气割条件。

随着钢中含碳量的增加，其熔点降低而燃点增高，故气割也不易顺利进行。当碳钢中碳的质量分数（w_C）为 0.70% 时，其熔点和燃点都约等于 1300℃，切割有困难；当 $w_C >$ 0.70% 时，燃点比熔点高，无法气割。

铜、铝及铸铁的燃点均比熔点高，所以不能用普通氧气切割的方法进行切割。

（2）金属氧化物的熔点低于金属的熔点 气割时生成氧化物的熔点必须低于金属的熔点，并且要黏度小、流动性好，这样才能把金属氧化物从切口中吹掉。反之，如果生成的金属氧化物熔点比金属熔点高，则高熔点的金属氧化物将会阻碍下层金属与切割氧气流的接触，使下层金属不易被氧化燃烧，这样会使气割过程难以进行。例如，高铬和铬镍不锈钢、铝及铝合金、高碳钢、灰铸铁等氧化物的熔点也均高于材料本身的熔点，所以这些材料就不能采用氧气切割的方法进行气割。常用金属材料及其氧化物的熔点见表 1-8。

表 1-8 常用金属材料及其氧化物的熔点

金属名称	熔点/℃		金属名称	熔点/℃	
	金 属	氧化物		金 属	氧化物
纯铁	1535	1300 ~ 1500	黄铜、锡青铜	850 ~ 900	1236
低碳钢	约 1500	1300 ~ 1500	铝	657	2050
高碳钢	1300 ~ 1400	1300 ~ 1500	锌	419	1800
铸铁	约 1200	1300 ~ 1500	铬	1550	约 1900
纯铜	1083	1236	镍	1450	约 1900

（3）金属在氧气中燃烧时放出的热量大　金属燃烧时放出的热量大，才能对下层金属起到预热作用，有利于气割过程的顺利进行。例如，切割低碳钢时，由金属燃烧所产生的热量占70%左右，而由预热火焰所提供的热量仅占30%左右。由此可见，金属燃烧时放出的热量在切割过程中所起的作用是相当大的。

凡能达到上述要求的金属都能得到满意的气割效果；而达不到这些要求的金属，其气割效果也就较差，甚至不能气割。

二、气割设备

气割时所用设备，除所用的割炬与焊炬不同外，其他设备均与气焊用的设备相同。此外，气割设备还有手工割炬、半自动气割机和自动气割机。

1. 手工割炬

同焊炬一样，割炬也有射吸式和等压式两种，目前应用较多的是射吸式割炬。射吸式割炬的构造原理如图1-8所示。乙炔是靠预热火焰的氧气射入射吸管而被吸入射吸管内的。这种割炬适用于低压或中压乙炔。割嘴结构有环形（组合式）和梅花形（整体式）两种。等压式割炬只适用于中压乙炔。

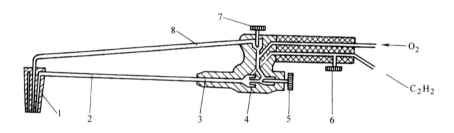

图1-8　射吸式割炬的构造原理

1—割嘴　2—混合气管　3—射吸管　4—喷嘴　5—氧气阀
6—乙炔阀　7—切割氧气阀　8—切割氧气管

2. 半自动气割机

半自动切割机在我国应用广泛，常用的CG1-30型半自动气割机（图1-9）可进行长度或直径大于200mm的圆周、斜面、V形坡口等形状的气割。

3. 自动气割机

常见自动气割机是摇臂仿形式和直角坐标式自动气割机。现在国内外已广泛使用数控气割机。

4. 数控气割机

所谓数控，是指用于控制机床或设备的工作指令（或程序）是以数字形式给定的一种新的控制方式。将这种指令提供给数控自动气割机的控制装置时，气割机就能按照给定的程序，自动地进行切割。

数控气割机如图1-10所示，主要由数控程序和气割执行机构两大部分组成。其执行机构采用门式结构，门架可在两根导轨上行走。门架上装有横移小车，各装有一个割炬架，在

图1-9　CG1-30型半自动气割机

割炬架上装有割炬自动升降传感器，可自动调节高度，同时还装有高频自动点火装置。预热氧、切割氧及燃气管路的开关由电磁阀控制，并且预热、开切割氧等动作可按程序任意调节延迟时间。

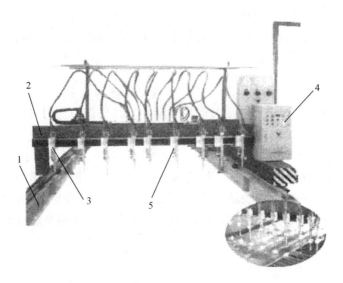

图 1-10　数控气割机

1—导轨　2—门架　3—小车　4—控制机构　5—割炬

三、常用割炬型号的表示方法

割炬型号由汉语拼音字母 G + 表示结构形式和操作方式的序号及规格组成，具体如下：

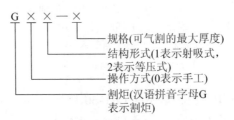

规格(可气割的最大厚度)

结构形式(1表示射吸式，2表示等压式)

操作方式(0表示手工)

割炬(汉语拼音字母G表示割炬)

四、气割工艺参数与选择

气割工艺参数包括切割氧压力、切割速度、预热火焰能率、割炬与割件间的倾角，以及割炬离开割件表面的距离等。

（1）切割氧压力　切割氧压力与割件厚度、割嘴号码以及氧气纯度等因素有关。随着割件厚度的增加，选择的割嘴号码要增大，氧气压力也要相应增大。反之，则所需氧气压力可适当降低。但氧气压力降低是有一定范围的，若氧气压力过低，会使气割过程中的氧化反应减慢，同时在切口的背面形成难以清除的熔渣粘结物，甚至不能将割件割穿；若氧气压力过大，不仅造成浪费，还将对割件产生强烈的冷却作用，使切割表面粗糙，切口宽度加大，切割速度反而减慢。

（2）切割速度　切割速度与割件厚度和使用的割嘴形状有关。割件越厚，切割的速度越慢；反之，则切割速度应该越快。然而，切割速度太慢，会使割缝边缘熔化；切割速度过快，则会产生很大的后拖量或割不穿。

钢板厚度与切割速度、氧气压力的关系见表1-9。

表1-9 钢板厚度与切割速度、氧气压力的关系

钢板厚度/mm	切割速度/（mm/min）	氧气压力/MPa
4	450 ~ 500	0.2
5	400 ~ 500	0.3
10	340 ~ 450	0.35
15	300 ~ 375	0.375
20	260 ~ 350	0.4
25	240 ~ 270	0.425
30	210 ~ 250	0.45
40	180 ~ 230	0.45
60	160 ~ 200	0.5
80	150 ~ 180	0.6

切割速度快慢与否，主要根据切口的后拖量来判断。所谓后拖量，就是在氧气切割过程中，在同一条割纹上沿切割方向两点间的最大距离，如图1-11所示。气割时，由于各种原因，出现后拖量的现象是不可避免的，尤其气割厚板时更为显著。因此，应选用合适的切割速度，将后拖量控制到最小，以保证气割质量，同时降低气体的消耗量。

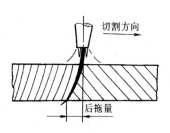

图1-11 氧气切割时
产生的后拖量

（3）预热火焰的性质与能率 气割时，预热火焰应采用中性焰或轻微的氧化焰而不能采用碳化焰，因为碳化焰会使割缝边缘增碳，因此在切割过程中要随时调整预热火焰。

预热火焰能率应根据割件厚度选择，一般割件越厚，火焰能率应越大，但割件厚度与火焰能率不成正比例关系。气割厚钢板时，由于切割速度较慢，为防止割缝上缘熔化，应采用相对较弱的火焰能率，若火焰能率过大，会使割缝上缘产生连续球状钢粒，甚至熔化成圆角，同时会造成割件背面粘附的熔渣增多而影响气割质量。在气割薄板时，因切割速度快，应采用相对稍大的火焰能率，但割嘴应离割件远些，并要保持一定的倾斜角度。

（4）割炬与割件间的倾角 割炬与割件间的倾角对切割速度和后拖量有着直接的影响。当割炬沿气割前进方向后倾一定角度时，能将氧化燃烧产生的熔渣吹向切割线的前缘，这样可充分利用燃烧反应产生的热量来减少后拖量，从而促进切割速度的提高。尤其是气割薄板时，应充分利用这一特性。

割炬倾角的大小，主要根据割件的厚度来定。如果倾角选择不当，不但不能提高切割速度，反而会使切割困难，而且还会增加氧气的消耗量。割炬倾角与割件厚度的关系见表1-10。

表 1-10　割炬倾角与割件厚度的关系

割件厚度/mm	<6	6 ~ 30	>30		
			起割	割穿后	停割
倾角方向	后倾	垂直	前倾	垂直	后倾
倾角角度	25° ~ 45°	0°	5° ~ 10°	0°	5° ~ 10°

（5）割炬离割件表面的距离　割炬离割件表面的距离，要根据预热火焰的长度和割件厚度来决定。通常火焰焰心离开割件表面的距离应保持在 3 ~ 5mm 范围内，因为这时加热条件最好，割缝渗碳的可能性也最小。如果焰心触及割件表面，不但会引起割缝上缘熔化，而且会使割缝渗碳的可能性增加。

除以上因素外，影响气割质量的因素还有割件质量及表面状况、切口形状、可燃气体种类及供给方式和割炬形式等，气割时应根据实际情况选用。

五、气割方法的应用与发展

氧气切割法自 1905 年进入工业应用以来，与机械加工切割相比，具有设备简单、投资费用少、操作方便且灵活性好，尤其是能够切割各种曲线形状的零件和大厚工件、切割质量良好等一系列特点，一直是工业生产中切割碳素钢和低合金钢的基本方法，并被普遍使用。早年通过割炬和割嘴的改进，已使切割速度和质量有了长足的提高和改善。20 世纪 50 年代中期至 60 年代又相继开发出了各种机械化、自动化切割设备，特别是数控切割机的出现，使切割质量和效率有了更大幅度的提高，实现了各种形状复杂成形零件的自动切割，且切割后不需再进行后加工。而这一时期随着造船等工业的高速发展，钢材的加工量大增，从此进入了氧气切割应用的全盛时期。

从 20 世纪 60 年代末 70 年代初开始，等离子弧切割法进入工业应用。由于用等离子弧切割中、薄板时的速度比氧气切割快几倍，因此逐渐转向开发和应用新的方法。从 20 世纪 70 年代中期起，有关氧气切割的研究和应用逐渐减少。但从总体上来说，目前在厚度为 5mm 以上碳素钢的切割中，氧气切割的比重仍占 80% 以上。

为了提高加工效率，改善切割环境，降低劳动强度，开发自动化和机械化气割设备和装置一直是国内外研发重点，如开发简易数控光电跟踪切割机、小型可搬式数控切割机、自动坡口切割装置及多割炬切割用的割炬间距自动设定装置等。另外，还开发出了气割机器人以实现型钢的自动切割。一些国家已成功地将由气割机器人组成的型钢自动切割流水线应用于工业生产。这一流水线上的机器人的操作由监控处理机用数字指令控制，不需要示教。监控机与工厂的 CAD/CAM 系统相连，接受来自该系统的各种切割数据和有关图形信息。同时，包括材料的进给、切割后零件的分类和卸下等作业，整条流水线都是自动操作的，使加工效率大大提高。

在我国，从 20 世纪 70 年代初开始对某些快速割嘴和数控切割机等进行了试制和开发，并取得了一定的成果，低压扩散型快速割嘴已在一些工厂使用。20 世纪 80 年代以来，质量较高、性能较好的数控切割机开始生产，各种小型切割机品种增加，应用扩大，使气割技术有了一定的发展。

复习思考题

1. 气割的原理是什么？有哪些优缺点？
2. 氧气的纯度对气焊、气割有什么影响？对工业用氧气的纯度有什么要求？
3. 气焊焊剂的作用是什么？常用的气焊焊剂有哪几种？
4. 回火防止器的作用是什么？
5. 氧乙炔焰分哪三种火焰？各自的最高温度在火焰什么位置？如何选择气焊火焰？
6. 割炬型号 G01-30 的含义是什么？
7. 什么是气割？什么是气割的后拖量？
8. 金属材料应具备哪些条件才能进行氧气切割？

第二章　埋　弧　焊

埋弧焊是目前广泛应用的一种电弧焊方法。它是利用电弧作为热源的高效机械化焊接方法，焊接时电弧掩埋在焊剂层下燃烧，电弧光不外露，埋弧焊由此得名。本章首先介绍埋弧焊的过程、特点及应用范围；然后介绍埋弧焊的冶金特点和焊接工艺；最后简要介绍高效埋弧焊技术。

第一节　概　　述

一、埋弧焊过程

所谓埋弧焊，在无说明情况下均指埋弧自动焊，它的电弧引燃、焊丝送进和使电弧沿焊接方向移动等过程都是由机械装置自动完成的。埋弧焊的焊接过程如图 2-1 所示。焊接时电源的两极分别接在导电嘴和焊件上，焊丝通过导电嘴与焊件接触，在焊丝周围撒上焊剂，然后起动电源，电流经过导电嘴、焊丝与焊件构成焊接回路。

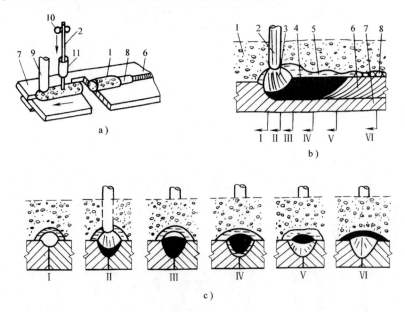

图 2-1　埋弧焊的焊接过程

a）焊接过程　b）纵向剖面　c）横向剖面

1—焊剂　2—焊丝　3—电弧　4—金属熔池　5—熔渣　6—焊缝
7—工件　8—渣壳　9—焊剂漏斗　10—送丝滚轮　11—导电嘴

当焊丝和焊件之间引燃电弧后，电弧的热量使周围的焊剂熔化形成熔渣，部分焊剂分解、蒸发成气体，气体排开熔渣形成一个气泡，电弧就在这个气泡中燃烧。连续送入电弧的焊丝在电弧的高温加热作用下熔化，与熔化的母材混合形成金属熔池。金属熔池上覆盖着一层液态熔渣，熔渣外层是未熔化的焊剂，它们一起保护着金属熔池，使其与周围空气隔离，并使有碍操作的电弧光辐射不能散射出来。电弧向前移动时，电弧力将熔池中的液态金属排向后方，熔池前方的金属就暴露在电弧的强烈辐射下而熔化，形成新的熔池，而电弧后方的熔池金属则冷却凝固成焊缝，熔渣也凝固成渣壳（焊渣）覆盖在焊缝表面。由于熔渣的凝固温度低于液态金属的结晶温度，熔渣总是比液态金属凝固迟一些。这就使混入熔池的熔渣、熔解在液态金属中的气体和冶金反应中产生的气体能够不断地逸出，使焊缝不易产生夹渣和气孔等缺陷。

二、埋弧焊的特点

1. 埋弧焊的主要优点

（1）焊缝质量高　这是因为：

1）埋弧焊的电弧被掩埋在颗粒状焊剂及其熔渣之下，电弧及熔池均处在渣相保护中，保护效果比气渣保护的焊条电弧焊好。

2）大大降低了焊接过程对焊工操作技能的依赖程度，焊缝化学成分和力学性能的稳定性较好。

（2）生产率高　这是因为：

1）电流从导电嘴导入焊丝，与焊条电弧焊的焊条导电位置相比，导电的焊丝长度（伸出长）短而稳定，又不存在焊条药皮成分受热分解的限制，因此埋弧焊时焊接电流和电流密度均较焊条电弧焊明显提高，使其电弧功率、熔深能力、焊丝熔化速度都相应增大，在特定条件下，可实现 10～20mm 钢板一次焊透双面成形。

2）焊剂和熔渣的隔热保护作用使电弧热辐射散失极小，飞溅损失也受到有效制约，电弧热效率大大提高。因此，埋弧焊的焊接效率明显高于焊条电弧焊。

（3）劳动条件好　这是因为埋弧焊无弧光辐射，焊工的主要作用只是操纵焊机，使埋弧焊成为电弧焊方法中操作条件较好的一种方法。

2. 埋弧焊的主要缺点

（1）难以在空间位置施焊　这主要是因为采用颗粒状焊剂，而且埋弧焊熔池也比焊条电弧焊大得多，为保证焊剂、熔池金属和熔渣不流失，埋弧焊通常只适用于平焊或倾斜度不大的位置及角焊位置的焊接。其他位置焊接需采用特殊措施以保证焊剂能覆盖焊接区。

（2）难以焊接易氧化的金属材料　这是因为焊剂的主要成分为 MnO、SiO_2 等金属和非金属氧化物，具有一定的氧化性，故难以焊接铝、镁等对氧化性敏感的金属及其合金。

（3）对焊件装配质量要求高　由于电弧埋在焊剂层下，操作人员不能直接观察电弧与坡口的相对位置，当焊件装配质量不好时易焊偏而影响焊接质量。因此，埋弧焊时必须保证焊件接口间隙均匀、焊件平整无错边现象。

（4）不适合焊接薄板和短焊缝　这是因为埋弧焊电弧的电场强度较高，电流小于 100A 时电弧稳定性不好，故不适合焊接太薄的焊件。另外，埋弧焊由于受焊车的限制，机动灵活性差，一般只适合焊接长直焊缝或大圆焊缝；焊接弯曲、不规则的焊缝或短焊缝则比较困难。

三、埋弧焊的应用范围

（1）焊缝类型和焊件厚度　凡是焊缝可以保持在水平位置或倾斜度不大的焊件，不管是对接、角接还是搭接接头，都可以用埋弧焊焊接，如平板的拼接缝、圆筒形焊件的纵缝和环缝、各种焊接结构中的角接缝和搭接缝等。

埋弧焊可焊接的焊件厚度范围很大，一般厚度在 5mm 以上的焊件都适用于埋弧焊焊接。目前，企业采用埋弧焊焊接产品的厚度已达 200mm 以上，加长导电嘴还可以提高埋弧焊焊接材料的厚度。

（2）焊接材料种类　随着焊接冶金技术和焊接材料生产技术的发展，适合埋弧焊的材料已从碳素结构钢发展到低合金结构钢、不锈钢、耐热钢以及某些非铁金属，如镍基合金、铜合金等。此外，埋弧焊还可在基体金属表面堆焊耐磨或耐腐蚀的合金层。

铸铁一般不能用埋弧焊焊接。因为埋弧焊电弧功率大，产生的热收缩应力很大，铸铁焊后很容易形成裂纹。铝及铝合金、钛及钛合金因还没有适当的焊剂，目前还不能使用埋弧焊焊接。铅、锌等低熔点金属材料也不适合用埋弧焊焊接。

可以看出，适合于埋弧焊的范围是很广的。最能发挥埋弧焊快速、高效特点的生产领域是造船、锅炉、化工容器、大型金属结构和工程机械等工业制造部门。埋弧焊已成为当今焊接生产中最普遍使用的焊接方法之一。

埋弧焊还在不断发展之中，如多丝埋弧焊能达到厚板一次成形；窄间隙埋弧焊可提高厚板焊接的生产率，降低成本；埋弧堆焊能使焊件在满足使用要求的前提下节约贵重金属或延长使用寿命。这些新的、高效率的埋弧焊方法的出现，更进一步拓展了埋弧焊的应用范围。

第二节　埋弧焊的冶金过程特点及焊接材料

一、冶金过程特点

1）电弧和焊接熔池在熔化了的焊剂所形成的熔渣的包围下获得可靠保护，有效地防止了空气的入侵，使焊缝金属中含氧量及含氮量均降低，因而焊缝金属塑性良好。

2）渣相反应能有效地控制焊缝金属的化学成分。

① 渗锰渗硅：当焊剂中 MnO、SiO_2 含量足够高时，下列冶金反应可使焊缝金属的 Mn、Si 含量明显提高，因而焊缝的抗裂性和力学性能提高。

$$2Fe + SiO_2 \rightleftharpoons 2FeO + Si$$
$$Fe + MnO \rightleftharpoons FeO + Mn$$

② 脱碳：由于焊剂中不含碳成分，而高温下碳与氧的亲和力介于锰与硅之间，因此埋弧焊冶金过程会造成一定量碳元素烧损，且随焊丝中含碳量的增大而加剧，过量时会导致产生 CO 气孔。因此，埋弧焊用焊丝的含碳量必须严加控制。

③脱氢：母材、焊丝表面的锈污及焊剂吸潮增加的水分是埋弧焊产生氢气的主要原因。为防止氢气孔，除杜绝氢的来源外，还可利用高温冶金反应时所生成的不溶于熔池的 HF 和 OH^- 来达到去氢的目的。

3）焊剂中含硫、磷量稍高时，会造成焊缝金属含硫、磷量的增加而导致热裂、冷裂倾向增强，为此焊剂中硫的质量分数（w_S）、磷（w_P）均应严格控制在 0.10% 以下。

二、焊接材料及选用

埋弧焊的焊接材料包括焊丝和焊剂。正确地选择焊丝、焊剂并合理地配合使用，是埋弧焊技术的一项重要内容。

（1）焊丝　焊丝在埋弧焊中作为填充金属而成为焊缝金属的组成部分，所以对焊缝质量有直接影响。焊丝根据成分和用途通常分为碳素结构钢焊丝、合金结构钢焊丝和不锈钢焊丝三大类，具体见国家标准 GB/T 12470—2003 埋弧焊用低合金钢焊丝和焊剂。

埋弧焊焊接低碳钢时，常用的焊丝牌号有 H08、H08A、H15Mn 等，其中以 H08A 的应用最为普遍。当焊件厚度较大或对力学性能的要求较高时，则可选用含锰量较高的焊丝。对合金结构钢或不锈钢等含合金元素较多的材料进行焊接时，则应考虑材料的化学成分和其他方面的要求，选用成分相似或性能上可满足材料要求的焊丝。焊丝的化学成分见表 2-1。

表 2-1　焊丝的化学成分（质量分数,%）

焊丝牌号	C	Mn	Si	Cr	Ni	Cu	S	P
低锰焊丝								
H08A				≤0.20	≤0.30		≤0.030	≤0.030
H08E	≤0.10	0.30~0.60	≤0.03	≤0.20	≤0.30	≤0.20	≤0.020	≤0.020
H08C				≤0.10	≤0.10		≤0.015	≤0.015
H15A	0.11~0.18	0.35~0.65		≤0.20	≤0.30		≤0.030	≤0.030
中锰焊丝								
H08MnA	≤0.10	0.80~1.10	≤0.07	≤0.20	≤0.30	≤0.20	≤0.030	≤0.030
H15Mn	0.11~0.18		≤0.03				≤0.035	≤0.035
高锰焊丝								
H10Mn2	≤0.12	1.50~1.90	≤0.07	≤0.20	≤0.30	≤0.20	≤0.035	≤0.035
H08Mn2Si	≤0.11	1.70~2.10	0.65~0.95				≤0.035	≤0.035
H08Mn2SiA		1.80~2.10					≤0.030	≤0.030

注：1. 如存在其他元素，则这些元素的总的质量分数不得超过 0.5%。

　　2. 当焊丝表面镀铜时，铜的质量分数应不大于 0.35%。

　　3. 根据供需双方协议，也可生产其他牌号的焊丝。

　　4. 根据供需双方协议，H08A、H08E、H08C 非沸腾钢允许硅的质量分数不大于 0.10%。

　　5. H08A、H08E、H08C 焊丝中锰的质量分数按 GB/T 3429—2015 选取。

为适应焊接不同厚度材料的要求，同一牌号的焊丝可加工成不同的直径。埋弧焊常用的焊丝直径有 2mm、3mm、4mm、5mm 和 6mm 五种。使用时，要求将焊丝表面的油、锈等清理干净，以免影响焊接质量。有些焊丝表面镀有一层薄铜，可防止焊丝生锈并使导电嘴与焊丝间的导电更好，提高电弧的稳定性。

焊丝一般成卷供应，使用前要盘卷到焊丝盘上，在盘卷及清理过程中，要防止焊丝产生局部小弯曲或在焊丝盘中相互套叠。否则，会影响焊接时正常送进焊丝，破坏焊接过程的稳定，严重时会迫使焊接过程中断。

（2）焊剂　焊剂在埋弧焊中的主要作用是造渣，以隔绝空气对熔池金属的污染，控制焊缝金属的化学成分，保护焊缝金属的力学性能，防止气孔、裂纹和夹渣等缺陷的产生。同时，考虑到实施焊接工艺的需要，还要求焊剂具有良好的稳弧性能，形成的熔渣应具有合适的密度、黏度、熔点和透气性，以保证焊缝获得良好的成形，最后熔渣凝固形成的渣壳具有良好的脱渣性能。

焊剂根据生产工艺的不同分为熔炼焊剂、粘结焊剂和烧结焊剂；按照焊剂中添加的脱氧剂、合金剂分类，又可分为中性焊剂、活性焊剂和合金焊剂。不同类型焊剂可以通过相应的牌号及制造厂的产品说明书予以识别。

中性焊剂是指在焊接后，熔敷金属化学成分与焊丝化学成分不产生明显变化的焊剂。中性焊剂用于多道焊，特别适用于厚度大于 25mm 的母材的焊接。

活性焊剂指加入少量锰、硅脱氧剂的焊剂，以提高抗气孔能力和抗裂性能。

合金焊剂指使用碳钢焊丝，熔敷金属为合金钢的焊剂。焊剂中添加较多的合金成分，用于过渡合金。多数合金焊剂为粘结焊剂和烧结焊剂。合金焊剂主要用于低合金钢和耐磨堆焊的焊接，参见 GB/T 12470—2003。

（3）焊丝、焊剂的选用与配合　在选择埋弧焊焊丝时，最主要的是考虑焊丝中锰和硅的含量。无论是采用单道焊还是多道焊，应考虑焊丝向熔敷金属中过渡的 Mn、Si 对熔敷金属力学性能的影响。熔敷金属中必须保证最低的锰含量，以防止产生焊道中心裂纹。特别是使用低锰焊丝匹配中性焊，易产生焊道中心裂纹。此时应改用高锰焊丝和活性焊剂，以防止产生裂纹。

一般地，某些中性焊剂采用 Si 代替 C 和 Mn，并将其含量降到规定值。使用这样的焊剂时，不必采用 Si 脱氧焊丝。对于能不添加 Si 的焊剂，要求采用 Si 脱氧焊丝，以获得合适的润湿性，并防止气孔。采用单道焊焊接被氧化的母材时，由焊剂、焊丝提供充分的脱氧成分，可以防止产生气孔。一般来讲，Si 比 Mn 具有更强的脱氧能力，因此必须使用 Si 脱氧焊丝和活性焊剂。表 2-2 和表 2-3 列出了焊丝-焊剂组合的焊缝金属力学性能试验数据。

表 2-2　拉伸试验

焊丝-焊剂型号	抗拉强度/MPa	屈服强度/MPa	断后伸长率（%）
F4×× -H×××	415~550	≥330	≥22
F5×× -H×××	480~650	≥400	≥22

表 2-3　冲击试验

焊丝-焊剂型号	冲击吸收功/J	试验温度/℃
F× ×0-H×××		0
F× ×2-H×××		−20
F× ×3-H×××		−30
F× ×4-H×××	≥27	−40
F× ×5-H×××		−50
F× ×6-H×××		−60

焊丝-焊剂组合型号中：字母"F"表示焊剂；第一位数字表示焊丝-焊剂组合的熔敷金属抗拉强度最小值；第二位字母表示试件的热处理状态，"A"表示焊态，"P"表示焊后热处理状态；第三位数字表示熔敷金属冲击吸收功不小于 27J 时的最低试验温度；"−"后表示焊丝的牌号，焊丝的牌号见 GB/T 14957—1994。

举例：F 4 A 2-H08A
- 表示焊丝牌号
- 表示熔敷金属冲击吸收功不小于27J时的试验温度为20℃
- 表示试件为焊态
- 表示熔敷金属抗拉强度最小值为415MPa
- 表示焊剂

第三节　埋弧焊工艺

一、焊前准备

埋弧焊的焊前准备包括焊件的坡口加工、焊件的清理与装配、焊丝表面清理及焊剂烘干、焊机的检查与调试等工作。

1. 坡口加工

由于埋弧焊可使用较大的电流焊接，电弧具有较强的穿透力，所以当焊件厚度不太大时，一般不开坡口也能将焊件焊透。但随着焊件厚度的增加，不能无限地提高焊接电流，为了保证焊件焊透，并使焊缝有良好的成形，应在焊件上开坡口，坡口可用气割或机械加工方法制备。埋弧焊焊缝坡口的基本形式已经标准化，各种坡口适用的厚度、公称尺寸和标注方法见 GB/T 985.2—2008 埋弧焊的推荐坡口规定。

2. 焊件的清理与装配

装配焊件前，需将坡口及附近区域表面上的锈蚀、油污、氧化物、水分等清理干净。大量生产时可用喷丸处理方法；生产批量不大时也可用手工清理，即用钢丝刷、风动砂轮、电动砂轮或钢丝轮等进行清除；必要时还可用氧乙炔火焰烘烤焊接部位，以烧掉焊件表面的污垢和油漆，并烘干水分。机械加工的坡口容易在坡口表面污染切削用油或其他油脂，焊前也可用挥发性溶剂将污染部位清洗干净。

装配焊件时必须保证接缝间隙均匀，高低平整不错边，特别是在单面焊双面成形的埋弧焊中更应严格要求。装配时，焊件必须用夹具或定位焊缝可靠地固定。定位焊使用的焊条要与焊件材料性能相符，其位置一般应在第一道焊缝的背面，长度一般不大于30mm。定位焊缝应平整，且不允许有裂纹、夹渣等缺陷。

3. 焊丝表面清理与焊剂烘干

埋弧焊用的焊丝要严格清理，焊丝表面的油、锈及拔丝时用的润滑剂都要清理干净，以免污染焊缝，造成气孔。

焊剂在运输及储存过程中容易吸潮，所以使用前应经烘干去除水分。一般焊剂需在250℃温度下烘干，并保温 1～2h。限用直流的焊剂使用前必须经 350～400℃烘干，并保温2h，烘干后立即使用。回收使用的焊剂要过筛清除渣壳等杂质后才能使用。

4. 焊机的检查与调试

焊前应检查接到焊机上的动力线、焊接电缆插头是否松动，接地线是否连接妥当。导电嘴是易损件，一定要检查其磨损情况和是否夹持可靠。焊机要做空车调试，检查仪表指针及各部分动作情况，并按要求调好预定的焊接参数。对于弧压反馈式埋弧焊机或在滚轮架上焊接的其他焊机，焊前应实测焊接速度。测量时标出 0.5min 或 1min 内焊车移动或工件转过的距离，计算出实际焊接速度。

起动焊机前，应再次检查焊机和辅助装置的各种开关、旋钮等的位置是否正确无误，离合器是否可靠接合。检查无误后，再按焊机的操作顺序进行焊接操作。

二、埋弧焊主要焊接参数的选择

埋弧焊最主要的焊接参数是焊接电流、电弧电压和焊接速度，其次是焊丝直径、焊丝伸出长度、焊剂和焊丝类型、焊剂粒度和焊剂层厚度、预热和层间温度控制等。

1. 焊接参数对焊缝成形及质量的影响

（1）焊接电流　焊接电流是埋弧焊最重要的工艺参数，它直接决定焊丝熔化速度、焊缝熔深和母材熔化量的大小。

增大焊接电流使电弧的热功率和电弧力都增加，因而焊缝熔深增大，焊丝熔化量增加，有利于提高焊接生产率。焊接电流对焊缝形状的影响如图 2-2 所示。在给定焊接速度的条件下，如果焊接电流太大，焊缝会因熔深过大而熔宽变化不大造成成形系数偏小。这样的焊缝不利于熔池中气体及杂物的上浮和逸出，容易产生气孔、夹渣及裂纹等缺陷，严重时还可能烧穿焊件。太大的电流也使焊丝消耗增加，导致焊缝余高过大。电流太大还使焊缝热影响区增大并可能引起较大的焊接变形。焊接电流减小时，焊缝熔深减小，生产率降低。如果电流太小，可能造成未焊透，电弧也不稳定。

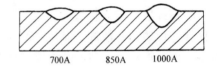

图 2-2　焊接电流对焊缝形状的影响

电流种类和极性对焊接过程和焊缝成形也有影响。当使用含氟焊剂进行埋弧焊时，焊接电弧阴极区的产热量将大于阳极区，因此采用直流正接比采用直流反接时焊丝获得的热量多，因而熔敷速度比反接时快，使焊缝的余高较大而熔深较浅；采用直流反接时，则与前述相反，可使焊件得到较大熔深。所以从应用的角度来看，直流正接宜用于薄板焊接、堆焊及防止熔合比过大的场合；直流反接适宜于厚板焊接，以使焊件熔透。交流电源对熔深的影响介于直流正接与反接之间。

（2）电弧电压　电弧电压与电弧长度成正比。电弧电压主要决定焊缝熔宽，因而对焊缝横截面形状和表面成形有很大影响。

提高电弧电压时弧长增加，电弧斑点的移动范围增大，熔宽增加。同时，焊缝余高和熔深略有减小，焊缝变得平坦，如图 2-3 所示。电弧斑点的移动范围增大后，使焊剂熔化量增多，因而向焊缝过渡的合金元素增多，可减小由于焊件上的锈或氧化皮引起的气孔倾向。当装配间隙较大时，提高电弧电压有利于焊缝成形。如果电弧电压继续增加，电弧会突破焊剂的覆盖，使熔化的液态金属失去保护而与

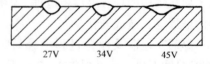

图 2-3　电弧电压对焊缝形状的影响

空气接触，造成密集气孔。降低电弧电压可增强电弧的刚直性，能改善焊缝熔深，并提高抗电弧偏吹的能力。但电弧电压过低时，会形成高而窄的焊缝，影响焊缝成形并使脱渣困难；在极端情况下，熔滴会使焊丝与熔池金属短路而造成飞溅。

因此，埋弧焊时适当增加电弧电压，对改善焊缝形状、提高焊缝质量是有利的，但应与焊接电流相匹配，见表2-4。

表2-4　埋弧焊电流与电弧电压的配合关系

焊接电流/A	520 ~ 600	600 ~ 700	700 ~ 850	850 ~ 1000	1000 ~ 1200
电弧电压/V	34 ~ 36	36 ~ 38	38 ~ 40	40 ~ 42	42 ~ 44

（3）焊接速度　焊接速度对熔宽、熔深有明显影响，是决定焊接生产率和焊缝内在质量的重要参数。不管焊接电流与电弧电压如何匹配，焊接速度对焊缝成形的影响都有着一定的规律。在其他参数不变的条件下，焊接速度增大时，电弧对母材和焊丝的加热减少，熔宽、余高明显减小；与此同时，电弧向后方推送金属的作用加强，电弧直接加热熔池底部的母材，使熔深有所增加。当焊接速度增大到40m/h以上时，由于焊缝的热输入明显减少，则熔深随焊接速度增大而减小。焊接速度对焊缝形状的影响如图2-4所示。

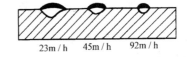

图2-4　焊接速度对焊缝形状的影响

焊接速度的快慢是衡量焊接生产率高低的重要指标。从提高生产率的角度考虑，总是希望焊接速度越快越好；但焊接速度过快，电弧对焊件的加热不足，使熔合比减小，还会造成咬边、未焊透及气孔等缺陷。减小焊接速度，使气体易从正在凝固的熔化金属中逸出，能降低形成气孔的可能性；但焊速过低，则将导致熔化金属流动不畅，易造成焊缝波纹粗糙和夹渣，甚至烧穿焊件。

（4）焊丝直径与伸出长度　焊丝直径主要影响熔深。在同样的焊接电流下，直径较细的焊丝电流密度较大，形成的电弧吹力大，熔深大。焊丝直径也影响熔敷速度。电流一定时，细焊丝比粗焊丝具有更高的熔敷速度；但粗焊丝比细焊丝能承载更大的电流，因此粗焊丝在较大的焊接电流下使用也能获得较高的熔敷速度。焊丝越粗，允许使用的焊接电流越大，生产率越高。当装配不良时，粗焊丝比细焊丝的操作性能好，有利于控制焊缝成形。

焊丝直径应与所用的焊接电流大小相适应。如果粗焊丝用小电流焊接，会造成焊接电弧不稳定；相反，细焊丝用大电流焊接，容易形成"蘑菇形"焊缝，而且熔池也不稳定，焊缝成形差。不同直径焊丝的参考焊接规范见表2-5。

表2-5　参考焊接规范

焊丝规格 /mm	焊接电流 /A	电弧电压 /V	电流种类	焊接速度/ (m/h)	道间温度/ ℃	焊丝伸出长度/ mm
1.6	350			18		13 ~ 19
2.0	400			20		13 ~ 19
2.5	450			21		19 ~ 32
3.2	500	±20	30 ±2	直流或交流	23	135 ~ 165	22 ~ 35
4.0	550			25	±1.5	
5.0	600			26		25 ~ 38
6.0	650			27		25 ~ 38

（5）焊剂成分和性能　焊剂成分影响电弧极区压降和弧柱电场强度的大小。稳弧性好的焊剂含有易电离的元素，所以电弧的电场强度较低，热功率较小，焊缝熔深较浅；而含氟的焊剂则相反，其稳弧性差，但有较高的电场强度，电弧的热功率大，所以焊接时可得到较大的熔深。

焊剂的颗粒度和焊剂层厚度也会影响焊缝的成形与质量。当焊剂的颗粒度较大或堆积的焊剂层较薄时，电弧四周的压力低，弧柱膨胀，电弧燃烧的空间增大，所以使熔宽增大，熔深略有减小，有利于改善焊缝成形。但焊剂颗粒度过大或焊剂层厚度过小时，不利于焊接区域的保护，使焊缝成形变差，并可能产生气孔。

（6）焊件热处理　以 Q345R 钢为例，板厚为 40mm，焊后热处理工艺参见 NB/T 47015—2011。

举例：加热区 $\frac{5500}{40}$ ℃/h，降温区 $\frac{7000}{40}$ ℃/h，试件装炉时炉温不得高于 300℃，然后以不大于 200℃/h 的升温速度加热到 620℃ ±15℃，保温 1h，保温后以不大于 19℃/h 的冷却速度冷却至 320℃，然后空冷至室温。

除上述工艺参数外，埋弧焊时还有一些参数如焊丝和焊件的倾斜角度，焊件的材质、厚度、装配间隙和坡口形状等也对焊缝的成形和质量有着重要影响。

2. 焊接参数的选择及匹配

（1）选择方法　工艺参数的选择可以通过计算法、查表法和试验法进行。计算法是通过对焊接热循环的分析计算来确定主要焊接参数的方法。查表法是查阅与所焊产品类似焊接条件下所用的各种焊接参数表格，从中找出所需参数的方法。试验法是对计算或查表所得的焊接参数，或人们根据经验初步估算的焊接参数，结合产品的实际状况进行试验，以确定恰当的焊接参数的方法。但不论用哪种方法确定的焊接参数，都必须在实际生产中加以修正，最后确定出符合实际情况的焊接参数。

（2）焊接参数之间的配合　按上述方法选择焊接参数时，必须考虑各种焊接参数之间的配合。通常要注意以下三方面问题。

1）焊缝的成形系数。成形系数大的焊缝，其熔宽较熔深大；成形系数小的焊缝，熔宽相对熔深较小。焊缝成形系数过小，则焊缝深而窄，熔池凝固时柱状结晶从两侧向中心生长，低熔点杂质不易从熔池中浮出，积聚在结晶交界面上形成薄弱的结合面，在收缩应力和外界拘束力作用下很可能在焊缝中心产生结晶裂纹。因此，选择埋弧焊工艺参数时，要注意控制成形系数，一般以 1.3 ~ 2 为宜。

影响焊缝成形系数的主要焊接参数，是焊接电流和电弧电压。埋弧焊时，与焊接电流相对应的电弧电压见表 2-4。

2）熔合比。熔合比是指被熔化的母材金属在焊缝中所占的百分比。熔合比越大，焊缝的化学成分越接近母材本身的化学成分。所以在埋弧焊工艺中，特别是在焊接合金钢和非铁金属时，调整焊缝的熔合比常常是控制焊缝化学成分、防止焊接缺陷和提高焊缝力学性能的主要手段。

埋弧焊的熔合比通常为 30% ~60%，单道焊或多层焊中的第一层焊缝熔合比较大，随焊接层数增加，熔合比逐渐减小。由于一般母材中碳的含量和硫、磷杂质的含量比焊丝高，所以熔合比大的焊缝，由母材带入焊缝的碳量及杂质量较多，对焊缝的塑性、韧性有一定影响。因此，要求较高的多层焊焊缝，应设法减小熔合比，以防止第一层焊缝熔入过多的母材而降低焊缝的抗裂性能。此外，埋弧堆焊时为了减少堆焊层数和保证堆焊层成分，也必须减小熔合比。

减小熔合比的措施主要有减小焊接电流；增大焊丝伸出长度；开坡口；采用下坡焊或焊丝前倾布置；用正接法焊接；用带极代替丝极堆焊等。

3）热输入。焊接接头的性能除与母材和焊缝的化学成分有关外，还与焊接时的热输入有关。热输入增大时，热影响区增大，过热区明显增宽，晶粒变粗，使焊接接头的塑性和韧性下降。对于低合金钢，这种影响尤其显著。埋弧焊时如果用大热输入焊接不锈钢，会使近缝区在"敏化区"范围停留时间增长，降低焊接接头的抗晶间腐蚀能力。焊接低温钢时，大热输入会造成焊接接头冲击韧性明显降低。

所以，埋弧焊时必须根据母材的性能特点和对焊接接头的要求选择合适的热输入。而热输入与焊接电流和电弧电压成正比，与焊接速度成反比。即焊接电流、电弧电压越高，热输入越大；焊接速度越大，热输入越小。由于埋弧焊的焊接电流和焊接速度能在较大范围内调节，故热输入的变化范围比焊条电弧焊大得多，能满足不同焊件对焊接热输入的要求。

三、埋弧焊技术

1. 对接接头单面焊

对接接头单面焊可采用以下几种焊接技术。

（1）在焊剂垫上焊接　用这种方法焊接时，焊缝成形的质量主要取决于焊剂垫托力的大小和均匀度以及装配间隙的均匀与否。图 2-5 所示为在焊剂垫上焊接示意图。

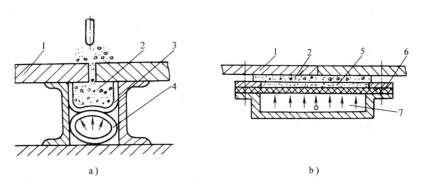

图 2-5　在焊剂垫上焊接示意图

a）软管式　b）橡胶膜式

1—工件　2—焊剂　3—帆布　4—充气软管　5—橡胶膜　6—压板　7—气室

（2）在焊剂铜垫板上焊接　这种方法采用带沟槽的铜垫板，沟槽中铺撒焊剂。焊接时这部分焊剂起到焊剂垫的作用，同时又保护铜垫板免受电弧直接作用。沟槽起焊缝背面成形作用。这种工艺对工件装配质量及垫板上焊剂托力均匀与否均较不敏感。板料可用电磁平台固定，也可用龙门压力架固定。

（3）在永久性垫板或锁底上焊接　当焊件结构允许焊后保留永久性垫板时，厚 10mm以下的工件可采用永久性垫板单面焊方法。垫板必须紧贴在待焊板缘上，垫板与工件板面间的间隙不得超过 1mm。

厚度大于 10mm 的工件，可采用锁底接头焊接的方法，如图 2-6 所示。此法用于小直径厚壁圆筒形工件的环缝焊接，效果很好。

图 2-6　锁底接头焊接

（4）在临时性的衬垫上焊接　这种方法采用柔性的热固化焊剂衬垫贴合在接缝背面进行焊接。这种衬垫需要专门制造或由焊接材料制造部门供应。近年来，还有采用陶瓷材料制造的衬垫进行单面焊的方法。

（5）悬空焊　在工件装配质量良好并且没有间隙的情况下，可以采用不加垫托的悬空焊。用这种方法进行单面焊时，工件不能完全熔透。一般的熔深不超过板厚的 2/3，否则容易烧穿。这种方法只用于不要求完全焊透的接头。

2. 对接接头双面焊

工件厚度为 12～14mm 的对接接头，通常采用双面焊。这种方法对焊接参数的波动和工件装配质量都较不敏感，一般都能获得较好的焊接质量。

焊接第一面时，所用技术与对接接头单面焊相似。但焊接第一面时不要求完全焊透，而是由反面焊接保证完全焊透。焊接第一面采用的工艺方法有悬空焊、在焊剂垫上焊接、在临时衬垫上焊接等。

（1）悬空焊　装配时不留间隙或只留很小的间隙（一般不超过 1mm）。第一面焊接达到的熔深一般小于工件厚度的一半。反面焊接的熔深要求达到工件厚度的 60%～70%，以保证工件完全焊透。

（2）在焊剂垫上焊接　焊接第一面时，采用预留间隙不开坡口的方法最为经济。第一面的焊接参数应保证熔深超过工件厚度的 60%～70%。焊完第一面后翻转工件，进行反面焊接，其参数可以与正面相同，以保证工件完全焊透。预留间隙的双面焊接条件，依工件的不同而异。

（3）在临时衬垫上焊接　采用此法焊接第一面时，一般都要求接头处留有一定间隙，以保证焊剂能填满其中。临时衬垫的作用是托住间隙中的焊剂。平板对接接头的临时衬垫常用厚 3～4mm、宽 30～50mm 的薄钢带；也可采用石棉绳或石棉板，如图 2-7 所示。焊完第一面后，去除临时衬垫及其间隙中的焊剂和焊缝根部的渣壳，用同样参数焊接第二面。要求每面熔深均达板厚的 60%～70%。

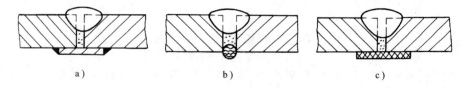

图 2-7　在临时衬垫上焊接
a）薄钢带垫　b）石棉绳垫　c）石棉板垫

3. 对接接头环缝埋弧焊

环缝埋弧焊是制造圆柱形容器最常用的一种焊接形式。它一般是先在专用的焊剂垫上焊接内环缝，如图 2-8 所示，然后再在滚轮转胎上焊接外环缝，如图 2-9 所示。由于筒体内部通风较差，为改善劳动条件，环缝坡口通常不对称布置，将主要焊接工作量放在外环缝，内环缝主要起封底作用。焊接时，通常采用机头不动，让焊件匀速转动的方法进行焊接。焊件转动的切线速度即是焊接速度。环缝埋弧焊的焊接条件可参照平板双面对接的焊接条件选取，焊接操作技术也与平板对接时基本相同。

为了防止熔池中液态金属和熔渣从转动的焊件表面流失，无论焊接内环缝还是外环缝，焊丝位置都应逆焊件转动方向偏离中心线一定距离，使焊接熔池接近于水平位置，以获得较好的成形。焊丝偏置距离随所焊筒体直径而改变，一般为 30～80mm，如图 2-9 所示。

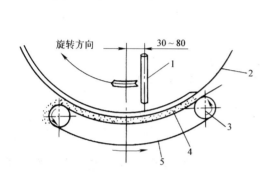

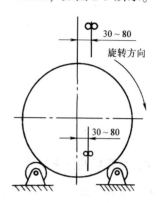

图 2-8　内环缝焊接示意图
1—焊丝　2—工件　3—辊轮　4—焊剂垫　5—传动带

图 2-9　外环缝自动焊
焊丝偏移位置示意图

4. 角焊缝焊接

焊接"T"形接头或搭接接头的角焊缝时，通常可采用船形焊和平角焊两种方法。

（1）船形焊　将工件角焊缝的两边置于与垂直线各成 45°角的位置，如图 2-10 所示，可为焊缝成形提供最有利的条件。这种焊接方法要求接头的装配间隙不超过 1.5mm，否则必须采取措施，防止液态金属流失。

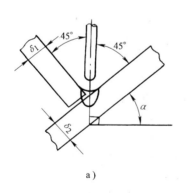

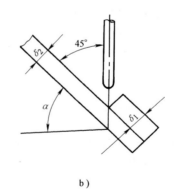

a）

b）

图 2-10　船形焊
a）T形接头　b）搭接接头

（2）平角焊　当工件不可能或不便于采用船形焊时，可采用平角焊来焊接角焊缝，如图 2-11 所示。这种焊接方法对接头装配间隙较不敏感，即使间隙达到 2～3mm 也不必采取防止液态金属流失的措施。焊丝与焊缝的相对位置，对平角焊的质量有重大影响。焊丝偏角 α 一般为 20°～30°。实际焊丝位置应视接头具体情况确定。每一单道平角焊缝的断面积为 40～50mm^2，即焊脚长度超过 8×8mm 时，会产生金属溢流和咬边。

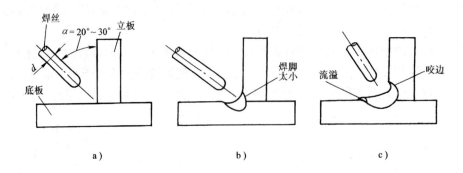

图 2-11 平角焊

a) 示意图 b) 焊丝与立板间距过大 c) 焊丝与立板间距过小

四、埋弧焊的常见缺陷及防止方法

埋弧焊常见缺陷有焊缝成形不良、气孔、裂纹、焊穿、咬边、未焊透、夹渣等。现将它们产生的原因及防止方法列于表2-6中。

表 2-6 埋弧焊常见缺陷的产生原因及防止方法

缺陷名称		产 生 原 因	防 止 方 法
焊缝成形不良	宽度不均匀	1. 焊接速度不均匀 2. 焊丝给送速度不均匀 3. 焊丝导电不良	1. 找出原因排除故障 2. 找出原因排除故障 3. 更换导电嘴衬套（导电块）
	堆积高度过大	1. 电流太大而电压过低 2. 上坡焊时倾角过大 3. 环缝焊接位置不当（相对于焊件的直径和焊接速度）	1. 调节工艺参数 2. 调整上坡焊倾角 3. 相对于一定的焊件直径和焊接速度，确定适当的焊接位置
	焊缝金属满溢	1. 焊接速度过慢 2. 电压过大 3. 下坡焊时倾角过大 4. 环缝焊接位置不当 5. 焊接时前部焊剂过少 6. 焊丝向前弯曲	1. 调节焊接速度 2. 调节电压 3. 调整下坡焊倾角 4. 相对于一定的焊件直径和焊接速度，确定适当的焊接位置 5. 调整焊剂覆盖状况 6. 调节焊丝矫直部分
气孔		1. 接头未清理干净 2. 焊剂潮湿 3. 焊剂（尤其是焊剂垫）中混有垃圾 4. 焊剂覆盖层厚度不当或焊剂斗阻塞 5. 焊丝表面清理不够 6. 电压过高	1. 接头必须清理干净 2. 按规定烘干焊剂 3. 焊剂必须过筛、吹灰、烘干 4. 调节焊剂覆盖层高度，疏通焊剂斗 5. 焊丝必须清理，清理后应尽快使用 6. 调整电压

（续）

缺陷名称	产 生 原 因	防 止 方 法
裂纹	1. 焊件、焊丝、焊剂等材料配合不当 2. 焊丝中含碳、硫量较高 3. 焊接区冷却速度过快而致热影响区硬化 4. 多层焊的第一道焊缝截面过小 5. 焊缝形状系数太小 6. 角焊缝熔深太大 7. 焊接顺序不合理 8. 焊件刚度大	1. 合理选配焊接材料 2. 选用合格焊丝 3. 适当降低焊接速度并进行焊前预热和焊后缓冷 4. 焊前适当预热或减小电流，降低焊接速度（双面焊适用） 5. 调整焊接参数和改进坡口 6. 调整焊接参数和改变极性（直流） 7. 合理安排焊接顺序 8. 进行焊前预热及焊后缓冷
焊穿	焊接参数及其他工艺因素配合不当	选择适当的焊接参数
咬边	1. 焊丝位置或角度不正确 2. 焊接参数不当	1. 调整焊丝 2. 调节焊接参数
未熔合	1. 焊丝未对准 2. 焊缝局部弯曲过甚	1. 调整焊丝 2. 精心操作
未焊透	1. 焊接参数不当（如电流过小、电弧电压过高） 2. 坡口不合适 3. 焊丝未对准	1. 调整焊接参数 2. 修正坡口 3. 调节焊丝
夹渣	1. 多层焊时，层间清渣不干净 2. 多层分道焊时，焊丝位置不当	1. 层间清渣彻底 2. 每层焊后发现咬边夹渣必须清除修复

第四节　高效埋弧焊技术

埋弧焊是一种传统的焊接方法。为适应工业生产发展的需要，在长期的应用中不断改进，在现有普通埋弧焊的基础上又研究、发展了一些新的、高效率的埋弧焊技术。

一、多丝埋弧焊

多丝埋弧焊是一种既能保证合理的焊缝成形和良好的焊接质量，又可以提高焊接生产率的有效方法。采用多丝单道埋弧焊焊接厚板时可实现一次焊透，其总的热输入量要比单丝多层焊时少。因此，多丝埋弧焊与普通埋弧焊相比具有焊速高、耗能省、填充金属少等优点。

多丝埋弧焊主要用于厚板材料的焊接，通常采用在工件背面使用衬垫的单面焊双面成形的焊接工艺。目前生产中应用最多的是双丝埋弧焊，按焊丝的排列方式可分为纵列式、横列式和直列式三种，如图 2-12 所示。从焊缝的成形看，纵列式焊缝深而窄；横列式焊缝浅而宽；直列式焊缝熔合比小。双丝埋弧焊可以合用一个焊接电源，也可以用两个独立的焊接电源。前者设备简单，但要单独调节每一个电弧的功率较困难；后者设备较复杂，但两个电弧的功率都可以单独地调节，而且还可以采用不同的电流种类和极性，以获得更理想的焊缝成形。

双丝埋弧焊应用较多的是纵列式。用这种方法焊接时，前列电弧可用足够大的电流以保证熔深；后随电弧则采用较小电流和稍高电压，主要用来改善焊缝成形。这种方法不仅可大大提高焊接速度，而且还因熔池体积大，存在时间长，冶金反应充分而使产生气孔的倾向大大减小。此外，这种方法还可通过改变焊丝之间的距离及倾角来调整焊缝形状。当焊丝间距小于 35mm 时，两根焊丝在电弧作用下合并形成一个单熔池；焊丝间距大于 100mm 时，两根焊丝在分列电弧作用下形成双熔池。在分列电弧中，后随电弧必须冲开已被前一电弧熔化而尚未凝固的熔渣层。这种方法适合于水平位置平板拼接的单面焊双面成形工艺。

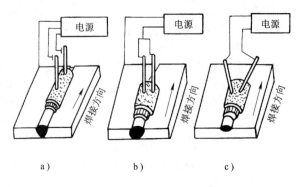

图 2-12　双丝埋弧焊示意图
a）纵列式　b）横列式　c）直列式

多丝埋弧焊主要用在厚壁钢管、H 形钢梁及厚壁压力容器的焊接中，最多的焊丝可达 8~12 根，可使焊接速度提高到 120m/h 以上。可见，随焊丝数目的增加，焊接生产率大为提高。

二、带极埋弧焊

带极埋弧焊是由多丝（横列式）埋弧焊发展而成的。它用矩形截面的钢带取代圆形截面的焊丝做电极，不仅可提高填充金属的熔化量，提高焊接生产率，而且可增大成形系数，即在熔深较小的条件下大大增加焊道宽度，很适合于多层焊时表层焊缝的焊接，尤其适合于埋弧堆焊，因而具有很大的实用价值。

带极埋弧焊的焊接过程示意图和带极形状如图 2-13 所示。焊接时，焊件与带极间形成电弧，电弧热分布在整个电极宽度上。带极熔化后形成熔滴过渡到熔池中，冷凝后形成焊道。由于带极伸出部分的刚性较差，因此要配用专门的带极送进装置，以使得焊接过程中带极能顺畅、均匀地连续送进，保证焊接过程的稳定进行。

带极埋弧焊用于堆焊时，常用来修复一些设备表面的磨损部分，也可以在一些低合金钢制造的化工容器、核反应堆等容器的表面上堆焊耐磨、耐蚀的不锈钢层，以代替整体不锈钢结构，这样既可以保证工件的耐磨、耐腐蚀要求，又可以节省不锈钢材料，降低成本。

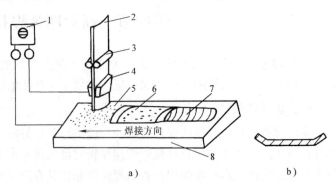

图 2-13　带极埋弧焊的焊接过程示意图和带极形状
a）带极埋弧焊示意图　b）轧制带极形状
1—电源　2—带极　3—带极送进装置　4—导电嘴　5—焊剂
6—渣壳　7—焊道　8—工件

三、窄间隙埋弧焊

窄间隙埋弧焊是适用于厚板结构的一种高效率的焊接方法，如厚壁压力容器、原子能堆外壳、涡轮机转子等的焊接。这些焊件壁厚很大，若采用常规埋弧焊方法，需开 U 形或双 Y 形坡口，这种坡口的加工量及焊接量都很大，生产率低且不易保证焊接质量。采用窄间隙埋弧焊时，坡口形状为简单的 I 形，不仅可以大大减小坡口的加工量，而且由于坡口截面积小，焊接时可减小焊缝的线能量和熔敷金属量，节省焊接材料和电能，并且易实现自动控制。

窄间隙埋弧焊一般为单丝焊，间隙大小取决于所焊焊件的厚度。当焊件厚度为 50 ~ 200mm 时，间隙宽度为 14 ~ 20mm；当焊件厚度为 200 ~ 350mm 时，间隙宽度为 20 ~ 30mm。由于窄间隙埋弧焊的装配间隙窄，在底层焊接时焊渣不易脱落，故需采用具有良好脱渣性的专用焊剂。另外，窄间隙埋弧焊时，为使焊嘴能伸进窄而深的间隙中，须将焊嘴的主要组成部分（导电嘴、焊剂喷嘴等）制成窄的扁形结构，如图 2-14 所示。为了保证焊嘴与焊缝间隙的绝缘及焊接参数在较高的温度和长时间的焊接过程中保持恒定，铜导电嘴的整个外表必须涂上耐热的绝缘陶瓷层，导电嘴内部还要有水冷却系统。窄间隙埋弧焊所用的焊接电源，根据所焊材料不同，可选择交流电源，也可用直流电源。

窄间隙埋弧焊是一种高效、省时、节能的焊接方法。为进一步提高焊接质量，目前已在窄间隙埋弧焊中应用了焊接过程自动检测、焊嘴在焊接间隙内自动跟踪导向及焊丝伸出长度自动调整等技术，以保证焊丝和电弧在窄间隙中的正确位置及焊接过程的稳定。这些措施已大大扩展了窄间隙埋弧焊的应用范围。

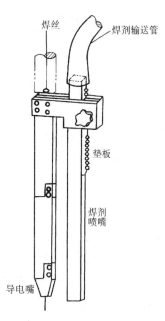

图 2-14 窄间隙埋弧焊
焊嘴结构示意图

复习思考题

1. 埋弧焊有哪些特点？有哪些局限性？
2. 为什么埋弧焊时允许使用比焊条电弧焊大得多的电流和电流密度？
3. 与焊条电弧焊相比，埋弧焊的冶金过程有哪些特点？
4. 埋弧焊时焊前应做些什么准备工作？其目的是什么？
5. 简要说明焊接参数对埋弧焊焊缝质量的影响。
6. 使用细焊丝或不锈钢焊丝时，为什么应特别注意焊丝伸出长度的稳定？
7. 电流种类和极性对埋弧焊过程和焊缝质量有何影响？
8. 选择埋弧焊焊接参数时应注意什么问题？
9. 带极埋弧焊有何特点？适用于什么场合？
10. 窄间隙埋弧焊有哪些优点？适用于什么场合？

［实验］ 埋弧焊焊接工艺规程

<table>
<tr><td rowspan="4">焊接工艺规程
（WPS）</td><td colspan="2">焊接工艺规程编号</td><td colspan="2">01</td></tr>
<tr><td>版本号</td><td>日期</td><td colspan="2">所依据的工艺评定编号</td></tr>
<tr><td>A</td><td>2017-7-25</td><td colspan="2">NG01ZAS-02</td></tr>
<tr><td></td><td></td><td colspan="2"></td></tr>
</table>

焊接方法： □GTAW 钨极氩弧焊 ☑SMAW 焊条电弧焊 ☑SAW 埋弧焊 □GMAW 药芯焊丝气体保护焊

自动化等级： □全自动 ☑手工 ☑机械 □半自动

1. 焊接接头	2. 简图（接头形式、坡口形式与尺寸、焊层、焊道布置及顺序）
1.1 坡口形式： 见右图 1.2 衬垫（材料及规格）见右图 1.3 其他：点焊；SMAW 焊条电弧焊 E5015 焊条直径 φ4.0mm 焊接电流 I = 150~190A 点焊位置在坡口反面，保证碳弧气刨时完全去除	16°±2° 22±2 ∞ 坡口详见图样 2° 2° R10 0 +1 ∞ 0 +2 2° 2° R10 0 +1 ∞ 0 +2 δ

3. 母材

3.1 类别号 Fe-1 组别号 2 与类别号 Fe-1 组别号 2 相焊

3.2 标准号 EN10028 材料代号 19Mn6（P355GH） 与标准号 EN10028 材料代号 19Mn6（P355GH） 相焊

3.3 对接焊缝焊件母材厚度范围（板） 5~200mm

3.4 角焊缝焊件母材厚度范围（板） 所有

3.5 管子直径、壁厚范围

3.5.1 对接焊缝：管径范围 所有 ；母材厚度范围 5~200mm

3.5.2 角焊缝： 管径范围 所有 ；母材厚度范围 所有

3.6 其他：＿＿＿＿＿＿＿＿＿＿＿＿＿＿

4. 填充金属		埋弧焊 SAW	焊条电弧焊 SMAW
4.1	焊材类别	FeMS-1-3/FeG-3	FeT-1-2
4.2	焊材标准	NB/T 47018.4，GB/T 12470	GB/T 5117
4.3	填充焊材尺寸/mm	φ4.0	φ4.0φ3.2φ5.0
4.4	焊材型号	F55P2-H08MnMoA-H8	E5015
4.5	焊材牌号（金属材料代号）	H08MnMoA	J507
4.6 熔敷金属厚度适用范围	坡口焊缝	≤200mm	≤200mm
	角焊缝	所有	所有
4.7 其他		实心焊丝；中性焊剂	所有

5. 耐蚀堆焊金属化学成分（%）

C	Si	Mn	P	S	Cr	Ni	Mo	V	Ti	Nb

其他

注：每一种母材与焊接材料的组合均需分别填表

6. 焊接位置	7. 焊后热处理（QW-407）
6.1 坡口位置 1G 6.2 焊接方向 □向上 □向下 6.3 角焊缝位置 N.A 6.4 焊接方向 □向上 □向下	7.1 温度范围 585±15 ℃ 7.2 时间范围 See HTI min 7.3 其他：焊后立即消氢 300~350℃，3~4h，纵缝 60mm（含 60mm）以上进行消氢处理，60mm 以下石棉保温缓冷。环缝不做消氢和缓冷处理

（续）

焊接工艺规程	焊接工艺规程编号	01	版本号	A

8. 预热

8.1 最低预热温度： 100 ℃

8.2 最高层间温度： 300 ℃

8.3 保持预热时间_____h

8.4 预热的保持方式

☑火焰　☑加热器　☑进炉

9. 气体

	气体	混合比	流量
9.1 保护气	N. A.	N. A.	N. A.
9.2 尾部保护气	N. A.	N. A.	N. A.
9.3 背面保护气	N. A.	N. A.	N. A.

10. 电特性

电流种类：直流	极性：反接
焊接电流范围/A：如下	电弧电压/V：如下
焊接速度（范围）：如下	焊丝送进速度/（cm/min）
钨极类型及直径：	喷嘴直径：ϕ4.0mm

焊接电弧种类（喷射弧、短路弧等）

11. 焊接工艺参数

焊道/焊层	焊接方法	焊材 牌号/型号	焊材 直径/mm	焊接电流 极性	焊接电流 电流/A	电压/V	焊速/（cm/min）	线能量/（kJ/cm）
正 1-2	SAW	H08MnMoA + F55P2-H08MnMoA-H8	ϕ4.0	DC（－）	400±50	32±2	40～50	≤32
正 3	SAW	H08MnMoA + F55P2-H08MnMoA-H8	ϕ4.0	DC（－）	500±50	33±2	40～50	≤32
反面挑根，碳刨后打磨								
反	SAW	H08MnMoA + F55P2-H08MnMoA-H8	ϕ4.0	DC（－）	500±50	33±2	40～50	≤32
或反	SMAW	E5015	ϕ5.0	DC（－）	200～260			

注　焊层可根据实际情况增加或减少。

12. 技术措施

12.1 无摆动焊或摆动焊　　SAW：无摆动　SMAW：均可

12.2 摆动参数　　≤4D（D 为焊条直径）

12.3 打底焊道和层间焊道清理　☑钢刷　或　☑打磨

12.4 背面清根方法　☑打磨　☑碳弧气刨　□机械加工　□无

12.5 多道焊或单道焊（每侧）　□单道焊　☑多道焊

12.6 多丝焊或单丝焊　　□多丝焊　☑单丝焊　□N. A.

12.7 焊丝间距　　N. A.

12.8 导电嘴至工件距离　　25～40mm

12.9 闭室焊为室外焊　　Closed

12.10 锤击有无　□有　☑无

12.11 其他

	编 制	校 对	审 核	批 准	AI 认可
签名					
日期					

第三章　熔化极气体保护焊

熔化极气体保护焊是目前发展最快的一种电弧焊方法，在工业生产中得到了广泛的应用。本章主要讲述熔化极惰性气体保护焊、熔化极活性混合气体保护焊、熔化极二氧化碳气体保护焊三类熔化极气体保护焊的特点、应用及工艺规程，同时简要介绍熔化极气体保护焊的其他技术。

第一节　概　　述

一、熔化极气体保护焊的分类及特点

熔化极气体保护焊是采用可熔化的焊丝与焊件之间的电弧作为热源来熔化焊丝与母材金属，并向焊接区输送保护气体，使电弧、熔化的焊丝、熔池及附近的母材金属免受周围空气有害作用，连续送进的焊丝金属不断熔化并过渡到熔池，与熔化的母材金属融合形成焊缝金属，从而使工件相互连接的一种焊接方法，如图3-1所示。

1. 熔化极气体保护焊的分类

熔化极气体保护焊通常根据保护气体种类和焊丝形式的不同进行分类，如图3-2所示。

若按操作方式，熔化极气体保护焊可分为自动焊和半自动焊两大类。

2. 熔化极气体保护焊的特点

熔化极气体保护焊与渣保护焊方法（如焊条电弧焊与埋弧焊）相比较，在工艺性、生产率与经济效果等方面有着下列优点。

1）气体保护焊是一种明弧焊。焊接过程中电弧及熔池的加热熔化情况清晰可见，便于发现问题并及时调整，故焊接过程与焊缝质量易于控制。

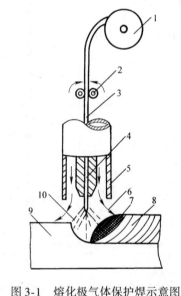

图3-1　熔化极气体保护焊示意图

1—焊丝盘　2—送丝滚轮　3—焊丝　4—导电嘴　5—保护气体喷嘴　6—保护气体　7—熔池　8—焊缝金属　9—母材　10—电弧

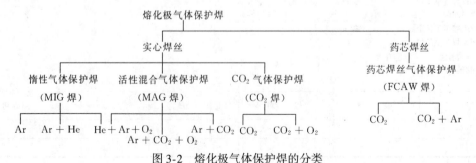

图3-2　熔化极气体保护焊的分类

2）气体保护焊在通常情况下不需要采用管状焊丝，所以焊接过程没有熔渣，焊后不需要清渣，省掉了清渣的辅助工时，因此能降低焊接成本。

3）适用范围广，生产率高，易进行全位置焊及实现机械化和自动化。

但熔化极气体保护焊也存在一些不足之处，主要包括：焊接时采用明弧，且使用的电流密度大，电弧光辐射较强；不适于在有风的地方施焊或露天施焊；设备比较复杂。

二、熔化极气体保护焊的应用

熔化极气体保护焊适用于焊接大多数金属和合金，最适于焊接非合金钢和低合金钢、不锈钢、耐热合金、铝及铝合金、铜及铜合金及镁合金。其中镁、铝及铝合金、不锈钢等，通常只能用这种方法才能较经济地焊出令人满意的焊缝。

对于高强度钢、超强铝合金、锌含量高的铜合金、铸铁、奥氏体锰钢、钛和钛合金及高熔点金属，熔化极气体保护焊要求对母材进行预热和焊后热处理，采用特制的焊丝，对保护气体的控制也更加严格。

对低熔点的金属如铅、锡和锌等，不宜采用熔化极气体保护焊，表面包覆这类金属的涂层钢板也不适宜采用这类焊接方法。

熔化极气体保护焊可焊接的金属厚度范围很广，最薄约1mm，最厚几乎不受限制。

在焊接位置方面，熔化极气体保护焊的适应性也较强。像其他电弧焊方法一样，平焊和横焊时其焊接效率最高；在其他位置施焊时，其效率至少不低于焊条电弧焊。

第二节　熔化极惰性气体保护焊

一、熔化极惰性气体保护焊的特点

熔化极惰性气体保护焊是以连续送进的焊丝作为熔化电极，采用惰性气体作为保护气的电弧焊方法，简称 MIG 焊。与其他焊接方法相比，MIG 焊除具有前述特点外，还有以下特点。

1）采用 Ar、He 或 Ar + He 作为保护气体，几乎可焊接所有金属，尤其适合焊接铝及铝合金、铜及铜合金、钛及钛合金等非铁金属。

2）由于用焊丝做电极，可采用高密度电流，因而母材熔深大，填充金属熔敷速度快，用于焊接铝、铜等金属厚板时生产率比 TIG$^{\ominus}$焊高，焊件变形比 TIG 焊小。

3）MIG 焊可采用直流反接，焊接铝及铝合金时有良好的"阴极清理"氧化膜作用。

4）用 MIG 焊焊接铝及铝合金时，亚射流电弧的固有自调节作用较为显著。

二、熔化极惰性气体保护焊的保护气体和焊丝

1. 保护气体

（1）氩气　氩气（Ar）是一种稀有气体，在空气中含量为 0.935%（体积百分比），它的沸点为 –186℃，介于氧与氮的沸点之间，是分馏液态空气制取氧气时的副产品。氩气一般瓶装供应，气瓶外涂有灰色漆以示标记，并写有"氩气"字样。

氩气的密度约为空气的 1.4 倍，因而焊接时不易漂浮散失，在平焊和横向角焊缝位置施

$\ominus$　TIG 为非熔化极惰性气体保护焊，通常指钨极氩弧焊。

焊时，能有效地排除焊接区域的空气。氩气是一种惰性气体，焊接过程中不与液态和固态金属发生化学冶金反应，使焊接冶金反应变得简单和容易控制，为获得高质量焊缝提供了良好的条件，因此特别适用于活泼金属的焊接。但是，氩气不像还原性气体或氧化性气体那样有脱氧或去氢的作用，所以对焊前的除油、去锈、去水等准备工作要求严格，否则会影响焊缝质量。

氩气的另一个特点是热导率很小，又是单原子气体，不消耗分解热，所以在氩气中燃烧的电弧热量损失较少。氩弧焊时，电弧一旦引燃，燃烧就很稳定，是各种保护气体中稳定性最好的一个，即使在低电压时也十分稳定，一般电弧电压仅为 8 ~ 15V。

（2）氦气　同氩气一样，氦气也是一种惰性气体。氦气（He）很轻，其密度约为空气的 1/7。它从天然气中分离而得，以液态或压缩气体的形式供应。

氦气保护焊时的电弧温度和能量密度高，母材的热输入量较大，熔池的流动性增强，焊接效率较高，适用于大厚度和高导热性金属材料的焊接。

氦气比空气轻，仰焊时因为氦气上浮，能保持良好的保护效果，因此很适用于仰焊位置；但在平焊位置焊接时，为了维持适当的保护效果，必须采用较大的气体流量，其气体流量一般是纯氩气的 2 ~ 3 倍。由于纯氦价格昂贵，单独采用氦气保护成本较高，因此纯氦保护应用很少。

（3）氩气和氦气混合气体　Ar 和 He 按一定比例混合使用时，可获得兼有两者优点的混合气体。其优点是，电弧燃烧稳定，温度高，焊丝金属熔化速度快，熔滴易呈现较稳定的轴向射流过渡，熔池金属的流动性得到改善，焊缝成形好，焊缝的致密性提高。这些优点对于焊接铝及铝合金、铜及铜合金等热敏感性的高导热性材料尤为重要。

图 3-3 所示分别为采用 Ar、He + Ar、He 三种保护气体焊接大厚度铝合金时的焊缝剖面形状示意图。由图可见，纯 Ar 保护时的"指状"熔深，在混合气体保护下得到了改善。

另外，氮气（N_2）与铜及铜合金不起

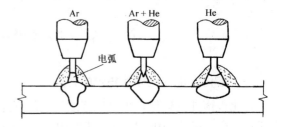

图 3-3　Ar、He + Ar、He 三种保护气体的焊缝剖面形状（直流反接）示意图

化学作用，因而对于铜及铜合金，氮气相当于惰性气体，可用于铜及铜合金焊接的保护气体。N_2 可单独使用，也常与 Ar 混合使用。与采用 Ar + He 混合气体相比，N_2 来源广泛，价格便宜，焊接成本低；但焊接时有飞溅，外观成形不如 Ar + He 保护时好。

2. 焊丝

熔化极惰性气体保护焊使用的焊丝成分，通常情况下应与母材的成分相近，同时焊丝应具有良好的焊接工艺性，并能保证良好的接头性能。在某些情况下，为了焊接过程顺利并获得满意的焊缝金属性能，需要采用与母材成分完全不同的焊丝。例如，适用焊接高强度铝合金和合金钢的焊丝，在成分上通常完全不同于母材，其原因在于某些合金元素在焊缝金属中将产生不利的冶金反应，从而导致缺陷或降低焊缝的力学性能。

熔化极惰性气体保护焊使用的焊丝直径一般为 0.8 ~ 2.5mm。焊丝直径越小，焊丝的表面积与体积的比值越大，即焊丝加工过程中进入焊丝表面上的拔丝剂、油或其他的杂质相对越多。这些杂质可能引起气孔、裂纹等缺陷。因此，焊丝使用前必须经过严格的清理。另外，由于焊丝需要连续而流畅地通过焊枪被送进焊接区，所以焊丝一般以焊丝卷或焊丝盘的形式供应。

三、熔化极惰性气体保护焊焊枪

熔化极惰性气体保护焊的焊枪有半自动焊焊枪和自动焊焊枪两种。其结构原理与 CO_2 焊焊枪和钨极氩弧焊焊枪（参见本书以后章节）相似。不同的是，对于大电流的熔化极氩弧焊焊枪，为了减少氩气的消耗，通常在喷嘴通道中安装一个气体分流套，将氩气分为内、外两层。内层流速快，气流挺度好，可保证电弧稳定；外层流速慢，能扩大保护气的保护范围，且可减少氩气流量。熔化极氩弧焊半自动焊和自动焊焊枪如图 3-4 和图 3-5 所示。

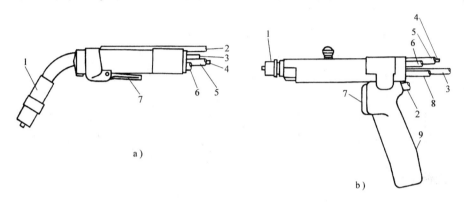

图 3-4　熔化极氩弧焊半自动焊焊枪
a) 鹅颈式（气冷）　b) 手枪式（水冷）
1—喷嘴　2—控制电缆　3—导气管　4—焊丝　5—送丝导管　6—电源输入
7—开关　8—进水管　9—手柄

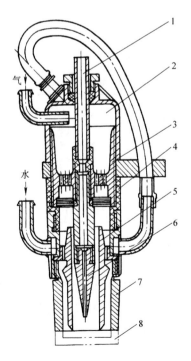

图 3-5　熔化极氩弧焊自动焊焊枪
1—铜管　2—镇静室　3—导流体　4—铜筛网　5—分流套　6—导电嘴　7—喷嘴　8—帽盖

四、熔化极惰性气体保护焊工艺

MIG 焊工艺主要包括焊前准备和工艺参数的选择两个部分。

1. 焊前准备

焊前准备主要有设备检查、焊件坡口的准备、焊件和焊丝表面的清理以及焊件组装等。与其他焊接方法相比，MIG 焊对焊件和焊丝表面的污染物非常敏感，故焊前表面清理工作是焊前准备中的重点。

MIG 所使用的焊丝与其他方法相比通常要细一些，焊接过程中容易带入杂质。一旦杂质进入焊缝后，因 MIG 焊焊接速度较快，熔池冷却也较快，则溶解在熔池中的杂质和气体较难逸出而易产生缺陷。另外，当焊丝和焊件接口表面存在较厚的氧化膜或污物时，会改变正常的焊接电流和电弧电压值，影响焊缝成形和质量，因此焊前必须仔细清理焊丝和焊件。

常用的焊前清理方法有化学清理和机械清理两类。

（1）化学清理 化学清理方法因材质不同而异。例如，铝及铝合金表面不仅有油污，而且存在一层熔点高、电阻大、有保护作用的致密氧化膜，焊前须先进行脱脂清理，常用脱脂溶液配方及工序见表 3-1，然后用 NaOH 溶液进行碱洗，再用 HNO_3 溶液进行酸洗，以清除氧化膜，并使其表面光化，其清理工序见表 3-2。

表 3-1　脱脂溶液配方及工序

配　　方	温　　度 /℃	清洗时间 /min	清 水 冲 洗		干　燥
			热　水	冷　水	
Na_3PO_4，50g Na_2CO_3，50g Na_2SiO_3，30g H_2O，100g	60	5 ~ 8	30℃	室温	用布擦干

表 3-2　化学清理工序

工序 材质	碱　　洗			冲　洗	酸洗（光化）			冲　洗	干　燥
	NaOH 浓度 （质量分数,%）	温度 /℃	时间 /min		HNO_3 浓度 （质量分数,%）	温度 /℃	时间 /min		
纯铝	15	室温	10 ~ 15	清水	30	室温	≤2	清水	100 ~ 110℃ 烘干，再低 温干燥
	4 ~ 5	60 ~ 70	1 ~ 2						
铝合金	8	50 ~ 60	5 ~ 10		30	室温	≤2		

其他合金的化学清理剂配方及工序可在《焊接手册》等有关资料中查得。

（2）机械清理 机械清理有打磨、刮削和喷砂等，用以清理焊件表面的氧化膜。对于不锈钢或高温合金焊件，常用砂纸打磨或抛光法将焊件接头两侧 30 ~ 50mm 宽度内的氧化膜清除掉。对于铝合金，由于材质较软，可用细钢丝轮、钢丝刷或刮刀将焊件接头两侧一定范围内的氧化物除掉。机械清理方法生产率较低，所以在批量生产时常用化学清理法。

2. 工艺参数的选择

MIG 焊的工艺参数主要有焊接电流、电弧电压、焊接速度、焊丝伸出长度、焊丝倾角、焊丝直径、焊接位置、极性、保护气体的种类和流量大小等。

（1）焊接电流和电弧电压　通常是先
根据工件的厚度选择焊丝直径，再确定焊
接电流和熔滴过渡类型。若其他参数不变，
焊接电流与送丝速度（或熔化速度）的关
系如图3-6所示。即在任何给定的焊丝直
径下，增大焊接电流，焊丝熔化速度均增
加，因此就需要相应地增加送丝速度。同
样的送丝速度，较粗的焊丝，则需要较大
的焊接电流。焊丝直径一定时，焊接电流
（即送丝速度）的选择与熔滴过渡类型有

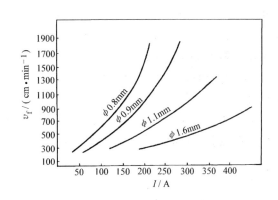

图3-6　碳钢焊丝的焊接电流 I 与送丝速度 v_f 的关系

关。电流较小时，熔滴为滴状过渡（若电
弧电压较低，则为短路过渡）。滴状过渡时，飞溅较大，焊接过程不稳定，因此在生产上不
采用。而短路过渡时电弧功率较小，通常仅用于薄板焊接。当电流超过临界电流值时，熔滴
为喷射过渡。喷射过渡是生产中应用最广泛的过渡形式。不同材料、不同直径焊丝的临界电
流参考值见表3-3。但要获得稳定的喷射过渡，焊接电流还必须小于使焊缝起皱的临界电流
（大电流铝合金焊接时）或生产旋转射流过渡的临界电流（大电流焊接钢材时），以保证稳
定的焊接过程和焊接质量。焊接电流一定时，电弧电压应与焊接电流相匹配，以避免产生气
孔、飞溅和咬边等缺陷。

表3-3　不同材料、不同直径焊丝的临界电流参考值

材　料	焊丝直径 /mm	保护气体 （体积分数）	临界电流 /A	材　料	焊丝直径 /mm	保护气体 （体积分数）	临界电流 /A
低碳钢	0.80 0.90 1.20 1.60	Ar98% + O₂2%	150 165 220 275	脱氧铜	0.90 1.20 1.60	纯 Ar	180 210 310
不锈钢	0.90 1.20 1.60	Ar99% + O₂1%	170 225 285	硅青铜	0.90 1.20 1.60	纯 Ar	165 205 270
铝	0.80 1.20 1.60	纯 Ar	95 135 180	钛	0.80 1.60 2.40		120 225 330

（2）焊接速度　单道焊的焊接速度是焊枪沿接头中心线方向的相对移动速度。在其他条
件不变时，熔深随焊速增大而增加，并有一个最大值。焊速减小时，单位长度上填充金属的
熔敷量增加，熔池体积增大。由于这时电弧直接接触的只是液态熔池金属，固态母材金属的
熔化是靠液态金属的导热作用实现的，故熔深减小，熔宽增加；焊接速度过高，单位长度上
电弧传给母材的热量显著降低，母材的熔化速度减慢。随着焊接速度的提高，熔深和熔宽均
减小。焊接速度过高有可能产生咬边。

（3）焊丝伸出长度　焊丝的伸出长度越长，焊丝的电阻热越大，则焊丝的熔化速度越
快。焊丝伸出长度过长，会造成以低的电弧热熔敷过多的焊缝金属，使焊缝成形不良，熔深

减小，电弧不稳定；焊丝伸出长度过短，电弧易烧导电嘴，且金属飞溅易堵塞喷嘴。对于短路过渡来说，合适的焊丝伸出长度为 6.4～13mm，而对于其他形式的熔滴过渡，焊丝的伸出长度一般为 13～25mm。

（4）焊丝倾角 焊丝轴线相对于焊缝中心线（称基准线）的角度和位置会影响焊道的形状和熔深。在包含焊丝轴线和基准线的平面内，焊丝轴线与基准线垂线的夹角称为行走角，如图 3-7 所示。上述平面与包含基准线的垂直面之间的夹角称工作角，如图 3-8 所示。焊丝向前倾斜焊接时，称为前倾焊法；向后倾斜时称为后倾焊法。

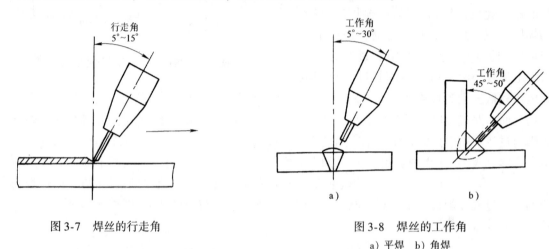

图 3-7　焊丝的行走角　　　　　　　图 3-8　焊丝的工作角
　　　　　　　　　　　　　　　　　　　a）平焊　b）角焊

焊丝倾角对焊缝形状的影响如图 3-9 所示。当其他条件不变，焊丝由垂直位置变为后倾焊法时，熔深增加，而焊道变窄且余高增大，电弧稳定，飞溅小。行走角为 25°的后倾焊法常可获得最大的熔深。一般行走角为 5°～15°，以便良好地控制焊接熔池。在横焊位置焊接角焊缝时，工作角一般为 45°。

（5）焊接位置 喷射过渡适用于平焊、立焊、仰焊位置。平焊时，焊件相对水平面的斜度对焊缝成形和焊接速度有影响。若采用下坡焊（通常工件相对于水平面夹角≤15°），焊缝余高减小，熔深减小，焊接速度可以提高，有利于焊接薄板金属；若采用上坡焊，重力使熔池金属后流，熔深和余高增加，而熔宽减小。

短路过渡焊接可用于薄板材料的全位置焊。

（6）气体流量 保护气体从喷嘴喷出有两种情况：较厚的层流和接近于紊流的

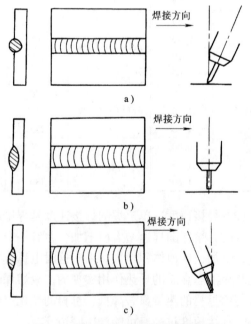

图 3-9　焊丝倾角对焊缝形状的影响
a）后倾焊（焊丝指向后方）　b）焊丝垂直
c）前倾焊（焊丝指向前方）

较薄层流。前者有较大的有效保护范围和较好的保护作用。因此，为了得到层流的保护气流，加强保护效果，需采用结构设计合理的焊枪和合适的气体流量。气体流量过大或过小都会造成紊流。由于熔化极惰性气体保护焊对熔池的保护要求较高，如果保护不良，焊缝表面便起皱纹，所以喷嘴孔径及气体流量均比钨极氩弧焊要相应增大。通常喷嘴孔径为20mm左右，气体流量为30~60L/min。

3. MIG焊常用焊接工艺举例

就MIG焊的应用范围而言，它几乎可用于所有金属的焊接，但对低碳钢和低合金钢的焊接，使用纯惰性气体保护成本较高，而且焊接质量也不理想，因此一般情况下不采用。而对铝及铝合金的焊接，只能用惰性气体做保护气，故这里只列出铝及铝合金的常用焊接工艺。

由于铝的化学性质活泼，焊接时对保护气的纯度要求严格，因此MIG焊时要求保护气严格符合标准，同时要采用保护效果好的焊枪。对于质量要求较高的产品，还应对焊缝背面采取保护措施，并使用铝焊丝专用送丝机。

（1）短路过渡焊接工艺 厚度为1~2mm薄板的对接、搭接、角接及卷边接头等，可以采用短路过渡方式进行焊接。其接头形式及焊接工艺参数见表3-4。

表3-4 铝合金短路过渡MIG焊接头形式及焊接工艺参数

板厚/mm	接头形式/mm	焊接次数	焊接位置	焊丝直径/mm	焊接电流/A	电弧电压/V	焊接速度/cm·min⁻¹	送丝速度/cm·min⁻¹	氩气流量/(L/min)
2		1	全	0.8	70~85	14~15	40~60	—	15
		1	平	1.2	110~120	17~18	120~140	590~620	15~18
1		1	全	0.8	40	14~15	50	—	14
2		1	全	0.8	70 / 80~90	14~15 / 17~18	30~40 / 80~90	— / 950~1050	10 / 14

（2）喷射过渡焊接工艺 厚度为6~25mm板的对接接头，焊接时需要开坡口并进行多层焊，一般采用喷射过渡方式进行焊接。其坡口尺寸及焊接工艺参数见表3-5。

表3-5 铝合金喷射过渡及亚射流过渡MIG焊的坡口尺寸及焊接工艺参数

板厚/mm	坡口尺寸/mm	焊道顺序	焊接位置	焊丝直径/mm	焊接电流/A	电弧电压/V	焊接速度/cm·min⁻¹	送丝速度/cm·min⁻¹	氩气流量/(L/min)	备注
6	α=60°	1 / 1 / 2(背)	水平横、立、仰	1.6	200~250 / 170~190	24~27 (22~26) / 23~26 (21~25)	40~50 / 60~70	590~770 (640~790) / 500~560 (580~620)	20~24	使用垫板

第三节　熔化极活性混合气体保护焊

一、熔化极活性混合气体保护焊的特点

熔化极活性混合气体保护焊简称 MAG 焊，是采用在惰性气体 Ar 中加入一定量的活性气体（如 O_2、CO_2 等）作为保护气体的一种熔化极气体保护焊方法。

采用活性混合气体作为保护气体具有下列作用。

1）提高熔滴过渡的稳定性。

2）稳定阴极斑点，提高电弧燃烧的稳定性。

3）改善焊缝熔深形状及外观成形。

4）增大电弧的热功率。

5）控制焊缝的冶金质量，减少焊接缺陷。

6）降低焊接成本。

对于某一种成分的活性混合气体，并不一定具有上述全部作用，但在某些情况下可以兼有其中的若干作用。

MAG 焊可采用短路过渡、喷射过渡和脉冲喷射过渡进行焊接，能获得稳定的焊接工艺性能和良好的焊接接头，可用于各种位置的焊接，尤其适用于非合金钢、合金钢和不锈钢等钢铁材料的焊接。

二、熔化极活性混合气体保护焊常用气体及适用范围

1. $Ar + O_2$

Ar 中加入 O_2 的活性气体可用于非合金钢、不锈钢等高合金和高强钢的焊接。其最大的优点是克服了纯 Ar 保护焊接不锈钢时存在的液体金属黏度大、表面张力大而易产生气孔，焊缝金属润湿性差而易引起咬边，阴极斑点飘移而产生电弧不稳等问题。焊接不锈钢等高合金钢及强度级别较高的高强钢时，O_2 的含量（体积分数，后同）应控制在 1%～5%。用于焊接碳钢和低合金结构钢时，Ar 中加入 O_2 的含量可达 20%。

2. $Ar + CO_2$

这种气体被用来焊接低碳钢和低合金钢。常用的混合比（体积）为 Ar80% + CO₂20%。它既具有氩弧电弧稳定、飞溅小、容易获得轴向喷射过渡的优点，又具有氧化性，克服了氩气焊接时表面张力大、液态金属黏稠、阴极斑点易飘移等问题，同时对焊缝蘑菇形熔深有所改善。随混合气体中 CO_2 含量的增加，氧化性也增大。为了获得较高韧性的焊缝金属，应配用含脱氧元素成分较高的焊丝。

3. $Ar + CO_2 + O_2$

用 Ar80% + CO₂15% + O₂5% 混合气体（体积比）焊接低碳钢、低合金钢时，焊缝成形、接头质量以及金属熔滴过渡和电弧稳定性方面都比上述两种混合气体要好。图 3-10 所示为用三种不同气体焊接时的焊缝断面形状示意图。由图可见，用 $Ar + CO_2 + O_2$ 混合气体时焊缝剖面形状最理想。

在熔化极及钨极气体保护焊中，常见的焊接用保护气体及其适用的范围见表 3-6。

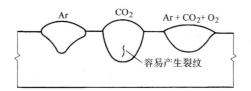

图 3-10　用三种不同气体焊接时的焊缝断面形状

表 3-6　焊接用保护气体及适用范围

被焊材料	保护气体	混合比（体积）	化学性质	焊接方法	适用范围
铝及铝合金	Ar		惰性	熔化极及钨极	钨极用交流，熔化极用直流反接，有阴极破碎作用，焊缝表面光洁
	Ar + He	熔化极：He20% ~ 90% 钨极：多种混合比直至 He75% + Ar25%	惰性	熔化极及钨极	电弧温度高，适用于焊接厚铝板，可增加熔深，减少气孔。熔化极时，随着 He 的比例增大，有一定飞溅
钛及钛合金、锆及锆合金	Ar		惰性	熔化极及钨极	
	Ar + He	Ar/He　75/25	惰性	熔化极及钨极	可增加热量输入，适用于射流电弧、脉冲电弧及短路电弧
铜及铜合金	Ar		惰性	熔化极及钨极	熔化极时产生稳定的射流电弧；但板厚大于 6mm 时需预热
	Ar + He	Ar/He　50/50 或 30/70	惰性	熔化极及钨极	输入热量比纯 Ar 大，可以减少预热温度
	N_2			熔化极	增大了输入热量，可降低或取消预热温度，但有飞溅及烟雾
	Ar + N_2	Ar/N_2　80/20		熔化极	输入热量比纯 Ar 大，但有一定的飞溅
不锈钢及高强度钢	Ar		惰性	钨极	焊接薄板
	Ar + O_2	加 $O_2$1% ~ 2%	氧化性	熔化极	用于射流电弧及脉冲电弧
	Ar + O_2 + CO_2	加 $O_2$2%；加 $CO_2$5%	氧化性	熔化极	用于射流电弧、脉冲电弧及短路电弧
非合金钢及低合金钢	Ar + O_2	加 $O_2$1% ~ 5% 或 20%	氧化性	熔化极	用于射流电弧，对焊缝要求较高的场合
	Ar + CO_2	Ar/CO_2　70 ~ 80/30 ~ 20	氧化性	熔化极	有良好的熔深，可用于短路、射流及脉冲电弧
	Ar + O_2 + CO_2	Ar/CO_2/O_2　80/15/5	氧化性	熔化极	有较佳的熔深，可用于射流、脉冲及短路电弧
	CO_2		氧化性	熔化极	适用于短路电弧，有一定飞溅
	CO_2 + O_2	加 $O_2$20% ~ 25%	氧化性	熔化极	用于射流及短路电弧
镍基合金	Ar		惰性	熔化极及钨极	对于射流、脉冲及短路电弧均适用，是焊接镍合金的主要气体
	Ar + He	加 He15% ~ 20%	惰性	熔化极及钨极	增加热量输入
	Ar + H_2	H_2 <6%	还原性	钨极	加 H_2 有利于抑制 CO 气孔

注：1. 表中的气体混合比为参考数据，在焊接中可视具体工艺要求进行调整。
　　2. 用于焊接低碳钢、低合金钢的 Ar + O_2 及 Ar + CO_2 混合气体中，Ar 可用粗氩，不必用高纯度 Ar。精 Ar 只有在焊接非铁金属及钛、锆、镍等时才是需要的。粗氩为制氧厂的副产品，一般含有 $O_2$2% + $N_2$0.2%。

三、熔化极活性混合气体保护焊工艺

MAG 焊的工艺内容和工艺参数的选择原则与 MIG 焊相似。其不同之处是在氩气中加入了一定量的具有脱氧去氢能力的活性气体，因而焊前清理就没有 MIG 焊要求那么严格。

MAG 焊主要适用于碳钢、合金钢和不锈钢等钢铁材料的焊接，尤其在不锈钢的焊接中得到了广泛的应用。焊接不锈钢时，通常采用直流反接短路过渡或喷射过渡，保护气体为 Ar + O$_2$（1% ~5%）。根据具体情况，需决定是否采用预热和焊后热处理、喷丸、锤击等其他工艺措施。不锈钢短路过渡与喷射过渡焊接参数见表 3-7、表 3-8。

表 3-7　不锈钢短路过渡 MAG 焊焊接参数

板厚 /mm	坡口简图	焊丝直径 /mm	焊接电流 /A	电弧电压 /V	送丝速度 /m·min^{-1}	焊接速度 /mm·min^{-1}	气体流量 /(L/min)
1.6		φ0.8	85	15	4.6	425 ~ 475	15
2.0		φ0.8	90	15	4.6	325 ~ 375	15
1.6		φ0.8	85	15	4.6	375 ~ 525	15
2.0		φ0.8	90	15	4.8	285 ~ 315	15

表 3-8　不锈钢喷射过渡 MAG 焊焊接参数

板厚 /mm	坡口尺寸 /mm	层数	焊接位置	焊丝直径 /mm	焊接电流 /A	电弧电压 /V	焊接速度 /cm·min^{-1}	送丝速度 /cm·min^{-1}	氩气流量 /(L/min)	备注
3	0~2	1	水平立	1.6	200 ~ 240	22 ~ 25	40 ~ 55	350 ~ 450	14 ~ 18	永久垫板
					180 ~ 220	22 ~ 25	35 ~ 50	300 ~ 400		
6	0~2	2	水平立	1.6	220 ~ 260	23 ~ 26	30 ~ 50	400 ~ 500	14 ~ 18	—
					200 ~ 240	22 ~ 25	25 ~ 45	350 ~ 450		
12	0~2 0~2	5 6	水平立	1.6	240 ~ 280	24 ~ 27	20 ~ 35	450 ~ 650	14 ~ 18	—
					220 ~ 260	23 ~ 26	20 ~ 40	400 ~ 500		

第四节　CO$_2$ 气体保护焊

一、CO$_2$ 气体保护焊的特点及应用

CO$_2$ 气体保护焊是利用 CO$_2$ 作为保护气体的熔化极电弧焊方法，简称 CO$_2$ 焊。由于 CO$_2$ 是具有氧化性的活性气体，因此除了具备一般气体保护焊的特点外，CO$_2$ 焊在熔滴过渡、冶金反应等方面与一般气体保护焊有所不同。

1. CO_2 气体保护焊的特点

（1）CO_2 气体保护焊的熔滴过渡特点　CO_2 焊的熔滴过渡形式有滴状过渡、短路过渡两种。

1）滴状过渡。CO_2 焊在采用较粗焊丝（$>\phi1.6mm$）、较大焊接电流和较高电弧电压焊接时，会出现颗粒状熔滴的滴状过渡。滴状过渡有两种形式。

① 当电流小于 400A 时，为大颗粒滴状过渡。这种大颗粒呈非轴向过渡（图 3-11），电弧不稳定，飞溅很大，焊缝成形也不好，因此在实际生产中不宜采用。

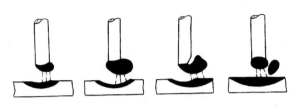

图 3-11　CO_2 焊滴状过渡示意图

② 当电流在 400A 以上时，熔滴细化，过渡频率也随之增大，虽然仍为非轴向过渡，但飞溅减小，电弧较稳定，焊缝成形较好，在生产中应用较广，多用于中厚板的焊接。

2）短路过渡。CO_2 焊时，在采用细焊丝小电流，特别是较低电弧电压的情况下，可获得短路过渡。短路过渡的特点是弧长较短，焊丝端部的熔滴长大到一定程度时与熔池接触发生短路，此时电弧熄灭，形成焊丝与熔池之间的液体金属过桥，焊丝熔化金属在重力、表面张力和电磁收缩力等力的作用下过渡到熔池，之后电弧重新引燃，重复上述过程，如图 3-12 所示。短路过渡电弧的燃烧、熄灭和熔滴过渡过程均很稳定，飞溅小，在要求较低的薄板及全位置焊缝的焊接生产中广为采用。

图 3-12　CO_2 焊短路过渡示意图

（2）CO_2 气体保护焊的冶金特点

1）焊接过程合金元素的氧化与脱氧。CO_2 焊时，CO_2 气体在电弧高温下会发生分解。高温分解时产生的 CO，一般说来在焊接条件下不溶于熔化的液态金属，也不与金属发生作用。但是，CO_2 分解时放出的原子态氧，其活泼性强，易与合金元素产生化学反应，因此可能会造成被焊工件的合金元素在焊接过程中烧损。

当氧化作用发生后，由于氧化作用生成的 FeO 能大量溶于熔池金属中，会使焊缝金属产生气孔及夹渣等缺陷。其次，锰、硅等元素氧化生成的 SiO_2 与 MnO，虽然可成为熔渣浮到熔池表面，但却减少了焊缝中这些合金元素的含量，使焊缝金属的力学性能降低。

碳同氧化合生成的 CO 气体会增大金属飞溅，且可能在焊缝金属中生成气孔。另外，碳的大量烧损，也要降低焊缝金属的力学性能。

因而在 CO_2 气体保护焊时，为了防止大量生成 FeO 产生合金元素的烧损，避免焊缝金属产生气孔和降低力学性能，通常要在焊丝中加入足够数量的脱氧元素。一般常用的脱氧元素有 Al、Ti、Si、Mn 等。由于脱氧元素和氧的亲和力比 Fe 强，故在焊接过程中可阻止 Fe 被大量氧化，从而可以消除或削弱上述有害影响。Al、Ti、Si、Mn 四种元素各自单独作用时脱氧效果并不理想。实践证明，用 Si、Mn 联合脱氧时其效果最好，如目前最常用的 H08Mn2SiA 焊丝，就是采用 Si、Mn 联合脱氧的焊丝。

2）焊缝金属中的气孔。对 CO_2 气体保护焊来说，焊缝金属中的气孔可能由下述三种情况造成。

① 焊丝中脱氧元素含量不足：当焊丝金属中含脱氧元素不足时，焊接过程中就会有较多的 FeO 溶于熔池金属中，随后在熔池冷凝时就会发生如下的化学反应：

$$FeO + C \rightleftharpoons Fe + CO\uparrow$$

当熔池金属冷凝过快时，生成的 CO 气体来不及完全从熔池中逸出，从而成为 CO 气孔。通常这类气孔常出现在焊缝根部与表面，且多呈针尖状。

由此可见，为了防止生成 CO 气孔，应要求焊丝含碳量低且有足够数量的脱氧元素，以避免焊接过程中 Fe 被大量氧化，以及 FeO 和 C 在熔池中发生化学反应。

② 气体保护作用不良：在 CO_2 气体保护焊过程中，如果因工艺参数选择不当等原因而使保护作用变差，或者 CO_2 气体纯度不高，在电弧高温下空气中的氮会溶到熔池金属中。当熔池金属冷凝时，随着温度的降低，氮在液体金属中的溶解度降低，尤其是在结晶过程中，其溶解度将急剧下降。这时液态金属中的氮若来不及外逸，常会在焊缝表面出现蜂窝状气孔，或者以弥散形式的微气孔分布于焊缝金属中。这些气孔往往在抛光后检验或水压试验时才能被发现。

实践表明，要避免产生这种氮气孔，最主要的是要增强气体的保护效果，且选用的 CO_2 气体纯度要高。另外，选用含有固氮元素（如 Ti 和 Al）的焊丝，也有助于防止产生氮气孔。

③ 焊缝金属溶解了过量的氢：CO_2 气体保护焊时，如果焊丝及焊件表面有铁锈、油污与水分，或者 CO_2 气体中含有水分，则在电弧高温作用下这些物质会分解并产生氢。氢在高温下也易溶于熔池金属中。随后，当熔池冷凝结晶时，氢在金属中的溶解度急剧下降，若析出的氢来不及从熔池中逸出，就会使焊缝金属产生氢气孔。因此，为了防止氢气孔，在焊前应对焊件及焊丝进行清理，去除它们表面上的铁锈、油污、水分等。另外，还可对 CO_2 气体进行提纯与干燥。

不过，由于 CO_2 气体具有氧化性，氢和氧会化合，故出现氢气孔的可能性还是较小的，因而 CO_2 气体保护焊是一种公认的低氢焊接方法。

（3）CO_2 焊的飞溅问题　与一般熔化极气体保护焊相比，CO_2 焊还有一个非常重要的特点就是存在飞溅。CO_2 气体保护焊过程中的金属飞溅损失约占焊丝熔化金属的 10% 左右，严重时可达 30% ~40%；在最佳情况下，飞溅损失可控制在 2% ~4% 范围内。

飞溅损失增大，会降低焊丝的熔敷系数，从而增加焊丝及电能的消耗，降低焊接生产率，增加焊接成本。

飞溅金属粘在导电嘴端面和喷嘴内壁上，不仅会使送丝不畅从而影响电弧稳定性，或者降低保护气体的保护作用，恶化焊缝成形质量，还需待焊后进行清理，这就增加了焊接的辅助工时。另外，飞溅出的金属还容易烧坏焊工的工作服，甚至烫伤皮肤，恶化劳动条件。因此，减小和防止产生金属飞溅，一直是采用 CO_2 气体保护焊必须重视的问题。

CO_2 焊产生飞溅的原因及防止措施。

1）由冶金反应引起的飞溅。这种飞溅主要由 CO 气体引起。焊接过程中，熔滴和熔池中的碳被氧化成 CO，CO 在电弧高温作用下，体积急速膨胀，压力迅速增大，使熔滴和熔池金属爆破，从而产生大量飞溅。减少这种飞溅的方法是采用含有锰、硅脱氧元素的焊丝，并降低焊丝中的含碳量。

2）由斑点压力引起的飞溅。这种飞溅主要取决于焊接时的极性。当采用正极性焊接时（焊件接正极、焊丝接负极），正离子飞向焊丝端部的熔滴，机械冲击力大，形成大颗粒飞溅；反极性焊接时，飞向焊丝端部的电子撞击力小，致使斑点压力大为降低，因而飞溅较小。所以 CO_2 焊应采用直流反接。

3）熔滴短路时引起的飞溅。这种飞溅在短路过渡过程中，当焊接电源的动特性不好时，则显得更严重。当熔滴与熔池接触时，短路电流增长速度过快，或者短路最大电流值过大时，会使缩颈处的液态金属爆破，产生较多的细颗粒飞溅；若短路电流增长速度过慢，则短路电流不能及时增大到要求的电流值，此时缩颈处就不能迅速断裂，使伸出导电嘴的焊丝在电阻热的长时间加热下，成段软化和断落，并伴随着较多的大颗粒飞溅。要减少这种飞溅，主要是通过调节焊接回路中的电感来调节短路电流增长速度。

4）焊接参数选择不当引起的飞溅。这种飞溅是因为焊接电流、电弧电压和回路电感等焊接参数选择不当而引起的。如随着电弧电压的增加，电弧拉长，熔滴易长大，且在焊丝末端产生无规则摆动，致使飞溅增大。焊接电流增大，熔滴体积变小，熔敷率增大，飞溅减少。因此，正确地选择 CO_2 焊的焊接参数，可降低飞溅的可能性。

2. CO_2 气体保护焊的应用

CO_2 焊由于具有成本低、抗氢气孔能力强、适合薄板焊接、易进行全位置焊等优点，所以广泛应用于低碳钢和低合金钢等钢铁材料的焊接中。焊接不锈钢时，因焊缝金属有增碳现象，影响抗晶间腐蚀性能，因此 CO_2 焊使用得较少。容易氧化的非铁金属，如 Cu、Al、Ti 等，则不能应用 CO_2 焊。

二、CO_2 焊的焊接材料

CO_2 气体保护焊用的焊接材料，主要是指 CO_2 气体和焊丝。本书仅从工艺角度介绍选用 CO_2 气体和焊丝时应注意的问题。

1. CO_2 气体

CO_2 气体是一种无色、无味的气体，在 0℃和 101.3kPa 气压时，它的密度为 1.9768g/L，是空气的 1.5 倍。CO_2 气体在常温下很稳定，但在高温下（5000K 左右）几乎能全部分解。

CO_2 气体保护焊可以采用由专业厂所提供的 CO_2 气体，也可以采用食品加工厂的副产品 CO_2 气体，但均应满足焊接对气体纯度的要求。CO_2 气体的纯度对焊缝金属的致密性和塑性有较大的影响，影响焊缝质量的主要有害杂质是水分和氮气。焊接时对焊缝质量要求越高，则对 CO_2 气体纯度要求越高。气体纯度高，获得的焊缝金属塑性就好。

试验证明，在焊接现场采取以下措施，对减少气体中的水分有显著效果。

1）将新灌气瓶倒立静置 1~2h，然后打开阀门，把沉积在下部的自由状态的水排出。可放水 2~3 次，两次放水间隔为 30min 左右。

2）经放水处理后的气瓶，在使用前先放气 2~3min，放掉气瓶上面部分的气体，因为这部分气体通常含有较多的空气和水分。

3）在气路系统中设置干燥器，以进一步减少 CO_2 气体中的水分。

4）瓶中气压降到接近 1MPa 时，不再使用。

供焊接用的 CO_2 气体，通常以液态装于钢瓶中。液态 CO_2 是无色液体，其密度随温度变化而变化：当温度低于 -11℃时，其密度大于水在标准状态时的密度；反之，其密度则小于水的标准密度。液态 CO_2 按重量计量，在0℃、101.3kPa 气压时，1kg 液态 CO_2 可汽化成 509L 的气态 CO_2。一般容量为40L 的标准钢瓶，可以灌入25kg 液态 CO_2。在上述的条件下，可汽化生成 $12.7m^3$ 的气态 CO_2，若焊接时气体流量为 10L/min，则可连续使用约 24h。CO_2 气瓶漆成铝白色，标有"CO_2"黑色字样。

2. 焊丝

CO_2 焊的焊丝设计、制造和使用原则，除与上述的 MIG 焊、MAG 焊有相同之处外，还对焊丝的化学成分有特殊要求，主要如下：

1）焊丝必须含有足够数量的脱氧元素。

2）焊丝的含碳量要低，一般要求 $w_C < 0.1\%$。

3）应保证焊缝金属具有良好的力学性能和抗裂性能。

目前 ER50-6（H11Mn2SiA）、ER49-1（H08Mn2SiA）焊丝是 CO_2 焊中应用最广泛的焊丝。它有较好的工艺性能和力学性能以及抗热裂纹能力，适宜于焊接低碳钢和低合金高强度钢。

从焊丝的发展情况看，很多焊丝新产品中均降低了含碳量（$w_C = 0.03\% \sim 0.06\%$），且添加了钛、铝、锆等合金元素，以期进一步减少飞溅，提高抗气孔能力并焊缝的力学性能。另外，还开发了焊丝涂层技术，即在焊丝表面涂覆一层碱金属、碱土金属或稀土金属的化合物（如 Cs_2CO_3、K_2CO_3、Na_2CO_3 等），以提高焊丝发射电子的能力并大大降低金属熔滴从粗滴向细滴过渡转变的临界电流，从而减少飞溅，改善焊缝成形。

常用 CO_2 焊的焊丝牌号、化学成分及应用见表3-9。

表3-9　常用 CO_2 焊的焊丝牌号、化学成分及应用

牌　号	合金元素（质量分数，%）						S 不大于	P 不大于	用　途
	C	Si	Mn	Cr	Ni	Mo			
H10MnSi	≤0.14	0.60~0.90	0.8~1.10	≤0.20	≤0.30	—	0.030	0.040	焊接低碳钢、低合金钢
H08MnSi	≤0.11	0.40~0.70	1.20~1.50	≤0.20	≤0.30		0.035	0.035	焊接低碳钢、低合金钢
H08MnSiA	≤0.10	0.60~0.85	1.40~1.70	≤0.20	≤0.30		0.030	0.035	
H08Mn2SiA	≤0.11	0.65~0.95	1.80~2.10	≤0.20	≤0.30		0.030	0.030	
H04Mn2SiTiA	≤0.04	0.70~1.10	1.80~2.20	—	—	钛 0.2~0.40	0.025	0.025	焊接低合金高强度钢
H04MnSiAlTiA	≤0.04	0.04~0.80	1.40~1.80	—	—	钛 0.95~0.65 铝 0.20~0.40	0.025	0.025	
H10MnSiMo	≤0.14	0.70~1.10	0.90~1.20	≤0.02	≤0.30	0.15~0.25	0.030	0.040	
H08Cr3Mn2MoA	≤0.10	0.30~0.50	2.00~2.50	2.5~3.0	—	0.35~0.50	0.030	0.030	焊接贝氏体钢
H18CrMnSiA	0.15~0.22	0.90~1.10	0.80~1.10	0.80~1.10	<0.30	—	0.025	0.030	焊接高强度钢

三、CO_2 焊焊枪

CO_2 焊焊枪包括半自动焊焊枪和自动焊焊枪两种。焊接时，半自动焊焊枪由人工操作，而自动焊焊枪则安装在机械装置上进行焊接。

1. 半自动焊焊枪

半自动焊焊枪按冷却方式分为气冷和水冷两种；按结构分为手枪式和鹅颈式。鹅颈式焊枪的结构如图3-13所示，其重心在手握部分，因而操作灵活，使用较广，特别适合于小直径焊丝。手枪式焊枪其重心不在手握部分，操作时不太灵活，常用于较大直径焊丝，采用内部循环水进行冷却。图3-14所示为CO_2半自动焊焊机。

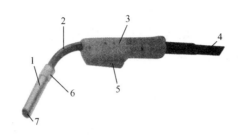

图3-13　鹅颈式焊枪
1—喷嘴　2—鹅颈管　3—焊把　4—电缆　5—扳机开关　6—绝缘接头　7—导电嘴

图3-14　CO_2半自动焊焊机

半自动焊焊枪都由以下几部分组成：

（1）导电部分　连接焊接电源与焊丝的电缆线（通常为正极），在焊枪后部由螺母与焊枪连接，电流通过导电杆、导电嘴导入焊丝。导电嘴是一个重要零件，要求由导电性好、耐磨性好及熔点高的材料制成，通常采用纯铜，最好是锆铜。

（2）导气部分　保护气体从导气管进入焊枪后首先进入气室，这时的气流处于紊流状态（气体质点的流动方向和速度都不一样）。为了使气体变成流动方向和速度趋于一致的层流，在气室接近出口处装有分流环，分流环上有网状密集的小孔，保护气通过分流环经喷嘴流出时，就能够得到具有一定挺度的保护气流。

（3）导丝部分　焊丝从焊丝盘进入软管后，在软管出口端直接进入焊枪，因此希望焊丝经过焊枪的阻力越小越好。尤其是对鹅颈式焊枪，要求鹅颈角度要合适。鹅颈过直时，操作不方便；鹅颈过弯，则阻力大，不易送丝。焊丝在焊枪内部经过的各接头处一定要保证圆滑过渡，以使焊丝容易通过。

2. 自动焊焊枪

自动焊焊枪的主要作用与半自动焊焊枪相同。自动焊焊枪固定在机头或行走机构上，经常在大电流情况下使用，除要求其导电部分、导气部分和导丝部分性能良好外，为了适应大电流、长时间使用的需要，喷嘴部分要采用水冷装置，这样既可以减少飞溅粘着，又可防止焊枪绝缘部分过热烧坏。

3. 焊枪的送丝机构

半自动焊和自动焊的焊丝均是由送丝机构自动送进的。自动焊相对半自动焊而言，送丝机构简单可靠，但原理相似。半自动焊的送丝方式有推丝式、拉丝式和推拉丝式三种，如图3-15所示。

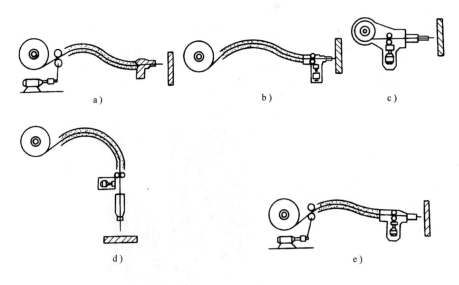

图3-15　半自动焊送丝方式示意图
a) 推丝式　b)、c)、d) 拉丝式　e) 推拉丝式

（1）推丝式　推丝式是 CO_2 半自动焊应用最广泛的送丝方式之一，焊丝盘与焊枪分开，焊枪结构简单、轻便，操作维修都比较容易，如图3-15a所示。由于焊丝要经过一段较长的软管，送丝阻力较大，因此不适合较细与较软材料的焊丝，一般用于钢焊丝的软管长度为3~5m，用于铝焊丝的软管则不超过3m。

（2）拉丝式　拉丝式可分为三种形式：一种是将焊丝盘与焊枪分开，两者通过送丝软管连接，如图3-15b所示；另一种是将焊丝盘直接安装在焊枪上，如图3-15c所示，这两种都适合于细丝半自动焊，但前一种操作比较方便；第三种是焊丝盘和送丝电动机都与焊枪分开，如图3-15d所示，这种送丝方式也可用于自动焊的送丝。

（3）推拉丝式　这种送丝方式是在推丝式焊枪上加装一个微型拉丝电动机，如图3-15e所示，使焊丝在送进过程中受到推拉两个力的共同作用，以减小送丝阻力，因此可以将送丝软管加长到15m左右，扩大了半自动焊的操作范围。送丝过程中必须做到以推为主，推拉同步。这种送丝方式结构比较复杂，焊枪笨重，因而限制了其广泛应用。

四、CO_2 焊工艺

在 CO_2 焊工艺中，为获得稳定的焊接过程，可采用短路过渡、细颗粒滴状过渡两种形式，其中短路过渡形式应用广泛。

1. 短路过渡焊接工艺

（1）短路过渡焊接工艺特点　短路过渡焊接的特点是焊丝细、电压低、电流小，适合于焊接薄板及进行全位置焊接。焊接薄板时，生产率高、变形小，而且操作简便，对焊工技术水平要求不高。另外，由于焊接参数小，焊接过程中光辐射、热辐射以及烟尘等都比较小，因而应用广泛。

（2）短路过渡焊接参数　短路过渡焊接的主要工艺参数有电弧电压、焊接电流、焊接回路电感、焊接速度、焊丝直径和伸出长度、气体流量、装配间隙及坡口尺寸等。

1）电弧电压和焊接电流。电弧电压是焊接参数中的关键参数。它的大小决定了电弧的长短，实现短路过渡的条件之一是保持较短的电弧长度。所以就焊接参数而言，短路过渡的一个重要特征就是低的焊接电压。

在一定的焊丝直径及焊接电流（即送丝速度）下，若电弧电压过低，则电弧引燃困难，焊接过程不稳定；若电弧电压过高，则熔滴将由短路过渡转变成大颗粒过渡，焊接过程也不稳定。只有电弧电压与焊接电流匹配得较合适，才能获得稳定的焊接过程，此时焊缝成形好，焊接时飞溅最小。表 3-10 为不同直径焊丝典型的短路过渡焊接参数。

表 3-10　不同直径焊丝典型的短路过渡焊接参数

焊丝直径/mm	0.8	1.2	1.6
电弧电压/V	18	19	20
焊接电流/A	100 ~ 110	120 ~ 135	140 ~ 180

在生产过程中选择焊接参数时，除了考虑飞溅大小外，还需考虑生产率等其他因素。所以，实际使用的焊接电流远比典型参数大。图 3-16 所示为四种直径焊丝适用的电流和电弧电压范围，在这个范围内焊接过程的稳定性和焊接质量均是符合要求的。

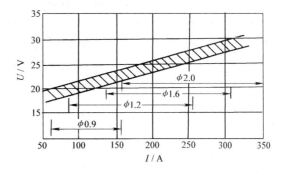

图 3-16　短路过渡焊接时适用的电流和电弧电压范围

2）焊接回路电感。在其他工艺条件不变的情况下，回路的电感值直接影响短路电流上升速度和短路峰值电流大小。电感值过小，短路电流上升速度过快，短路峰值电流就会过大，以致产生大量小颗粒飞溅；电感值过大，短路电流上升速度过慢，短路峰值电流就会过小，液体金属过桥难以形成，且不易断开，同时会产生大颗粒的金属飞溅，甚至造成焊丝固体短路，大段爆断而中断焊接过程。因此，必须正确地选择回路电感值的大小。表 3-11 列出了不同直径焊丝的焊接回路电感参考值。

表 3-11 焊接回路电感参考值

焊丝直径/mm	焊接电流/A	电弧电压/V	电感/mH
0.8	100	18	0.01 ~ 0.08
1.2	130	19	0.10 ~ 0.16
1.6	150	20	0.30 ~ 0.70

3）焊丝直径和伸出长度。短路过渡焊接主要采用细焊丝，特别是直径在 0.6 ~ 1.2mm 范围内的焊丝。随着直径增大，飞溅颗粒和数量都相应增大。在实际应用中，焊丝直径最大用到 ϕ1.6mm。直径大于 1.6mm 的焊丝，如再采用短路过渡，焊接飞溅将相当严重，所以生产上很少应用。

由于短路过渡焊接所用的焊丝都比较细，因此在焊丝伸出长度上产生的电阻热便成为不可忽视的因素。焊丝伸出长度过大易产生：焊丝过热而引发成段熔断；喷嘴至焊件距离增大，保护效果变差，飞溅严重，焊接过程不稳定。焊丝伸出长度过小，喷嘴至焊件距离减小，飞溅金属容易堵塞喷嘴。一般焊丝伸出长度为 10 倍的焊丝直径较为合适，通常在 5 ~ 15mm 范围内。

4）气体流量。应根据焊接电流、焊接速度、焊丝伸出长度、喷嘴直径等选择气体流量，通常选用 5 ~ 15L/min。在焊接电流增大，焊接速度加快，焊丝伸出长度较大或在室外作业等情况下，气体流量应加大，以使保护气体有足够的挺度，加强保护效果。但气体流量也不宜过大，以免将外界空气卷入焊接区，降低保护效果。

短路过渡焊接可以采用半自动焊和自动焊焊接工艺。半自动焊焊接操作灵活，适合于全位置焊接；自动焊焊接适合于长直焊缝及大直径环焊缝的焊接，其焊接工艺见表 3-12 和表 3-13。

表 3-12 短路过渡半自动 CO_2 焊焊接工艺

钢板厚度 /mm	焊丝直径 /mm	接头形式	主 要 焊 接 参 数		
			电弧电压/V	焊接电流/A	气体流量/（L/min）
0.8 ~ 1.2 1.2 ~ 1.5 1.5 ~ 2.0	0.8	平焊 对接	16 ~ 17 17 ~ 19 19 ~ 21	60 ~ 80 80 ~ 100 100 ~ 140	6 ~ 8
2.0 ~ 2.5 2.5 ~ 3.0 3.0 ~ 4.0	1.0	平焊 对接	20 ~ 22 21 ~ 23 22 ~ 23	110 ~ 140 120 ~ 150 130 ~ 160	8 ~ 10
4.0 ~ 5.0 5.0 ~ 6.0	1.2	平焊 对接	22 ~ 24 24 ~ 27 24 ~ 28	150 ~ 180 170 ~ 210 180 ~ 250	10 ~ 18

表 3-13 短路过渡自动 CO_2 焊焊接工艺

钢板厚度 /mm	接头形式	装配间隙 C/mm	焊丝直径 /mm	电弧电压 /V	焊接电流 /A	焊接速度 /m·h⁻¹	气体流量 /(L/min)	备 注
1.0		<0.3	0.8	18	35 ~ 40	25	7	单面焊双面成形
1.5		≤0.5	0.8	19 ~ 20	65 ~ 70	30	7	单面焊双面成形
2.0		≤0.5	1.0	19 ~ 20	65 ~ 70	30	7	双面焊
3.0		≤1	1.0 ~ 1.2	20 ~ 22	100 ~ 110	25	9	双面焊
4.0		≤1	1.2	21 ~ 23	110 ~ 140	30	9	

注: 表3-12、表3-13 中, 若钢板厚度相同, 接头形式不同, 工艺参数应加以调整, 调整方法可参考《焊接手册》。

5) 装配间隙及坡口尺寸。由于 CO_2 焊丝直径较细, 电流密度大, 电弧热量集中, 一般对 12mm 以下焊件不开坡口也可焊透。对于必须开坡口的焊件, 一般坡口角度可由焊条电弧焊的 60° 减为 30° ~ 40°, 钝边相应增大 2 ~ 3mm, 根部间隙减小 1 ~ 2mm。

2. 细颗粒滴状过渡焊接工艺

(1) 焊接参数特点 细颗粒过渡焊接参数的特点是电弧电压较高, 焊接电流较大, 因而电弧穿透力强, 母材熔深大, 适合于中等厚度及大厚度工件的焊接。

随着电流增大, 电弧电压必须相应提高。否则, 电弧对熔池的冲刷作用加剧, 会使焊缝成形恶化。

(2) 采用较粗的焊丝 目前以 $\phi 1.6mm$ 和 $\phi 2.0mm$ 的焊丝用得最多, 直径为 3 ~ 5mm 的焊丝也有应用。

(3) 采用直流反接 回路电感对抑制飞溅已不起作用, 因而焊接回路中可以不加电抗器。

细颗粒过渡焊接生产率高, 成本低, 只要工艺参数选择适当, 焊缝成形和焊缝力学性能是可以令人满意的, 气孔也是可以防止的。然而, 飞溅仍然是个问题, 喷嘴堵塞情况也比短路过渡焊接时严重。另外, 当电流达到 600 ~ 700A 后, 光辐射和热辐射十分强烈, 应采取措施来改善劳动条件。细颗粒过渡 CO_2 焊焊接工艺见表 3-14。

表 3-14 细颗粒过渡 CO_2 焊焊接工艺

板厚 /mm	焊丝直径 /mm	坡口形式	焊接电流 /A	电弧电压 /V	焊接速度 /m·h⁻¹	气体流量 /(L/min)	备 注
8	1.6		450	41	29	16 ~ 18	铜垫板单面焊双面成形
	2.0		350 ~ 360	34 ~ 36	24	16	采用陡降外特性电源焊二层

（续）

板厚 /mm	焊丝直径 /mm	坡口形式	焊接电流 /A	电弧电压 /V	焊接速度 /m·h⁻¹	气体流量 /(L/min)	备　　注
8	2.0		400～420	34～36	27～30	16～18	采用陡降外特性电源焊二层
	2.0	100°	450～460	35～36	24～28	16～18	铜垫板单面焊双面成形
	2.5	100°	600～650	41～43	24	20	铜垫板单面焊双面成形
8～12	2.0		280～300	28～30	16～20	18～20	自动或半自动焊2～3层

3. CO_2 焊焊接工艺举例

图 3-17 所示的滑轮是由壁厚为 3.4mm 的热轧钢制成的两个相互匹配的构件焊接而成的，焊接接头的基本要求是：在十分苛刻的条件下，给带轮一个坚固的支撑。

原先，该滑轮构件是由 16 个各沿滑轮周向分布的、直径为 9.5mm 的点焊焊点连接的（图 3-17 中 1、2）。该连接能使滑轮达到使用要求，但是滑轮在焊前须经酸洗等准备工作，每个滑轮的焊接时间为 1min，生产率为每分钟 32 个。

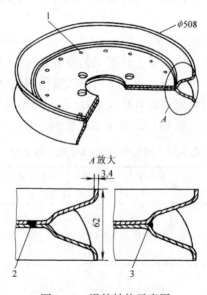

图 3-17　滑轮结构示意图

采用自动 CO_2 焊后，可降低对焊前清理的要求，每个滑轮焊接的时间降为40s，生产率增加到为每分钟 51 个。CO_2 焊的焊缝是两个构件之间的端接接头，并沿其周边连续分布（图3-17 中3）。焊接过程中，操作者能来得及堆放部件并清除少量的飞溅物，焊缝质量及性能完全能够达到要求。具体的焊接参数见表3-15。

表3-15 滑轮 CO_2 焊焊接参数

接头形式	端 接 接 头
坡口形式	单面喇叭 V 形坡口
焊接电源	500A、平特性
焊 丝	$\phi1.2mm$，H08Mn2SiA
电 流	$350 \sim 390A$、直流反接
电 压	$31 \sim 33V$
保护气体	CO_2，流量9.4L/min
焊接位置	工件轴线与水平方向成45°角，焊枪放在2点钟位置上
送丝速度	1524cm/min
焊件回转速度	1.5r/min

第五节　药芯焊丝 CO_2 气体保护焊

使用药芯焊丝作为填充金属的各种电弧焊方法称为药芯焊丝电弧焊。药芯焊丝电弧焊根据外加保护方式不同可分为药芯焊丝气体保护焊、药芯焊丝埋弧焊和药芯焊丝自保护焊。药芯焊丝气体保护焊又有药芯焊丝 CO_2 气体保护焊、药芯焊丝熔化极惰性气体保护焊和药芯焊丝混合气体保护焊等，其中应用最广的是药芯焊丝 CO_2 气体保护焊。

一、药芯焊丝气体保护焊的原理及特点

1. 药芯焊丝气体保护焊的原理

药芯焊丝气体保护焊的基本工作原理与普通熔化极气体保护焊相同，是以可熔化的药芯焊丝作为电极及填充材料，在外加气体（如 CO_2 或 CO_2、Ar 混合气）的保护下进行焊接的电弧焊方法。其与普通熔化极气体保护焊的主要区别在于焊丝内部装有药粉，焊接时，在电弧热作用下熔化状态的药芯焊丝、焊丝金属、母材金属和保护气体相互之间发生冶金作用，同时形成一层较薄的液态熔渣包覆熔滴并覆盖熔池，对熔化金属形成了又一层保护。实质上这种焊接方法是一种气渣联合保护的方法，如图3-18 所示。

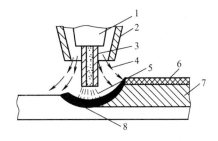

图 3-18　药芯焊丝气体保护焊示意图

1—导电嘴　2—喷嘴　3—药芯焊丝　4—CO_2 气体　5—电弧　6—熔渣　7—焊缝　8—熔池

2. 药芯焊丝气体保护焊的特点

药芯焊丝气体保护焊综合了焊条电弧焊和普通熔化极气体保护焊的优点。

1）采用气渣联合保护，保护效果好，抗气孔能力强，焊缝成形美观，电弧稳定性好，飞溅少且颗粒细小。

2）焊丝熔敷速度快，熔敷速度明显高于焊条，并略高于实芯焊丝，生产率比焊条电弧焊高 3~4 倍，经济效益显著。

3）焊接各种钢材的适应性强，通过调整药粉的成分与比例，可焊接和堆焊不同成分的钢材。

4）由于药粉改变了电弧特性，对焊接电源无特殊要求，交、直流，平缓外特性电源均可。

药芯焊丝气体保护焊也有不足之处：

① 焊丝制造过程复杂。

② 送丝较实心焊丝困难，需要采用降低送丝压力的送丝机构。

③ 焊丝外表易锈蚀，药粉易吸潮。

二、碳钢药芯焊丝的型号

根据 GB/T 10045—2001《碳钢药芯焊丝》标准规定，碳钢药芯焊丝型号是根据熔敷金属的力学性能、焊接位置及焊丝类别特点进行划分的，其含义如下：

字母"E"表示焊丝，"T"表示药芯焊丝，字母"E"后面的前两位数字表示熔敷金属抗拉强度最小值。第三位数字表示推荐的焊接位置，其中"0"表示平焊和横焊位置，"1"表示全位置。短划"-"后面的数字表示焊丝的类别特点，字母"M"表示保护气体为氩气含量为 75%~80% 的氩气和二氧化碳混合气体；当无字母"M"时，表示保护气体为 CO_2 或自保护类型。字母"L"表示焊丝熔敷金属的冲击性能在 −40℃时，其 V 形缺口冲击功不小于 27J；无"L"时，表示焊丝熔敷金属的冲击性能符合一般要求。

例：E 50 1 T-1 M L

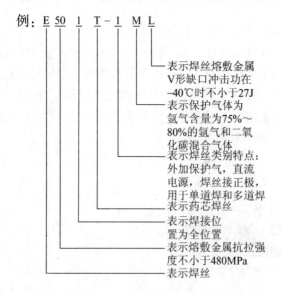

三、药芯焊丝 CO₂ 气体保护焊的焊接参数

药芯焊丝 CO_2 气体保护焊的焊接工艺与实芯焊丝 CO_2 气体保护焊相似，其焊接参数主要有焊接电流、电弧电压、焊接速度、焊丝伸出长度等。电源一般采用直流反接，焊丝伸出长度一般为 15～25mm，焊接速度通常在 30～50cm/min 范围内。焊接电流与电弧电压必须恰当匹配，一般焊接电流增加，电弧电压应适当提高。药芯焊丝半自动 CO_2 气体保护焊焊接参数见表 3-16。

表 3-16　药芯焊丝半自动 CO₂ 气体保护焊焊接参数

工件厚度/mm	坡口图	坡口形式及尺寸		焊接电流/A	电弧电压/V	气体流量/（L/min）	备　注
		坡口形式	尺寸/mm				
3		I 形坡口对接	$b=0～1$	260～270	26～27	15～16	焊一层
6	I 形坡口		$b=0～2$	270～280	27～28	16～17	焊一层
9				260～270	26～27	16～17	正面焊一层
				270～280	27～28	16～17	反面焊一层
12	Y 形坡口	Y 形坡口对接	$\alpha=40°～45°$ $P=3$ $b=0～2$	280～300	29～31	16～18	正面焊二层
15				270～280	27～28	16～17	正面焊一层
				280～290	28～30	17～18	反面焊一层
20	双 Y 形坡口	双 Y 形坡口对接	$\alpha=40°～45°$ $P=3$ $b=0～1$	300～320	30～32	18～19	正面焊一层
				310～320	31～32	17～19	反面焊一层
焊脚（K）/ mm	6	T 形接头	$b=0～2$	280～290	28～30	17～18	焊一层
	9			290～310	29～31	18～19	焊两层两道
	12			280～290	28～30	17～18	焊两层三道
	15			290～310	29～31	19～20	焊两层一道

第六节　熔化极气体保护焊的其他技术

一、脉冲熔化极气体保护焊

脉冲熔化极气体保护焊是利用可控的脉冲电流所产生的脉冲电弧来熔化焊丝金属并控制熔滴过渡的气体保护焊方法。

1. 脉冲熔化极气体保护焊的特点及应用

脉冲熔化极气体保护焊时，电弧中的熔滴呈脉冲喷射过渡。它具有以下工艺特点。

（1）具有较宽的电流调节范围　普通的喷射过渡和短路过渡焊接，因受熔滴过渡形式的限制，选用的焊接电流范围都是有限的。采用脉冲电流后，由于可在平均电流小于临界电流的条件下获得喷射过渡，因而同一种直径焊丝随着脉冲参数的变化，能在高至几百安培、低至几十安培的电流范围内稳定地进行焊接。熔化极脉冲氩弧焊的工作电流范围包括从短路过渡到喷射过渡所有的电流区域，既能焊接厚板，又能焊接薄板。

尤其有意义的是可以用粗丝焊接薄板。例如焊接铝和不锈钢时用 $\phi1.6mm$ 的焊丝，前者焊接电流只要 40A，后者只要 90A 就可使电弧稳定燃烧，实现细滴过渡。用粗焊丝焊接薄板，给工艺带来很大方便。首先粗丝送丝比细丝容易，对于铝及铝合金等软质焊丝尤其如此。另外，使用粗丝可降低焊丝成本，并且表面积与体积之比减小，产生气孔的倾向就减小。

（2）易实现全位置焊　采用脉冲电流后，可用较小的平均电流进行焊接，因而熔池体积小，加上熔滴过渡和熔池金属加热是间歇性的，所以不易发生淌流，便于实现全位置焊接。

此外，由于熔滴过渡力与电流平方成正比，在脉冲峰值电流作用下，熔滴的轴向性比较好。不论是仰焊还是立焊，都能迫使金属熔滴沿着电弧轴线向熔池过渡。所以进行全位置焊接时，在控制焊缝成形方面脉冲氩弧焊要比普通氩弧焊有利。

（3）可有效地控制输入热量，改善接头性能

2. 脉冲熔化极气体保护焊的工艺参数

如焊接速度、焊丝位置、焊丝伸出长度、焊丝直径等的选择原则，与普通熔化极气体保护焊基本相同。其特有的工艺参数主要有基值电流、脉冲电流持续时间、脉冲间隙时间和脉冲周期等。

脉冲焊的产生是焊接技术发展的一次飞跃，它打破了过去那种以电流（电压）的"恒定"来建立焊接过程"稳定"的概念，开拓了运用变动电流（电压）进行焊接的途径，使气体保护焊方法的发展和应用进入了更广阔的领域。

二、窄间隙活性混合气体保护焊

窄间隙活性混合气体保护焊是一种焊接厚板的高效率气体保护焊方法。它利用熔化极气体保护焊不需清渣的特点，对接缝处留有 6～15mm 间隙的大厚度板材进行平头对接，以单道多层或双道多层焊填满接缝，从而实现厚板的焊接，如图 3-18 所示。

窄间隙活性混合气体保护焊常用以下两种方法进行焊接。

1. 细丝窄间隙焊

如图 3-19a 所示，焊接时在间隙为 6～9mm 的焊件接缝中插入前后排列的两根绝缘导管（直径约 4mm），两根 $\phi0.8～\phi1mm$ 的焊丝分别通过两根绝缘导管送出，各指向间隙的一边侧壁。两根焊丝各产生一个电弧，同时加热熔化间隙的两侧壁，进行双道多层焊。另外，也有采用单道焊丝加摆动的方式进行焊接的。

细丝窄间隙焊主要用氧化性保护气体（如 Ar80% + $CO_2$20%）作为保护气体。若 CO_2 含量过多，会增大金属飞溅。焊接时应合理地选定焊接参数并保持合适的匹配关系，以保证获得稳定的喷射过渡。另外，还要求送丝稳定和导向性好，以防止产生咬边和侧壁未熔合等缺陷。

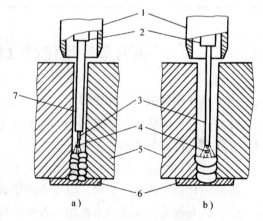

图 3-19　窄间隙活性混合气体保护焊方法示意图

a) 细丝窄间隙焊　b) 粗丝窄间隙焊

1—喷嘴　2—导电嘴　3—焊丝　4—电弧

5—焊件　6—底垫　7—绝缘导管

2. 粗丝窄间隙焊

如图 3-19b 所示，焊接时一般采用 $\phi 2.4 \sim \phi 4.8mm$ 的焊丝，不套绝缘导管而直接插入间隙（通常为 10~15mm）的底部，并对准焊缝中轴线进行单道多层焊。

粗丝窄间隙焊由于焊丝伸出长度较长（通常大于焊件的厚度），为了确保焊丝的对中，焊丝插入间隙前必须经过校正焊丝挺直度的校直机构校正，并保持焊丝伸出长度不变。

粗丝窄间隙焊通常采用 $Ar + CO_2 10\%$ 或 $Ar + O_2 3\%$ 的混合气体作为保护气体，可以采用直流反极性或正极性进行焊接。用反极性时，焊丝金属熔滴呈喷射过渡，获得的熔深截面为"梨形"，在焊缝中间易产生裂纹。而用正极性时，焊丝金属熔滴呈滴状过渡，熔深较浅，产生裂纹的倾向小。但直流正极性电弧稳定性差些，为了改变这种情况，目前也有采用脉冲电源来焊接的。另外，为了避免焊缝出现裂纹，还必须严格控制焊丝的化学成分及焊接参数。窄间隙焊主要用于焊接厚板，与其他厚板焊接方法如窄间隙埋弧焊、气电立焊、电渣焊相比，其具有下列特点。

1）焊接生产率高，成本低，而且可以节约焊接材料的消耗量。

2）焊缝截面小，对焊件热输入小，能减小焊接接头热影响区、焊接应力及变形，使焊缝金属有良好的力学性能。

3）可降低对焊件预热和焊后热处理的要求。

复习思考题

1. 试述熔化极气体保护焊的种类、特点及应用范围。

2. 熔化极气体保护焊时选用保护气体应考虑哪些方面？

3. 纯氩保护熔化极气保焊在工艺上有哪些不足之处？

4. 试述几种常用混合气体保护焊的工艺特点以及适用的金属材料种类。

5. MIG 焊的主要工艺参数有哪些？如何选择？

6. MIG 焊的焊前清理有何作用？常用的清理方法有哪些？各有什么特点？

7. 分析 CO_2 焊产生飞溅的原因、危害以及减少飞溅的措施。

8. CO_2 焊时合金元素氧化烧损的主要原因是什么？

9. CO_2 钢瓶压力表所示的压力能否表示瓶中 CO_2 气体的储量？为什么？

10. 脉冲熔化极气体保护焊的特点有哪些？

11. 窄间隙活性混合气体保护焊有哪些特点？它分几种类型？

12. 试述药芯 CO_2 焊工艺特点、常用焊丝结构形式及适用范围。

［实验一］ CO_2 气体保护焊工艺实验

一、实验目的

1）熟悉 CO_2 焊焊机的结构，了解各组成部分的作用和特点。

2）了解平特性焊机串联直流电抗器的作用，以及对焊缝成形和飞溅的影响。

二、实验器材

1）NBC-500 型 CO_2 焊焊机一台。

2）直径 $\phi1.6mm$ 的 ER49-1（H08Mn2SiA）焊丝一盘。

3）低碳钢试板若干块。

4）CO_2 气体一瓶。

5）万用表、钢印、扳手、钳子等备用。

三、实验步骤

1）调整焊机，熟悉焊机的动作程序；备好试板，打磨去锈。打开 CO_2 气瓶阀，调节气体流量；接通预热器，根据板厚选择一组焊接参数。

2）把焊机上的转换开关接到"通"的位置，按下手把开关进行焊接。待焊接转入稳定状态后，记下焊接过程中出现的现象，包括飞溅大小、成形好坏、电弧稳定的程度等，并记入表3-17中。

3）分别增加和减少串联的直流电感量重复上述实验，将结果记入表3-17中。

表 3-17　实验记录表

试件号	电源电压	电弧电压	焊接电流	电感	焊接中观察的现象					
					飞溅	焊缝成形			电弧稳定情况	熔滴过渡形态
						B	H	h		

实验条件：焊丝直径 =　　　　牌号
　　　　　焊接速度 =　　　　极性

4）用砂轮切割机切开经过焊接参数的四次变化所得的焊缝，并分别做上记号，用钢尺测出 B（焊缝宽度）、H（焊缝计算厚度）、h（余高）的数值并记录于表3-17中。

5）根据表3-17中的数据画出成形参数 B、H、h 与 I_h、U_h 的关系图。

四、实验报告

1）根据工艺实验观察到的现象填好表3-17。

2）根据实验结果分析不同电感量对熔滴过渡、焊缝成形以及飞溅的影响。

3）回答以下问题。

① CO_2 焊焊机送丝电路中，为什么常加电枢电压反馈电路?

② 为什么 CO_2 气体保护焊会产生较大的飞溅?举出几条减少飞溅的措施，并简单地说明理由。

③ 如果细丝 CO_2 焊所用的焊丝直径不同，焊丝直径的差异怎样在焊接参数的选择上反映出来?为什么?

［实验二］ 药芯焊丝气体保护焊焊接工艺规程

焊接工艺规程 （WPS）	焊接工艺规程编号		WPS-MAG01
	版本号	日期	所依据的工艺评定编号
	A	2017-7-11	/

焊接方法： □GTAW 钨极氩弧焊　☑FCAW 药芯焊丝气体保护焊　□SAW 埋弧焊　□GMAW 实芯焊丝气体保护焊

自动化等级　□全自动　　　□手工　　　　　□机械　　　☑半自动

1. 焊接接头

1.1 坡口形式：＿＿＿无＿＿＿

1.2 衬垫（材料及规格）＿＿无＿＿

1.3 其他：＿＿＿＿无＿＿＿＿

2. 简图（接头形式、坡口形式与尺寸、焊层、焊道布置及顺序）

3. 母材

3.1 类别号＿Fe-4＿ 组别号＿1＿ 与类别号＿Fe-4＿ 组别号＿1＿ 相焊

3.2 标准号＿GB 5310＿ 材料代号＿15CrMoG＿ 与标准号＿GB/T 3274＿ 材料代号＿15CrMo＿ 相焊

3.3 对接焊缝焊件母材厚度范围＿＿N. A.＿＿

3.4 角焊缝焊件母材厚度范围＿＿ALL＿＿

3.5 管子直径、壁厚范围

3.5.1 对接焊缝＿＿＿N. A.＿＿＿

3.5.2 角焊缝＿＿＿所有＿＿＿

3.6 其他：＿＿＿＿无＿＿＿＿

4. 填充金属

4.1	焊材类别	FeS-4	
4.2	焊材标准	GB/T 17493	
4.3	填充金属尺寸/mm	1.2	
4.4	焊材型号	E551T1-B2	
4.5	焊材牌号（金属材料代号）	不指定	
4.6	填充金属类别	药芯	

4.7 其他

4.7.1 对接焊缝焊件焊缝金属厚度范围：＿＿＿N. A.＿＿＿

4.7.2 角焊缝焊件焊缝金属厚度范围：＿＿＿所有＿＿＿

5. 耐蚀堆焊金属化学成分（%）

C	Si	Mn	P	S	Cr	Ni	Mo	V	Ti	Nb

其他

注：每一种母材与焊接材料的组合均需分别填表

（续）

焊接工艺规程	焊接工艺规程编号	WPS-MAG01	版本号	A

6. 焊接位置

6.1 对接焊缝的位置： N. A.
6.2 焊接方向： □向上 □向下
6.3 角焊缝位置： 2F
6.4 焊接方向： □向上 □向下

7. 焊后热处理

7.1 焊后热处理温度/℃： 670±15
7.2 保温时间范围/h： 3
7.3 其他：

8. 预热

8.1 最低预热温度/℃： 10
8.2 最高道间温度/℃： 300
8.3 保持预热时间： N. A.
8.4 加热方式： 无

9. 气体

	气体	混合比	流量/(L/min)
9.1 保护气：	CO_2	99.5%	10~16
9.2 尾部保护气：	无	无	无
9.3 背面保护气：	无	无	无

10. 电特性：

电流种类：	见下	极性：	见下
焊接电流范围/A：	见下	电弧电压/V：	见下
焊接速度（范围）：	见下	焊丝送进速度/(cm/min)：	见下
钨极类型及直径：		喷嘴直径/mm：	15~20

焊接电弧种类（喷射弧、短路弧等）：射流过渡

11. 焊接参数

焊道/焊层	焊接方法	填充金属 牌号	直径/mm	焊接电流 极性	电流/A	电弧电压/V	焊接速度/(cm/min)	线能量/(kJ/cm)
1	FCAW	E551T1-B2	1.2	DC(-)	240±20	30±3	30~40	

12. 技术措施

12.1 摆动焊或不摆动焊　FCAW： 不摆动
12.2 摆动参数　N. A.
12.3 焊前清理和层间清理　☑钢刷 或 ☑打磨
12.4 背面清根方法　□打磨　□机加工　□碳弧气刨　☑无
12.5 单道焊或多道焊（每面）　FCAW： 单道焊
12.6 多丝焊或单丝焊　☑单丝焊
12.7 焊丝间距　N. A.
12.8 闭室焊为室外焊　闭室焊
12.9 导电嘴至工件距离/mm　12~15
12.10 锤击有无：□有　☑无
12.11 其他：环境温度：　　，相对湿度：

	编制	校对	审核	批准	AI认可
签名					
日期					

第四章　钨极惰性气体保护焊

钨极惰性气体保护焊是以高熔点的纯钨或钨合金做电极，用惰性气体做保护的一种不熔化极电弧焊方法。通常把用氩气做保护气的钨极惰性气体保护焊称为钨极氩弧焊。本章主要介绍钨极氩弧焊的基本原理及特点、工艺及应用等。

第一节　概　述

一、钨极氩弧焊的基本原理

钨极氩弧焊简称 TIG 焊。它是在氩气的保护下，利用钨极与工件间产生的电弧热熔化母材和填充焊丝（可不使用填充焊丝）的一种焊接方法，如图 4-1 所示。

焊接时保护气体从焊枪的喷嘴中连续喷出，在电弧周围形成气体保护层隔绝空气，以防止其对钨极、熔池及热影响区产生有害影响，从而为形成优质焊接接头提供保障。

二、钨极氩弧焊的分类及特点

1. 钨极氩弧焊的分类

1) TIG 焊按操作方式分为手工焊和自动焊两种。手工 TIG 焊焊接时焊丝的填充和焊枪的运动完全是靠手工操作来完成的；而自动 TIG 焊的焊枪运动和焊丝填充都是由机电系统按设计程序自动完成的。在实际生产中，手工 TIG 焊应用最广泛。

2) TIG 焊按电流种类可分为直流 TIG 焊、交流 TIG 焊和脉冲 TIG 焊。

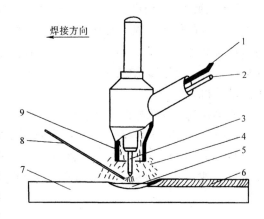

图 4-1　钨极氩弧焊示意图
1—电缆　2—保护气导管　3—钨极　4—保护气
5—熔池　6—焊缝　7—工件　8—填充焊丝
9—喷嘴

另外，在普通 TIG 焊基础上研究、开发出了一些新的焊接技术，如 TIG 点焊、热丝氩弧焊、加活性助熔剂的 TIG 焊等，以适应不断发展的新材料和新结构对焊接的要求。

2. 钨极氩弧焊的特点

(1) 优点

1) 焊缝质量高。因为氩气是惰性气体，不与金属起化学反应，也不溶解于合金元素，故不会氧化烧损。

2) 焊接变形与应力小，适宜于很薄的金属材料的焊接。

3) 无飞溅。

4) 某些场合可不加填充金属。

5）能进行全位置焊接。

6）能进行脉冲焊接，减少热输入。

7）明弧，能观察到电弧及熔池，免去了焊后去渣工序。

8）填充金属的填充量不受焊接电流影响。

（2）缺点

1）焊接速度低。

2）熔敷率小。

3）需要采取防风措施。

4）焊缝金属易受钨的污染。

5）消耗氩气，成本较高。

三、钨极氩弧焊的应用

从被焊材质来看，TIG 焊几乎可以焊接所有的金属及合金。但从经济性及生产率考虑，TIG 焊主要用于焊接不锈钢，高温合金和铝、镁、铜、钛等金属及其合金，以及难熔金属（如锆、钼、铌）与异种金属。

低熔点金属（如铅、锡、锌等）难以用 TIG 焊焊接。因为它们的熔点远低于电弧温度，所以难以控制焊接过程。又如锌的蒸气压高、沸点低（906℃），焊接时的剧烈蒸发将导致焊缝质量变劣。镀有铅、锡、锌、铝等低熔点金属的碳钢，在焊接时由于涂层金属熔化会产生中间合金，降低接头的性能，所以需要采取特殊的焊接工艺措施。例如，焊前去掉涂层金属，焊后再涂覆等。

从 TIG 焊所焊板材的厚度来看，由于受承载能力的限制，其能够焊接的最大板厚不超过 6mm，一般只适宜于焊接薄件，其可以焊接的最小板厚为 0.1mm。

TIG 焊适合于全位置焊。一般来说，手工 TIG 焊适宜于焊接形状复杂的焊件、难以接近的部位或间断短焊缝；自动 TIG 焊适宜于焊接有规则的长焊缝，如纵缝、环缝或曲线焊缝。

第二节　钨极氩弧焊工艺

一、焊前准备

1. 接头和坡口形式

接头和坡口形式一般根据被焊材料、板厚及工艺要求等来确定。TIG 焊常采用的接头形式有对接、搭接、角接、T 形接和端接五种基本形式，如图 4-2 所示。

一般薄板（＜3mm）对接接头常用卷边焊接的形式，不加填充金属一次焊透；板厚 6～25mm 对接接头，建议采用 V 形坡口；板厚大于 12mm 时，则可采用双 Y 形坡口的双面焊接。对接接头的坡口形式如图 4-3 所示。

2. 焊前清理

因为 TIG 焊采用惰性气体保护，而惰性气体既无氧化性也无还原性，因此焊接时对油污、水分、氧化皮等比较敏感。所以，焊前必须对焊丝、焊件坡口及坡口两侧至少 20mm 范围内的油污、水分等进行彻底清理。如果使用工艺垫板，也应该进行清理。这是保证焊缝质

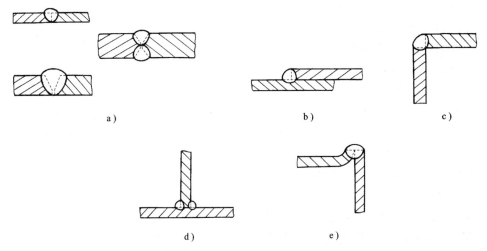

图 4-2　TIG 焊的五种基本接头形式

a）对接　b）搭接　c）角接　d）T 形接　e）端接

量的前提条件。不同去除物的清理方法也不相同，常用的清理方法有以下几种。

（1）清除油污　可用汽油、丙酮等有机溶剂浸泡和擦洗焊件与焊丝表面，也可用自配溶剂去除油污，如用 Na_3PO_4、Na_2CO_3 各 50g，Na_2SiO_3 30g，加入水 1L，并加热到 65℃，清洗 5~8min，然后用 30℃ 清水冲洗，最后用流动的清水冲净，再擦干或烘干。

（2）去除氧化膜　可用机械法或化学法。

机械法：此法简单方便，但效率低，一般只用于焊件。它包括机械加工、磨削及抛光等方法。对不锈钢等材料可用砂纸打磨或抛光法；铝及铝合金材质比较软，常用细钢丝刷（用直径小于 0.15mm 的钢丝制成）或用刮刀将焊件接头两侧一定范围内的氧化膜除掉。

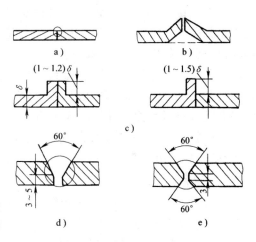

图 4-3　TIG 焊对接接头的坡口形式

a）I 形坡口　b）镦边坡口　c）卷边坡口

d）Y 形坡口　e）双 Y 形坡口

化学法：适用于铝、镁、钛及其合金等非铁金属的焊件（比较重要或批量大）及焊丝表面氧化膜的清理。化学法去除氧化膜效果好，效率高。但应注意，对不同的材料，清理的方法及所用的清理剂应不相同。

不管是用机械法还是化学法清理的焊件，都应在清理后尽快施焊，放置时间不应超过 24h，否则必须重新清理。

二、TIG 焊焊枪

1. 焊枪的功能与要求

1）能可靠夹持电极，且方便更换电极。

2）具有良好的导电性。

3）能及时输送保护气，且保证保护效果良好。

4）具有良好的冷却性能。

5）可达性好，适用范围广。

6）结构简单，重量轻，使用安全可靠。

2. 典型焊枪结构

TIG 焊焊枪有气冷式和水冷式两种。前者供小电流（＜150A）焊接时使用，结构简单，操作灵活方便；后者因带有水冷系统，所以焊枪较重，且结构复杂，主要供电流大于 150A 焊接时使用。它们都由喷嘴、电极夹头、枪体、电极帽、手柄和控制开关等组成。典型 TIG 焊焊枪结构如图 4-4 所示。

焊枪结构中，喷嘴为易损件。对不同直径的电极，要选用不同规格的电极夹头和喷嘴。电极夹头要有弹性，通常采用青铜制成。喷嘴材料有陶瓷和金属两种。陶瓷喷嘴的使用电流不能超过 300A；金属喷嘴材料采用不锈钢、黄铜等，使用电流可高达 500A，但使用时应注意避免喷嘴与工件接触。

电极材料有纯钨、钍钨和铈钨三种。纯钨电极要求电源的空载电压较高，且易烧损；钍钨电极具有微量放射性，对人体有害；铈钨电极克服了上述两种电极的缺点，是目前生产中最常用的电极。

3. 焊枪标志

焊枪的标志由型式与主要参数组成，按冷却方式分为气冷（QQ）和水冷（QS）两种型式。QQ 型式焊枪的焊接电流范围是 10 ~ 150A；QS 型式焊枪的焊接电流范围是 150 ~ 500A。型式符号后面的数字表示焊枪参数：第一个参数表示喷嘴中心线与手柄轴线之间的夹角；第二个参数表示额定焊接电流，在夹角和电流之间用斜杠分开。如果后面还有横杠和字母，则表示焊枪的制成材料。

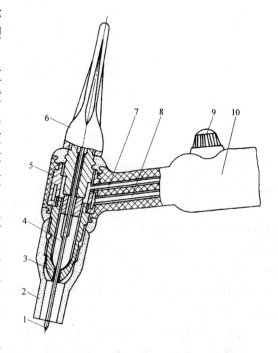

图 4-4　典型 TIG 焊焊枪结构

1—电极　2—陶瓷喷嘴　3—导气套筒　4—电极夹头
5—枪体（有冷却水腔）　6—电极帽　7—导气管
8—导水管　9—控制开关　10—焊枪手柄

例如：

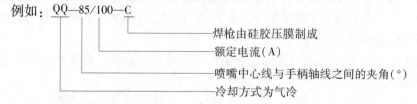

QQ—85/100—C

焊枪由硅胶压膜制成

额定电流(A)

喷嘴中心线与手柄轴线之间的夹角(°)

冷却方式为气冷

三、焊接参数的选择

TIG 焊焊接时可采用填充焊丝或不填充焊丝的方法形成焊缝，一般不填充焊丝法主要适用于薄板焊接。填充或不填充焊丝焊接时，焊缝成形的差异如图 4-5 所示。

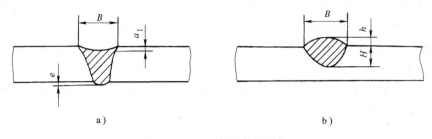

图 4-5　TIG 焊焊缝截面形状

a）不填充焊丝　b）填充焊丝

TIG 焊的工艺参数有焊接电流、电弧电压（电弧长度）、焊接速度、钨极直径及端部形状、填丝速度与焊丝直径、保护气流量、喷嘴孔径、层间温度、热处理、预热等。

1. 焊接参数对焊接质量的影响

（1）焊接电流　焊接电流是决定焊缝熔深的最主要工艺参数。一般随焊接电流的增大，熔深相应增大，而焊缝余高相应减小。如果电流太大，易造成焊缝咬边、焊穿等缺陷；反之，焊接电流太小，易造成未焊透。

（2）电弧电压　电弧电压是随着弧长的变化而变化的。电弧拉长，则电弧电压增大，焊缝的熔宽和加热面积都略有增大。但电弧长度增大到一定值以后，会因电弧热量的分散而造成熔宽和熔化面积减小。同时，考虑到电弧长度过长，气体保护效果会变差的因素，一般在不短接的情况下，尽量采用较短的电弧进行焊接。不填充焊丝焊接时，弧长一般控制在 1~3mm；填充焊丝焊接时，弧长为 3~6mm。

（3）焊接速度　在其他焊接参数不变的情况下，焊接速度的大小决定了单位长度焊缝热输入量的大小。焊接速度越大，热输入越小，焊接熔深、熔宽都相应减小，焊缝可能还会出现未焊透、气孔、夹渣和裂纹等；同时还要考虑到气体保护效果会变差。反之，焊接速度越小，上述成形参数越大，焊缝易出现咬边和焊穿的缺陷。

（4）钨极直径和端部形状　钨极直径的选择取决于焊件的厚度、焊接电流大小、电源种类和极性。表 4-1 列出了不同钨极直径所允许的电流使用范围。通常焊件厚度越大，焊接电流越高，所采用的钨极直径越大。此外，从表中还可以看出对相同直径的钨极，采用不同的电源种类或极性时，所允许的电流范围也不同。其中直流正极性时电流值最大，交流次之，直流反极性电流最小。焊接时，钨极直径一定要选择适当，否则会影响焊缝质量。

表 4-1　各种直径的钨极许用电流范围

钨极直径/mm	直流正极性	直流反极性	交　流
1.0	15~80		20~60
1.6	70~150	10~20	60~120
2.4	150~250	15~30	100~180
3.2	250~400	25~40	160~250
4.0	400~500	40~55	200~320
5.0	500~750	55~80	290~390
6.0	750~1000	80~125	340~525

钨极端部的形状对电弧的稳定性和焊缝成形也有很大影响。一般在直流焊接薄板且电流较小时，可采用小直径的钨极并将其末端磨成尖锥角（约 20°）；大电流焊接时要求钨极末端磨成钝角（大于 90°）或带有平顶的锥角形；交流焊时，将其磨成圆球形。图 4-6 所示为常见的电极端部形状。

另外，钨极尖锥角度的大小对焊缝熔深和熔宽有一定影响。一般减小锥角，焊缝熔深减小，熔宽增大；反之，熔深增大，熔宽减小。

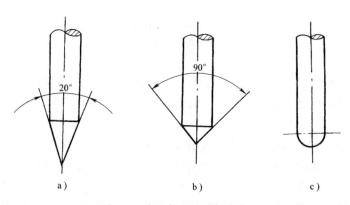

图 4-6 常见的电极端部形状
a）直流小电流 b）直流大电流 c）交流

（5）填丝速度与焊丝直径 焊丝的填丝速度受焊丝直径、焊接电流、焊接速度和接头间隙等因素的影响。通常，焊接电流、焊接速度、接头间隙大时，填丝速度要快；焊丝越粗，填丝速度越慢。如果填丝速度选择不合理，就可能造成焊缝出现未焊透、烧穿、凹陷、堆高过大以及成形不光滑等缺陷。

焊丝直径的选择与母材的板厚、间隙有关。当板厚、间隙大时，焊丝可选粗一点的；反之，则选细一些的。如选择不当，有可能造成焊缝成形不好等缺陷。

（6）保护气流量和喷嘴直径 保护气流量和喷嘴直径的选择主要考虑气体保护效果的好坏。只有气体流量与喷嘴直径获得良好的匹配关系，也就是说，对于一定直径的喷嘴，有一个最佳保护效果的气流量，这时气体的保护效果才最好。流量过小，从喷嘴中喷出气体的挺度差，排除周围气体的能力减弱，抗干扰能力差，保护效果不好；流量过大，易使层流层减薄，空气易混入，降低保护效果。同时，还要考虑焊接电流和电弧长度，以及焊接速度接头形式等的影响。

2. 焊接参数的选择方法

1）根据工件材料种类、厚度和结构特点确定焊接电流和焊接速度。

2）根据焊接电流选择合适的电极直径。

3）根据喷嘴口径（D）与电极直径（d）之间的关系（$D = 2d + 2 \sim 5mm$）选择喷嘴直径。

4）根据喷嘴大小确定保护气体的流量。

注意，焊接过程中各个参数是相互影响、相互制约的，不仅要考虑每个参数对焊缝成形和焊接过程的影响，还要考虑其综合影响。在初步选定焊接参数的基础上，应再根据试焊结果来评判，并通过调试，直到满意为止。表 4-2、表 4-3 列出了焊接铝合金与不锈钢时常用的焊接参数。

表4-2 铝合金对接接头手工钨极氩弧焊焊接参数

板厚/mm	坡口形式	焊接位置	焊道层数	焊接电流/A	焊接速度/mm·min⁻¹	钨极直径/mm	焊丝直径/mm	氩气流量/(L/min)	喷嘴内径/mm
1	b=0~8mm	平 立、横	1 1	65~80 50~70	300~450 200~300	1.6 或 2.4	1.6 或 2.4	5~8	8~9.5
2	b=0~1mm	平 立、横、仰	1 1	110~140 90~120	280~380 200~340	2.4	2.4	5~8 5~10	8~9.5
3	b=0~2mm	平 立、横、仰	1 1	150~180 130~160	280~380 200~320	2.4 或 32	3.2	7~10 2~11	9.5~11
4	b=0~2mm	平 立、横	1 1	200~230 180~210	150~250 100~200	3.2 或 4.0	3.2 或 4.0	7~11	11~13
	b=0~2mm	平 立、横、仰	1 2(背) 1 2(背)	180~210 160~210	200~300 150~250	3.2 或 4.0	3.2 或 4.0	7~11	11~13

表4-3 不锈钢对接接头手工钨极氩弧焊焊接参数

板厚/mm	坡口形式	焊接位置	焊道层数	焊接电流/A	焊接速度/mm·min⁻¹	钨极直径/mm	焊丝直径/mm	氩气流量/(L/min)
1	I b=0mm	平 立	1 1	50~80 50~80	100~120 80~100	1.6	1	4~6
2.4	I b=0~1mm	平 立	1	80~120 80~120	100~120 80~100	1.6	1~2	6~10
3.2	I b=0~2mm	平 立	2	105~150	100~120 80~120	2.4	2~3.2	6~10
4	I b=0~2mm	平 立	2	150~200	100~150 80~120	2.4	3.2~4	6~10
6	Y b=0~2mm p=0~2mm	平 立	3 2	150~200	100~150 80~120	2.4	3.2~4	6~10
	Y b=0~2mm p=0~2mm	平 立	2	180~230 150~200	100~150	2.4	3.2~4	6~10
	Y b=0mm p=0~2mm	平 立	3	140~160 150~200	120~160 120~150	2.4	3.2~4	6~10

四、TIG 焊加强保护效果的措施

因为 TIG 焊焊接的对象往往是一些对氧和热较敏感的金属及其合金，因此焊接时除了必须正确选择的气体流量、喷嘴直径和焊接速度等参数外，在某些情况下，有必要采取措施加强气体保护效果。具体方法如下：

1. 加挡板

对端接接头和外角接接头，采用加临时挡板的方法加强保护效果，如图4-7所示。

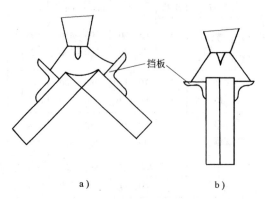

图4-7　加临时挡板时的保护效果

a）外角接　b）端接

2. 扩大正面保护区

该方法是在焊枪喷嘴后面安装附加喷嘴，又称拖斗。附加喷嘴可另外通保护气，也可不另外通保护气，如图4-8所示。附加喷嘴可延长对高温金属的保护时间，适合于散热慢、高温停留时间长的高合金材料的焊接。

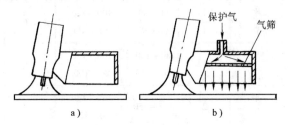

图4-8　附加喷嘴（拖斗）的结构示意图

a）不通保护气　b）通保护气

3. 反面保护

该法是在焊缝背面采用可通保护气的垫板（图4-9）、反面充气罩（图4-10）等，在焊接过程中同时对正面和反面金属进行保护。

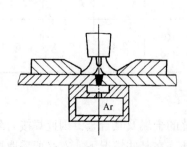 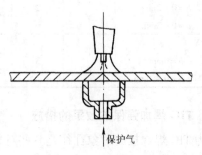

图4-9　开槽通保护气的垫板示意图　　　图4-10　采用充气罩通保护气示意图

第三节　钨极氩弧焊的其他技术

一、钨极氩弧点焊

1. 钨极氩弧点焊焊接过程

钨极氩弧点焊的原理如图4-11所示。点焊时，用专用的氩弧点焊枪端部的喷嘴对准压在需要点焊的焊件上，保证连接面密合，启动控制开关，喷嘴中便先通氩气，然后引燃电弧。当熔化的金属在电弧热量的作用下达到足够的熔深和熔宽时，氩弧电流自动衰减，之后熄灭电弧，最后关闭氩气，移开焊枪，完成一个氩弧点焊焊点。

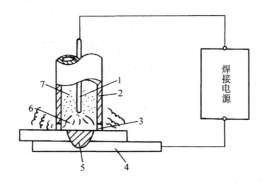

图 4-11　钨极氩弧点焊原理示意图

1—钨极　2—喷嘴　3—出气孔　4—焊件　5—焊点　6—电弧　7—氩气

2. 钨极氩弧点焊的特点

与电阻点焊相比较，其具有如下的优缺点。

（1）优点

1）操作简单、方便、灵活。

2）易于点焊厚度相差悬殊的焊件或多层板。

3）焊点质量可靠。

4）不需要专用加压设备。

（2）缺点

1）焊接速度不如电阻焊高。

2）焊接费用（人工费、氩气消耗等）较高。

3. 钨极氩弧点焊的应用

适用于焊接各种薄板结构以及薄板与较厚材料的连接，所焊材料目前主要为不锈钢、低合金钢等。

二、热丝钨极氩弧焊

1. 热丝钨极氩弧焊焊接过程

热丝钨极氩弧焊是为了克服一般钨极氩弧焊生产率低这一缺点而发展起来的，其原理如

图4-12 所示。在普通钨极氩弧焊的基础上，附加一根焊丝插入熔池，并在焊丝进入熔池之前约10cm处开始由加热电源通过导电块对其通电，依靠电阻热将焊丝加热至预定温度，以与钨极成30°～50°角从电弧的后方送入熔池，完成整个焊接过程。

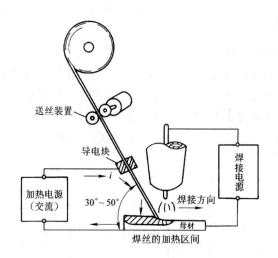

图4-12　热丝钨极氩弧焊原理示意图

2. **热丝钨极氩弧焊的特点**

（1）**优点**　热丝钨极氩弧焊的熔敷速度可比普通的钨极氩弧焊提高2倍，从而使焊接速度增加3～5倍，大大提高了生产率。

由于热丝钨极氩弧焊熔敷效率高，焊接熔池热输入相对减少，所以焊接热影响区变窄，这对于热敏感材料焊接非常有利。

（2）**缺点**　热丝钨极氩弧焊时，电流流过焊丝产生的磁场会使电弧产生磁偏吹而影响焊接质量。为了克服这个缺点，必须限制预热电流不超过焊接电流的60%，焊丝最大直径不超过1.2mm。

3. **热丝钨极氩弧焊的应用**

热丝钨极氩弧焊已成功用于焊接碳钢、低合金钢、不锈钢、镍和钛等。对于铝和铜，由于电阻率较小，需要很大的加热电流，从而造成过大的电磁偏吹，影响焊接质量，因此不采用这种方法。

复习思考题

1. 简述 TIG 焊的原理及特点。
2. TIG 焊按电流种类和极性可分为哪几种？试述每种方法的优缺点。
3. 为什么 TIG 焊焊接时要提前供气和滞后停气？
4. TIG 焊的焊接参数有哪些？试述其对焊接过程和焊缝成形的影响。
5. 简述脉冲钨极氩弧焊的焊接参数对焊缝成形的影响。

[实验] 氩弧焊、埋弧焊、焊条电弧焊焊接工艺规程

焊接工艺规程 （WPS）	焊接工艺规程编号		NG01ZAS-68
	版本号	日期	所依据的工艺评定编号
	A	2017-7-15	

焊接方法：　☑GTAW 钨极氩弧焊　　☑SMAW 焊条电弧焊　　☑SAW 埋弧焊　　　□GMAW 实芯焊丝气体保护焊

自动化等级：　□全自动　　　　　　☑手工　　　　　　　　☑机械　　　　　　□半自动

1. 焊接接头 1.1 坡口形式：　　U 形 1.2 衬垫（材料及规格）　母材 1.3 其他：点焊 GTAW ER309L φ2.0mm I = 80～110A	2. 简图（接头形式、坡口形式与尺寸、焊层、焊道布置及顺序） $10°^{+0.5°}_{0}$　　R10　　2±0.5　　$2^{0}_{-0.5}$ GTAW：4mm SMAW：20mm SAW：26mm

3. 母材

3.1　类别号　Fe-8　组别号　1　与类别号　Fe-4　组别号　1　相焊

3.2　标准号　ASME Ⅱ A 篇　材料代号　SA240 304　与标准号　ASME Ⅱ A 篇　材料代号　SA387Gr11CL2　相焊

3.3　对接焊缝焊件母材厚度范围（板）　　5～200mm

3.4　角焊缝焊件母材厚度范围（板）　　所有

3.5　管子直径、壁厚范围

3.5.1　对接焊缝：管径范围　所有　；母材厚度范围　5～200mm

3.5.2　角焊缝：管径范围　所有　；母材厚度范围　所有

3.6　其他：

4. 填充金属

4. 填充金属		氩弧焊 GTAW	焊条电弧焊 SMAW	埋弧焊 SAW
4.1	焊材类别	FeS-8	FeT-8	FeMs-8/FeG-6
4.2	焊材标准	ASME Ⅱ C SFA 5.9	GB/T 983	ASME Ⅱ C SFA 5.9
4.3	填充焊材尺寸/mm	φ2.0	φ3.2, φ4.0	φ4.0
4.4	焊材型号	ER309L	E309L-16	ER309L + SJ601
4.5	焊材牌号（金属材料代号）	/	/	/
4.6 熔敷金属厚度范围	坡口焊缝	≤8mm	≤200mm	≤200mm
	角焊缝	所有	所有	所有
4.7	其他			

5. 耐蚀堆焊金属化学成分（%）

C	Si	Mn	P	S	Cr	Ni	Mo	V	Ti	Nb

其他

注：每一种母材与焊接材料的组合均需分别填表

6. 焊接位置 6.1 坡口位置　SAW：1G　GTAW/SMAW：3G 6.2 焊接方向　☑向上　　□向下 6.3 角焊缝位置　N. A 6.4 焊接方向　□向上　　　　□向下	7. 焊后热处理 7.1 温度范围　　670±15　　℃ 7.2 时间范围　　360　　min 　　加热速度：　≤100℃/h 　　冷却速度：　≤100℃/h 7.3 其他：

（续）

焊接工艺规程	焊接工艺规程编号	NG01ZAS-68	版本号	A

8. 预热

8.1 最低预热温度SA387 侧：150℃；SA240 侧：10℃

8.2 最高层间温度 __200__ ℃

8.3 保持预热时间 _____

8.4 预热的保持方式

□火焰　☑加热器　□进炉

9. 气体

	气体	混合比	流量
9.1 保护气	Ar	99.99%	6～15L/min
9.2 尾部保护气	N.A.	N.A.	N.A.
9.3 背面保护气	Ar	99.99%	6～15L/min

10. 电特性

电流种类：直流（DC）	极性：	如下
焊接电流范围/A：如下	电弧电压/V：	如下
焊接速度（范围）：如下	焊丝送进速度/(cm/min)	如下
钨极类型及直径：φ3.2mm	喷嘴直径/mm：	φ8～φ12

焊接电弧种类（喷射弧、短路弧等）

11. 焊接参数

焊道/焊层	焊接方法	焊材		焊接电流		电压/V	焊速/(m/h)	线能量/(kJ/cm)
		牌号/型号	直径/mm	极性	电流/A			
1～2	GTAW	ER309L	φ2.0	DC（+）	80～110	14～16	3～6	
3～4	SMAW	E309L-16	φ3.2	DC（－）	90～120	20～22	10～12	
5～6	SMAW	E309L-16	φ4.0	DC（－）	120～160	22～24	15～20	
7～结束	SAW	ER309L＋SJ601	φ4.0	DC（－）	450～500	30～32	24～28	

注：可根据实际情况增加或减少焊层

12. 技术措施

12.1 无摆动焊或摆动焊 　　GTAW, SAW：无摆动　　SMAW：均可

12.2 摆动参数 　　GTAW, SMAW≤3D（D 为焊条直径）　　SAW：N.A.

12.3 打底焊道和层间焊道清理　☑钢刷　或　☑打磨

12.4 背面清根方法　□打磨　□碳弧气刨　□机械加工　☑无

12.5 多道焊或单道焊（每侧）　□单道焊　☑多道焊

12.6 多丝焊或单丝焊　□多丝焊　SAW☑单丝焊

12.7 焊丝间距　　　　N.A.

12.8 导电嘴至工件距离　　25～40mm

12.9 闭室焊为室外焊　　Closed

12.10 锤击有无　□有　　　☑无

12.11 其他

	编　制	校　对	审　核	批　准	AI 认可
签名					
日期					

第五章　等离子弧焊接与切割

等离子弧是电弧的一种特殊形式，是自由电弧被压缩后形成的。从本质上讲，等离子弧仍然属气体放电的导电现象。利用等离子弧的热能进行焊接的方法称为等离子弧焊接，利用等离子弧的热能实现切割的方法称为等离子弧切割。本章重点讲述等离子弧的形成及特性、等离子弧焊接与切割的特点及应用；简单介绍等离子弧发生器。

第一节　概　　述

一、等离子弧

常见电弧焊的电弧为自由电弧，其周围没有约束，当电弧电流增大时，弧柱直径也随之增大，二者不能独立进行调节。因此，自由电弧弧柱的电流密度、温度和能量密度的增大均受到一定的限制。要想提高电弧的温度和能量密度，必须采取特殊措施。实验证明，借助水冷铜喷嘴的外部拘束作用，使弧柱的横截面受到限制而不能自由扩大时，随电弧电流的增大就可使电弧的温度、能量密度和等离子体流速都显著增大。这种用外部拘束作用使弧柱受到压缩的电弧就是通常所说的等离子弧，又称为压缩电弧。

目前广泛采用的形成等离子弧的方法是将钨极缩入喷嘴内部，并在水冷喷嘴中通以一定压力和流量的离子气，强迫电弧通过喷嘴孔道，如图5-1所示。此时电弧受到下述三种压缩作用。

（1）机械压缩作用　即弧柱受喷嘴孔的限制，其直径不能自由扩大。

（2）热收缩效应　由于喷嘴的水冷作用使靠近喷嘴孔内壁的气体受到强烈的冷却作用，其温度和电离度均迅速下降，迫使弧柱电流向弧柱中心高温、高电离区集中，使弧柱横截面进一步减小，而电流密度、温度和能量密度则进一步提高，通常称这种作用为热收缩效应。

（3）电磁收缩效应　电流流过弧柱本身所产生的磁场对弧柱也起一定的压缩作用（这是由于电弧的电磁收缩力作用的结果）。

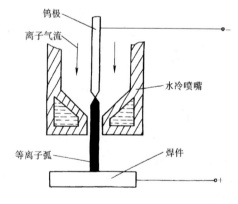

图5-1　等离子弧的形成

在上述三种压缩作用中，喷嘴孔径的机械压缩是前提；热收缩效应则是电弧被压缩的最主要原因；电磁收缩效应是必然存在的，它对电弧的压缩也起到一定作用。研究表明，电弧被压缩的程度取决于离子气的成分与流量、喷嘴孔道形状和尺寸及电弧电流大小等因素。

二、等离子弧的特性及应用

1. 等离子弧的特性

（1）温度高、能量高度集中　等离子弧的导电性高，承受的电流密度大，因此，温度能高达 16000~33000℃，并且截面很小，能量密度高度集中。

（2）电弧挺度好、燃烧稳定　自由电弧的扩散角约为 45°，而等离子弧由于电离程度高，放电过程稳定，在压缩作用下，其扩散角仅为 5°，故电弧挺度好，燃烧稳定。

（3）具有很强的机械冲刷力　等离子弧发生装置内通入的常温压缩气体，由于受到电弧高温加热而膨胀，使气体压力大大增加，高压气流通过喷嘴细通道流出时，可达到很高的速度，甚至可超过声速，所以等离子弧有很强的机械冲刷力。

等离子弧与钨极氩弧的比较如图 5-2 所示。

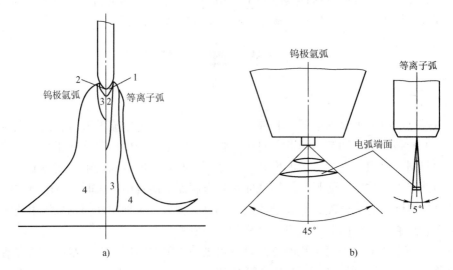

图 5-2　等离子弧与钨极氩弧的比较

1—24000~50000K　2—18000~24000K　3—14000~18000K　4—10000~14000K

（钨极氩弧：200A，15V；等离子弧：200A，30V　压缩孔径：2.4mm）

2. 等离子弧的类型及应用

等离子弧按电源供电方式不同可分为下列三种。

（1）非转移型等离子弧　钨极接电源的负极，喷嘴接电源的正极，焊件不接电源，电弧在钨极与喷嘴之间燃烧，在离子气流的作用下电弧从喷嘴孔喷出，如图 5-3a 所示，一般将这种等离子弧称为等离子焰。由于焊件不接电源，工作时只靠等离子焰来加热，故其温度比转移型等离子弧要低，能量密度也没有转移型等离子弧高，主要用于喷涂、焊接和切割较薄的金属及非金属材料。

（2）转移型等离子弧　钨极接电源的负极，喷嘴接电源的正极，等离子弧在钨极与焊件之间燃烧，如图 5-3b 所示。但这种等离子弧不能直接产生，必须先在钨极与喷嘴之间接通一个维弧电源，以引燃小电流的非转移型等离子弧（引导弧），然后将非转移型等离子弧通过喷嘴过渡到焊件表面，再引燃钨极与焊件之间的转移型等离子弧（主弧），并自动切断维弧电源。这种等离子弧温度高、能量密度大，常用于各种金属材料的焊接与切割。

（3）混合型等离子弧　在工作过程中非转移型等离子弧和转移型等离子弧同时存在，如图 5-3c 所示，则称之为混合型等离子弧。这种等离子弧稳定性好，电流很小时也能保持电弧稳定，主要用于微束等离子弧焊接和粉末冶金堆焊。

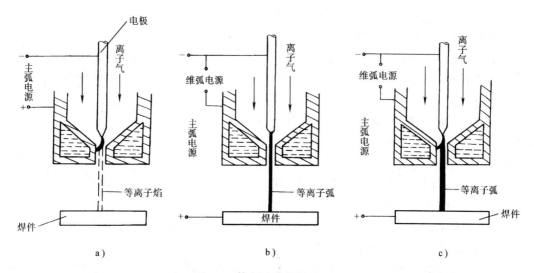

图 5-3 等离子弧的类型

a) 非转移型 b) 转移型 c) 混合型

三、等离子弧发生器

等离子弧发生器是用来产生等离子弧的装置，根据用途不同可分为焊枪、喷枪和割炬。它们在结构上有许多相同之处，但又各具特点。

1. 典型结构

1) 典型等离子弧的焊枪结构如图 5-4 所示，主要由上枪体、下枪体、喷嘴和钨极夹持机构等组成。上、下枪体都接电源，但极性不同，所以上、下枪体之间应可靠绝缘。冷却水一般由下枪体水套进入、由上枪体水套流出，以保证水冷效果。

2) 等离子弧割炬的结构与大电流的等离子弧焊枪结构相似，主要不同之处是没有保护气通道和保护气喷嘴。

3) 喷枪和粉末堆焊枪的基本结构与小电流焊枪的结构相似，但都增加了一套送粉通路。

2. 喷嘴

喷嘴是等离子弧发生器的关键部分，其形状和几何尺寸对等离子弧的压缩程度和稳定性具有决定性的影响。

喷嘴的基本形式如图 5-5 所示。其中，喷嘴孔径 d 直接影响等离子弧机械压缩的程度、等离子弧的稳定性和喷嘴的使用寿命。在电流和离子气流量不变的情况下，孔径 d 越小，对电弧的机械压缩作用就越强，则等离子弧的温度和能量密度也越高，

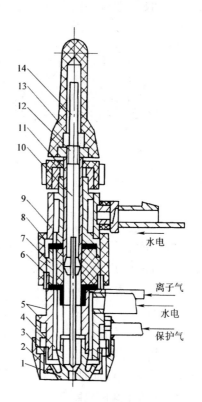

图 5-4 等离子弧焊枪的结构
（容量为 300A）

1—喷嘴 2—保护套外环 3、4、6—密封圈
5—下枪体水套 7—绝缘柱 8、13—绝缘
套 9—上枪体水套 10—电极夹头
11—套管 12—螺母 14—电极

穿透力越大。但孔径太小时会产生双弧现象，反而
会破坏等离子弧的稳定性，甚至烧坏喷嘴。每一孔
径的喷嘴都有一个合理的电流范围，因此，应根据
所使用的电流和离子气流量确定孔径 d。喷嘴孔道
长度 L 对电弧的压缩作用也有较大影响。当喷嘴孔
径 d 确定后，随 L 增大对电弧的压缩作用增强。为
防止产生双弧现象，L 与 d 应很好地配合，通常将
L/d 称为喷嘴的孔道比。喷嘴的用途不同，其孔道
比（L/d）也不相同。锥角 α 对电弧的压缩作用也
有一定的影响。随 α 角的减小，对电弧的压缩作用
增强，但影响程度较小，故 α 角可在较大范围内选
择。常用的锥角为 $60° \sim 75°$，最小可用到 $25°$。

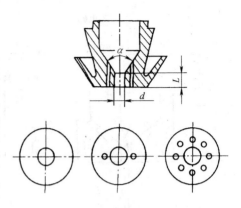

图 5-5　喷嘴的基本形式

另外，大多数喷嘴采用圆柱形压缩孔道，但也可采用圆锥形、台阶圆柱形等扩散形喷嘴，
如图 5-6 所示。扩散形喷嘴的压缩程度比圆柱形喷嘴低，但对防止双弧现象、提高等离子弧
的稳定性和延长喷嘴的使用寿命是有利的。

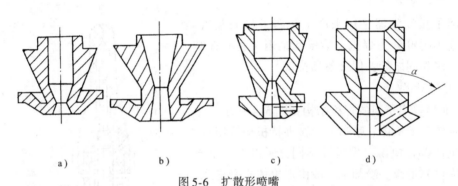

　a)　　　　　　　b)　　　　　　　c)　　　　　　　d)

图 5-6　扩散形喷嘴

a)、b) 圆锥形，分别用于焊接与切割　c)、d) 台阶圆柱形，分别用于喷涂与堆焊

喷嘴一般采用导热性好的纯铜制造，并要求有良好的冷却效果。大功率喷嘴必须采用直
接水冷，且冷却水要有足够的压力和流量，否则喷嘴的使用寿命极短。为提高冷却效果，喷
嘴壁厚一般不大于 2.5mm。

3. 电极

等离子弧发生器所用的电极主要是钍钨电极和铈钨电极。为便于引弧和提高等离子弧的
稳定性，电极端部应磨成一定角度（一般为 60°），直径较大的电极端部也可磨成半球形。
当电极直径大于 5mm 时，最好采用镶嵌式直接水冷结构，这样既可增强对电极的冷却效果，
又可降低电极本身的电阻热，对使用大电流是很有利的。

对钨极的安装位置是有要求的，不正确的安装不仅会影响焊缝或割缝质量，而且也是产
生双弧的重要原因。因此，安装时应调整好钨极与喷嘴的同心度及内缩量等。

四、双弧现象及其影响

在使用转移型等离子弧进行焊接或切割的过程中，正常的等离子弧应在钨极与焊件之间稳
定燃烧。但由于某些原因，往往还会形成另一个在钨极—喷嘴—焊件之间燃烧的串列电弧，

从外部可观察到两个并列电弧同时存在，如图5-7所示，这就是双弧现象。

在等离子弧焊接或切割过程中，一旦形成双弧，则会降低主弧电流，并会影响等离子弧的稳定性，使焊接或切割过程不能正常进行，严重时还会烧坏喷嘴。因此，了解双弧产生的原因，设法防止双弧的产生，在等离子弧应用中非常重要。

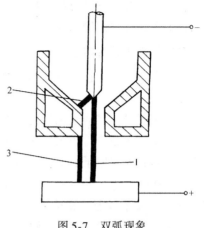

图5-7　双弧现象
1—主弧　2、3—串列电弧

（1）形成双弧的原因　在进行等离子弧焊接或切割时，由于喷嘴的冷却作用，使等离子弧的弧柱与喷嘴孔壁之间存在着由离子气形成的"冷气膜"，其温度和电离度都较低，对弧柱向喷嘴的传热和导电都起较强的阻滞作用。因此"冷气膜"的存在，一方面起到了绝热作用，防止喷嘴因过热而烧坏；另一方面，相当于在弧柱与喷嘴孔壁之间有一绝缘套筒存在，它隔断了喷嘴与弧柱之间电的联系，因此等离子弧能稳定燃烧而不产生双弧。当某种原因使冷气膜被击穿时，绝热和绝缘作用消失，就会产生双弧现象。

（2）防止双弧的措施　在进行等离子弧焊接或切割时，首先根据工件的材料和厚度选择结构参数合适的喷嘴，并保证良好的冷却效果；在此基础上再选择合适的电弧电流、离子气成分和流量；最后要掌握好喷嘴端面至工件表面的距离。此外，应保持电板与喷嘴尽可能同心。只要做到上述几点，就可防止双弧现象的产生。

第二节　等离子弧焊接

等离子弧焊接需要使用专用的等离子弧焊接设备。该设备与钨极氩弧焊的设备相似，不同之处主要是等离子弧焊接电源需要更高的空载电压，且供气系统应能分别供给离子气和保护气。

一、等离子弧焊接的原理及特点

等离子弧焊接是借助水冷喷嘴对电弧的拘束作用，利用获得的较高能量密度的等离子弧进行焊接的一种方法。它是利用特殊构造的等离子焊枪所产生的高温等离子弧，并在保护气体的保护下，来熔化金属实行焊接的，如图5-8所示。它几乎可以焊接电弧焊所能焊接的所

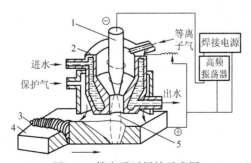

图5-8　等离子弧焊接示意图
1—钨极　2—喷嘴　3—焊缝　4—焊件　5—等离子弧

有材料，以及多种难熔金属及特种金属材料，并具有很多优越性。它解决了氩弧焊所不能进行的材料和焊件的焊接问题。

二、等离子弧焊接设备

手工等离子弧焊接设备由焊接电源、焊枪、控制系统、气路和水路系统等部分组成。

1. **焊接电源**

等离子弧焊接一般采用具有陡降或垂直下降外特性的直流弧焊电源，电源空载电压根据所用等离子气体而定。当采用氩气做等离子气时，空载电压应为 60~85V；当采用氩气和氢气或氩气与其他双原子的混合气体做等离子气时，电源空载电压应为 110~120V。

2. **焊枪**

等离子弧焊焊枪（又称为等离子弧发生器）是等离子弧焊接设备中的关键组成部分，主要由上枪体、下枪体、压缩喷嘴、中间绝缘体及冷却套等组成。其中，最关键的部件为喷嘴，圆柱形压缩孔道喷嘴的应用最广。

3. **控制系统**

等离子弧焊接设备的控制系统一般包括高频引弧电路、拖动控制电路、延时电路和程序控制电路等部分。控制系统一般应具备可预调气体流量，并实现等离子气流的衰减；焊前能进行对中调试；提前送气，滞后停气；可靠的引弧及转换；实现起弧电流速增，熄弧电流递减；无冷却水时不能开机，发生故障及时停机。

4. **气路系统**

等离子弧焊接的气路系统如图 5-9 所示，包括离子气、保护气等。为避免保护气对离子气的干扰，保护气和离子气最好由独立气路分开供给。

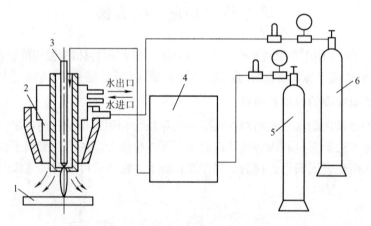

图 5-9　等离子弧焊接的气路系统
1—焊件　2—焊枪　3—电极　4—控制箱　5—离子气　6—保护气

5. **水路系统**

由于等离子弧的温度在 10000℃以上，为了防止烧坏喷嘴并增加对电弧的压缩作用，必须对电极及喷嘴进行有效的水冷却。冷却水的流量应不小于 3L/min，水压不小于 0.15~0.2MPa。水路中应设有水压开关，在水压达不到要求时，切断供电回路。

三、等离子弧焊接工艺

1. 等离子弧焊接的工艺特点

和钨极氩弧焊相比，等离子弧焊接有下列工艺特点：

1）焊接生产率高，焊件变形小。由于等离子弧的温度高、能量密度大、熔透能力强，因此可用比钨极氩弧焊高得多的焊接速度施焊。这样不仅可以提高焊接生产率，而且可减小熔宽，增大熔深，因而可减小热影响区宽度和焊接变形。

2）焊缝成形好，质量高。由于等离子弧的形态近似圆柱形，挺度好，因此当弧长发生波动时，熔池表面的加热面积变化不大，对焊缝成形的影响较小，容易得到均匀的焊缝成形，同时由于钨极内缩在喷嘴里面，焊接时钨极与焊件不接触，因此可减少钨极烧损和防止焊缝夹钨。

3）适用范围广。由于等离子弧焊接一般使用氩气做离子气和保护气，所以可用于焊接几乎所有的金属和合金；同时由于等离子弧的稳定性好，使用很小的焊接电流也能保证等离子弧的稳定，故还可以焊接超薄件。

2. 等离子弧焊的焊接工艺

（1）接头形式　用于等离子弧焊接的通用接头形式为对接接头，其坡口形式因焊件厚度不同而异，可开单面 V 形和双面 V 形、单面 U 形和双面 U 形坡口。除此之外，也可用角接接头和 T 形接头。

厚度大于 1.6mm，但小于表 5-1 所列厚度值的焊件，可不开坡口，采用穿透型焊接法一次焊透；而对于厚度较大的焊件，需要开坡口进行多层焊。为使第一层焊缝仍可采用穿透型焊接法，坡口钝边可留至 5mm，坡口角度也可减小，如图 5-10 所示，以后各层焊缝可采用熔透型焊接法焊接。

表 5-1　等离子弧一次焊透的焊件厚度　　　　　　　　　（单位：mm）

材料	不锈钢	钛及钛合金	镍及镍合金	低碳钢
厚度范围	≤8	≤12	≤6	≤8

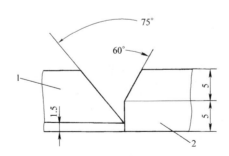

图 5-10　10mm 不锈钢板采用不同焊接方法的坡口对比

1—钨极氩弧焊　2—等离子弧焊接

（2）等离子弧焊所用气体　等离子弧焊时，除向焊枪输入离子气外，还要输入保护气，以充分保护熔池不受大气污染。目前应用最广的离子气是氩气，适用于所有金属。为提高焊接生产率和改善接头质量，针对不同金属可在氩气中加入其他气体。例如，焊接不锈钢和镍合金时，可在氩气中加入体积分数为 5% ~ 7.5% 的氢气；焊接钛及钛合金时，可在氩气中加入体积分数为50%～75%的氢气。

大电流等离子弧焊接时，离子气与保护气成分应相同，否则会影响等离子弧的稳定性。小电流等离子弧焊接时，离子气与保护气成分可以相同也可以不同，因为此时气体成分对等离子弧的稳定性影响不大。

（3）焊接参数　等离子弧焊的工艺参数包括喷嘴孔径、焊接电流、离子气和保护气流量、焊接速度及喷嘴端面至焊件表面的距离等。这些参数都应该根据焊件的具体情况进行选择。等离子弧焊接的焊接参数见表5-2。

表 5-2　等离子弧焊接的焊接参数

材料	厚度/mm	焊接电流/A	电弧电压/V	焊接速度/cm·min⁻¹	气体成分（体积分数,%）	坡口形式	气体流量/(L/min)		备 注
							离子气	保护气	
非合金钢	3.2	185	28	30	Ar	I	6.1	28	
低合金钢	4.2	200	29	25	Ar	I	5.7	28	
	6.4	275	33	36			7.1		
不锈钢	2.4	115	30	61	Ar95% + H₂5%	I	2.8	17	穿透
	3.2	145	32	76			4.7	17	
	4.8	165	36	41			6.1	21	
	6.4	240	38	36			8.5	24	
钛合金	3.2	185	21	51	Ar	I	3.8	28	透
	4.8	175	25	33	Ar		8.5		
	9.9	225	38	25	Ar25% + He75%	I V	15.1		
	12.7	270	36	25	Ar50% + He50%		12.7		
	15.1	250	39	18	Ar50% + He50%		14.2		
铜和黄铜	2.4	180	28	25	Ar	I	4.7	28	熔透
	3.2	300	33	25	He		3.8	5	
	6.4	670	46	51	He		2.4	28	
	2.0(Zn30%)	140	25	51	Ar		3.8	28	穿透
	3.2(Zn30%)	200	27	41	Ar		4.7	28	

四、等离子弧堆焊及喷涂简介

1. 等离子弧堆焊

等离子弧堆焊是利用等离子弧的热量将堆焊材料熔敷到焊件表面上，从而获得不同成分和不同性能堆焊层的方法，主要用于堆焊硬度高、耐磨性好、耐蚀性好的金属或合金。

根据堆焊时熔敷金属送入方式的不同，等离子弧堆焊主要分为粉末等离子弧堆焊和热丝等离子弧堆焊两种，其中粉末堆焊应用较多。

（1）粉末等离子弧堆焊　粉末等离子弧堆焊是将合金粉末装入送粉器中，堆焊时靠氩气将合金粉末送入堆焊枪体的喷嘴中，利用等离子弧的热能将其熔敷到焊件表面形成堆焊层。

粉末等离子弧堆焊一般采用转移型等离子弧，也可采用混合型等离子弧。由于堆焊时母材熔深不能大，以利于减小堆焊层的稀释率，故堆焊时一般采用柔性弧，即采用较小的离子气流量和较小的孔道比（一般小于1）。

其主要优点：合金粉末既容易制得，又容易调整成分；生产率高，堆焊层质量好，且便于实现堆焊过程自动化。该方法特别适合在轴承、阀门、工具、推土机零件、涡轮叶片等的制造和修复中堆焊硬质合金层。

（2）热丝等离子弧堆焊　该方法的特点是：除依靠等离子弧加热熔化母材和填充焊丝并形成熔池外，填充焊丝中还通以电流以提高熔敷率和降低稀释率。如图 5-11 所示，在两根焊丝中通以交流电流，利用焊丝伸出长度的电阻热来增加焊丝的熔化量。采用交流电既可降低用电成本，又可避免其磁场的影响。这种方法主要用于堆焊不锈钢和镍合金等电阻率较大的材料。

2. 等离子弧喷涂

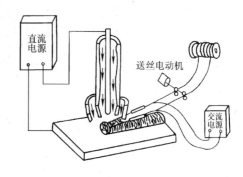

图 5-11　热丝堆焊示意图

等离子弧喷涂方法有两种：丝极等离子弧喷涂和粉末等离子弧喷涂。由于粉末等离子弧喷涂应用较多，故这里只对该方法进行简单介绍。

粉末等离子弧喷涂在很多方面与粉末等离子弧堆焊相似。但喷涂时一般采用非转移型等离子弧，即利用等离子焰将合金粉末熔化并从喷嘴孔中喷出，形成雾状颗粒，撞击工件表面后与清洁而粗糙的工件表面结合，形成涂层。因此，该涂层与工件的结合一般是机械结合，工件表面基本上不熔化。但也有例外，在喷涂钼、铌、镍铝合金和镍钛合金粉末时，涂层与工件间会出现冶金结合现象。

由于喷涂时使用非转移型等离子弧，工件不接电源，因此该方法可对金属和非金属工件进行喷涂；另外，还可喷涂金属涂层和非金属涂层（如碳化物、氧化物、氮化物、硼化物等），且有涂层质量好、生产率高、工件不变形、工件金相组织不变等优点。其缺点是：涂层与工件表面的结合强度不高。

由于涂层与工件表面的结合一般为机械结合，因此为提高涂层与工件的结合强度，对工件表面进行清理和粗糙化处理是非常重要的。工件表面清理可以用煤油或三氧乙烯除去油污等杂质；粗糙化处理可用电火花拉毛、喷砂、滚花等工艺，并对喷涂表面进行预热（温度为 80～200℃），目的是使工件产生预膨胀，减小工件与涂层间的热应力。

第三节　等离子弧切割

一、等离子弧切割的原理及特点

1. 等离子弧切割的原理

等离子弧切割是以高温、高冲力的等离子弧为热源，将被切割金属局部熔化（并蒸发）并立即吹掉，从而形成狭窄切口的切割方法。它是随着割炬向前移动而完成切割过程的。它不是依靠氧化反应，而是靠熔化来切割材料的，是利用物理过程的熔割法，因而它的适用范围比氧乙炔焰切割要大得多。等离子弧切割设备与等离子弧焊接设备大致相同，主要不同之处是切割所用的电压、电流和离子气流量都比焊接时高，而且全部是离子气，不需要保护气（没有外喷嘴）。图 5-12 所示为等离子弧切割示意图。

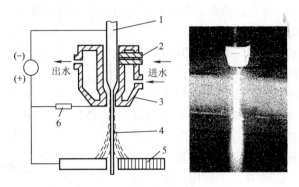

图 5-12　等离子弧切割示意图

1—钨极　2—进气管　3—喷嘴　4—等离子弧　5—割件　6—电阻

2. 等离子弧切割的特点

（1）应用面很广　由于等离子弧的温度高，能量集中，所以能切割大部分金属材料，如不锈钢、铸铁、铝、镁、铜等。在使用非转移型等离子弧时还能切割非金属材料，如石块、耐火砖、水泥块等。

（2）切割速度快，生产率高　它是目前采用的切割方法中切割速度最快的。其原因仍然是等离子弧的温度高，能量集中，且弧柱挺度好、电弧冲力大，才使切割过程能以很快的速度进行。

（3）切口质量好　此法产生的热影响区和变形都比较小，特别是切割不锈钢时能很快通过敏化温度区间，故不会降低切口处金属的耐蚀性；切割淬火倾向较大的钢材时，虽然切口处金属的硬度也会升高，甚至会出现裂纹，但由于淬硬层的深度非常小，通过焊接过程可以消除，所以切割边可直接用于装配焊接。

二、等离子弧切割工艺

等离子弧切割工艺参数如下：

（1）离子气种类　由于氮气的携热性好，密度大，价格又低，所以目前国内多采用氮气做离子气（切割气体）。但由于氮气的电离电位较高，切割时引弧性和稳弧性都比较差，故需较高的空载电压才能使等离子弧稳定（一般是 150V 以上）。

切割大厚度工件时，为提高切割速度和改善切口质量，一般采用氮加氢混合气做离子气，但此时需要更高的空载电压（350V 以上）才能稳定电弧。另外，切割不同材料时氮与氢的混合比（体积分数）为：切割铝可用 $N_2 75\% + H_2 25\%$；切割不锈钢可为 $N_2 90\% + H_2 10\%$。

使用不同气体时应注意下列问题。

1）使用氮气做离子气（切割气体）时，其纯度应不低于 99.5%，否则，其中所含氧等杂质会加剧钨极氧化烧损，引起工艺参数不稳，导致切口质量下降。

2）使用加氢混合气时，应特别注意安全，防止氢气爆炸，氢气通路必须保证密闭。

3）使用加氢混合气时，为解决引弧困难问题，最好先在纯氮气中引弧，然后再加氢气。

（2）离子气流量　切割时适当增大离子气流量，一方面可提高等离子弧被压缩的程度，使等离子弧能量更集中，冲力更大；另一方面，又可提高切割电压（因气体流量增大时，弧柱气流的电离度降低，电阻增大，电压降也增大）。因此，适当增大离子气流量，既可提高切割速度，又可提高切割质量。但气体流量也不能太大，因为过大的气体流量会带走大量的热量，反而会降低熔化金属的温度，使切割速度降低，切口宽度增大。

（3）切割电流和电压　切割电流和电压是等离子弧切割最重要的工艺参数，直接影响切割金属的厚度和切割速度。当切割电流和电压增大时，等离子弧的功率增大，可切割金属的厚度和切割速度也增大。单独增大电流会使弧柱直径增大，导致切口宽度增大；同时电流大还容易产生双弧现象。因此，对一定直径的喷嘴，电流的增大是受限制的。所以在切割大厚度工件时，最好采用提高切割电压的办法来提高等离子弧的功率。提高切割电压的方法很多，如减小喷嘴直径、增大喷嘴的孔道长度、增大离子气流量和利用氮加氢混合气等。但是，当切割电压超过空载电压的65%时，等离子弧的稳定性下降。因此，切割大厚度工件时，为提高切割电压，需采用具有较高空载电压的电源。

（4）喷嘴直径　每一直径的喷嘴都有一个允许使用的电流极限值，如超过这个极限值，则容易产生双弧现象。因此，当工件厚度增大时，在提高切割电流的同时，喷嘴直径也要相应增大（孔道长度也应增大）。切割喷嘴的孔道比（L/d）一般为 1.5~1.8。切割厚度与喷嘴直径的关系见表 5-3。

表 5-3　不同材料等离子弧切割工艺参数

材料	厚度/mm	喷嘴直径/mm	空载电压/V	切割电流/A	切割电压/V	氮气流量/(L/h)	切割速度/m·h^{-1}
不锈钢	8	3	160	185	120	2100~2300	45~50
	20	3	160	220	120~125	1900~2200	32~40
	30	3	230	280	135~140	2700	35~40
	45	3.5	240	340	145	2500	20~25
铝及铝合金	12	2.8	215	250	125		78
	21	3.0	230	300	130	4400	75~80
	34	3.2	340	350	140		35
	80	3.5	245	350	150		10
纯铜	5			310	70	1420	94
	18	3.2	180	340	84	1660	30
	38	3.2	252	304	106	1570	11.3
碳钢	50	10	252	300	110	1230	10
	85	7				1050	5
铸铁	5			300	70	1450	60
	18			360	73	1510	25
	35			370	100	1500	8.4

（5）切割速度　切割速度的大小，既影响生产率又影响切割质量。切割速度应根据等离子弧功率、工件厚度和材质来确定。在切割功率相同的情况下，由于铝的熔点低，切割速度应快些；钢的熔点较高，切割速度应较慢些；铜的导热性好，散热快，故切割速度应更慢些。

在等离子弧功率、工件厚度和材质都不变的情况下，适当提高切割速度，不仅可提高生产率，而且可减小切口宽度和热影响区，对提高切割质量是有利的。但如果切割速度太快，不仅有可能切不透工件，而且会导致切割后拖量增大，切口底部毛刺增多；如果切割速度太慢，不仅会降低生产率，还会造成切口表面粗糙不平，切口底部毛刺增多，切口宽度和热影响区宽度均增大。

（6）喷嘴端面至工件表面的距离　该距离对切割速度、切割电压和切口宽度等有一定影响。随该距离的增大，等离子弧的切割电压提高，功率增大；同时由于弧长增大而造成热损失增大。这两种作用的综合结果是造成等离子弧用于熔化金属的有效热能减少，从而导致切割质量下降。该距离太小时，既不便于观察，又容易造成喷嘴与工件短路。一般在手工切割时，该距离为 8～10mm；自动切割时取 6～8mm。

各种金属材料等离子弧切割工艺参数见表 5-3。

三、提高切割质量的途径

好的切割质量应该是切割面光洁、切口窄；切口上部呈直角、无熔化圆角；切口下部无毛刺（熔瘤）。为实现上述质量要求，应注意以下几点。

（1）选择合适的工艺参数　等离子弧切割的切口宽度一般为氧乙炔焰切割的 1.5～2 倍，且随板厚增大，切口宽度也会增大。切口端面往往稍有倾斜，顶部切去较多的金属，顶部边缘有时会略带圆角。但只要工艺参数选择合适，切割板厚 25mm 以下的不锈钢或铝时可获得平直度很高的切口，8mm 以下板材切口不需加工，可直接焊接。

（2）避免产生双弧　在等离子弧切割过程中，为保证切割质量，必须防止产生双弧现象。因为一旦产生双弧，一方面使主弧电流减小，导致切割工艺参数不稳，切口质量下降；另一方面喷嘴因导电而易烧坏，影响切割过程，同样会降低切割质量。

（3）消除切口毛刺　用等离子弧切割不锈钢时，由于熔融金属的流动性较差，不易全部从切口处吹掉；又因不锈钢的导热性较差，切口底部金属容易过热，因此切口内没有被吹掉的熔融金属容易与切口底部过热的金属熔合在一起，冷却凝固后形成毛刺。由于这种不锈钢毛刺的强度高、韧性好，因此很难去除，给加工带来很大困难。所以消除不锈钢切口毛刺是提高切割质量的重要途径。而切割铜、铝等导热性好的材料时，一般不易产生毛刺，即使产生也容易除掉，对切割质量影响不大。

（4）大厚度工件的切割　为保证大厚度工件的切割质量，应采取下列措施。

1）适当提高切割功率。随切割厚度增大，等离子弧的功率必须相应增大，以保证切透工件。一般采用提高切割电压的方法来提高等离子弧的功率。

2）适当增大离子气流量。增大离子气流量可提高等离子弧的挺度，增大电弧吹力，以保证切透工件。切透大厚度工件时，最好采用氮加氢混合气做离子气，以提高等离子弧的温度和能量密度。

3）采用电流逆增或分级转弧。等离子弧切割一般采用转移型等离子弧。在转弧过程中，由于有大的电流突变，往往会引起转弧中断或烧坏喷嘴，因此切割设备应采用电流递增或分级转弧。为此，可在回路中串联一个限流电阻，以降低转弧时的电流值，然后再将其短路。

4）切割前预热。切割时要按所切割材料的材质和厚度进行足够时间的预热。

四、其他等离子弧切割方法简介

1. 空气等离子弧切割

采用压缩空气作为离子气的等离子弧切割称为空气等离子弧切割。一方面空气来源广，可降低切割成本；另一方面用空气做离子气时等离子弧能量大，加之在切割过程中氧与被切割金属发生氧化反应而放热，可加快切割速度。空气等离子弧切割原理如图 5-13 所示。空气等离子弧切割特别适合切割厚度在 30mm 以下的非合金钢及低合金钢，也可以切割铜、不锈钢、铝和其他材料。

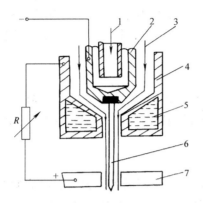

图 5-13　空气等离子弧切割原理

1—电极冷却水　2—镶嵌式锆电极　3—压缩空气（离子气）
4—镶嵌式压缩喷嘴　5—压缩喷嘴冷却水　6—电弧　7—工件

空气等离子弧切割中存在的主要问题：①电极受到强烈的氧化烧损，电极端头形状难以保持。②不能采用纯钨电极或含氧化物的钨电极。在实际生产中，采取的主要措施有：

1）采用镶嵌式锆或铪电极，并采用直接水冷式结构。由于在空气中工作可形成锆的氧化物，易于发射电子，且熔点高，延长了电极的使用寿命（但使用寿命一般在 5～10h 之内）。

2）增加一个内喷嘴，单独对电极通以惰性气体加以保护。

2. 水再压缩等离子弧切割

该方法是在普通的等离子弧外围再用水流进行压缩。切割时，从喷嘴喷出的除等离子气外，还伴有高速流动的水束，共同迅速地将熔化金属排开。其切割原理如图 5-14 所示。

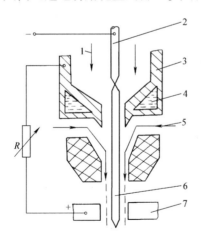

图 5-14　水再压缩等离子弧切割原理

1—离子气　2—电极　3—喷嘴　4—冷却水　5—压缩水　6—电弧　7—工件

高压高速水流由一高压水源提供，在割炬中既对喷嘴起冷却作用，又对等离子弧起再压缩作用。同时，一部分水束被电弧加热分解成氧和氢，它们与离子气体共同组成切割气体，使等离子弧具有更高的能量；另一部分水对电弧有强烈的冷却作用，使等离子弧的能量更为集中，因此可提高切割速度。

由于水束的水压很高，切割时水喷溅严重，因此切割过程一般是在水槽中进行的。将工件浸入水中切割，可有效防止切割时产生的金属蒸气、烟尘、弧光等，大大地改善工作条件。

3. 脉冲等离子弧切割

采用 50～100Hz 的脉冲电流进行等离子弧切割，可降低所需功率，延长电极和喷嘴的使用寿命。这是因为在脉冲电流的间歇时间内，电极和喷嘴可得到一定程度的冷却；另外，采用脉冲电流还可提高切割质量。

4. 双弧切割

双弧切割是指在非转移普通等离子弧的基础上，再在喷嘴与工件之间叠加一个 350Hz 的交流电弧的双弧切割法。它是一种厚板切割的可行方法。

5. 微束等离子弧切割

切割 1.0～0.5mm 厚的薄板，可采用功率为 0.5～1.5kW、喷嘴孔径为 0.1～0.4mm 的非转移型等离子弧，最高切割速度可达 10m/min。

复习思考题

1. 等离子弧是如何形成的？与钨极氩弧相比，等离子弧有哪些特点？
2. 等离子弧分几种？各适用于什么场合？
3. 等离子弧焊接有哪些基本方法？说明其适用范围。
4. 试述等离子弧切割的原理及特点。
5. 简要说明提高等离子弧切割质量的途径。

第六章　其他焊接方法

目前焊接结构的类型及被焊材料的种类越来越多，有些情况只用前面讲到的焊接方法难以保证质量，甚至无法焊接，因此必须采用一些特种焊接方法。本章主要介绍一些使用较为广泛，或者很有发展前途，或者有其独到特点的焊接方法，例如电阻焊、电渣焊、钎焊和高能量密度焊。

第一节　电　阻　焊

电阻焊是指利用电流通过焊件接头的接触面所产生的电阻热将被焊金属加热到局部熔化或达到高温塑性状态，在压力作用下形成牢固接头的工艺过程。电阻焊过程简单，接头质量好，生产率高，易于实现机械化和自动化，主要用于薄件搭接、杆件和管件的对接等，目前广泛应用于航空、航天领域，汽车工业，家用电器等生产中。

一、电阻焊的分类及特点

1. 电阻焊的分类

电阻焊的种类很多，分类的方法也很多，应用较多的是按工艺方法分类，如图 6-1 所示。表 6-1 列出了常用电阻焊的种类及特征。

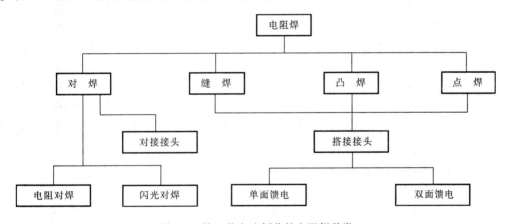

图 6-1　按工艺方法划分的电阻焊种类

表 6-1　常用电阻焊的种类及特征

种类	示　意　图	接头剖面	基　本　时　序
电阻对焊			

（续）

种类	示 意 图	接头剖面	基本时序
闪光对焊	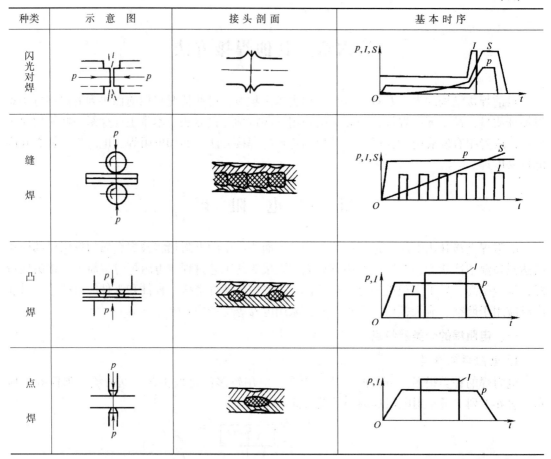		
缝焊			
凸焊			
点焊			

注：t—时间；p—电极压力；I—焊接电流；S—电极移动行程。

（1）点焊 点焊及其接头如图6-2a所示，接头形式为搭接，电源通过铜电极向焊件通电加热，在焊件内部的熔化核心达到预定要求后切断电源，在压力作用下凝固结晶形成焊点。在焊点周围有一个尚未达到熔化状态的环状塑性变形区，称为塑性环。该塑性环可以起到隔绝空气和防止熔化金属飞溅的作用；同时，也使得点焊时冶金过程更简单。

点焊按供电方式不同分为单面点焊和双面点焊；点焊还可按一次形成的焊点数目分为单点、双点和多点焊等几种类型。

点焊小型构件可在通用焊机上进行；点焊大型构件，如汽车车身、飞机上的大型冲压件等，则可直接在装配夹具上或在装配生产线上施焊。

（2）缝焊 缝焊及其接头如图6-2b所示，它实际上是点焊的延伸，使用两个可以旋转的圆盘状电极代替点焊时的柱状电极。焊接时盘状电极一边通电、加压，一边滚动，形成焊点前后搭接的连续焊缝。缝焊一般用于有气密性要求的构件焊接，如汽车油箱、消声器等。

（3）对焊 对焊及其接头如图6-2c所示，接头形式一般为对接。对焊按加压和通电方式不同分为电阻对焊、闪光对焊。

电阻对焊与闪光对焊主要用于截面较小的对接接头，如接长杆件、管件，焊接环形和闭合焊件等。

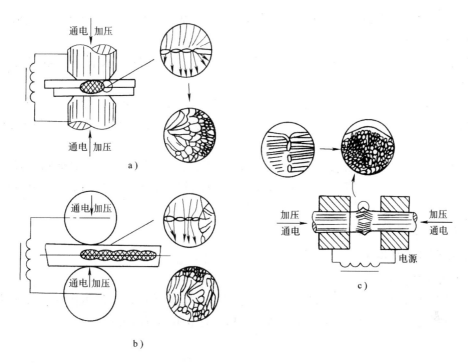

图 6-2　电阻焊接头示意图

a）点焊接头　b）缝焊接头　c）对焊接头

（4）凸焊　凸焊是点焊的一种变型，是在一工件的贴合面上预先加工出一个或多个突起点，使其与另一工件表面相接触并通电加热，然后压塌，使这些接触点形成焊点的电阻焊方法。凸焊时，一次可在接头处形成一个或多个熔核。凸焊的种类很多，除了板件凸焊外，还有螺母、螺钉类零件凸焊、线材交叉凸焊、管子凸焊和板材 T 形凸焊等。

凸焊主要用于焊接低碳钢和低合金钢的冲压件。板件凸焊最适宜的厚度为 0.5 ~ 4mm。焊接更薄件时，凸点设计要求严格，需要随动性极好的焊机，因此厚度小于 0.25mm 的板件更宜采用点焊。

2. 电阻焊的特点

电阻焊利用的是热能集中的内部热源（电阻热），且焊接接头是在压力作用下形成的。经分析归纳，电阻焊具有下列优点。

（1）焊接生产率高　如点焊时，通用点焊机的生产率约为每分钟 60 点，若用快速点焊机，则可达到每分钟 500 点以上；对焊直径为 40mm 的棒材，每分钟可焊一个接头；缝焊厚度为 1 ~ 3mm 的薄板时，其焊接速度可达 0.5 ~ 1m/min。因此，电阻焊非常适于大批量生产。

（2）焊缝质量好　电阻焊冶金过程简单，焊缝化学成分基本不变；焊缝因在压力作用下结晶所以致密；由于是内部热源，热量集中，加热范围小，因此热影响区和焊接变形都很小。

（3）焊接成本低　电阻焊不使用焊条、焊丝等填充材料，也不使用保护气等，所以焊接成本低。

（4）操作简便　电阻焊一般使用机械化或自动化焊接，焊接过程没有弧光辐射，也不产生有害气体，劳动条件好。

电阻焊的优点突出，但同时还存在以下缺点，正是这些缺点限制了电阻焊更广泛的应用。

1）目前尚缺乏可靠、易行的无损检测方法来检测焊接接头质量，焊接质量只能靠工艺试样和焊件的破坏性检验来检查。另外，由于电阻焊过程很快，焊接过程中工艺因素发生变化时往往来不及调整而影响接头质量。

2）设备价格高，一次性投资大。由于电阻焊设备复杂，其价格比一般焊机要高得多。

3）焊件的厚度、形状和接头形式受限制。电阻焊只适用于薄板搭接或紧凑截面的对接。

4）闪光对焊时有飞溅。

二、电阻焊的基本原理

1. 电阻焊的热源

电阻焊的热源是电流流过电极间（焊件本身及其接触处）产生的电阻热，该热源产生于焊件内部，属于内部热源。根据功热转换原理，总电阻热可以表示为

$$Q = I^2Rt \tag{6-1}$$

式中　Q——产生的热量（J）；

　　　I——焊接电流（A）；

　　　R——电极间电阻（Ω）；

　　　t——焊接时间（s）。

2. 影响电阻焊产热的因素

从式（6-1）可以看出，影响电阻焊产热的因素包括焊接电流、电极间电阻和通电时间；除此之外，还包括凡是对电极间电阻有影响的因素。例如，电极压力和焊件表面状况、焊件本身的性能（导热性等）及电极形状都会影响电阻热的产生。

（1）电极间电阻 R　电极间电阻 R 包括焊件本身电阻 R_w、焊件间接触电阻 R_c、焊件与电极间的电阻 R_{ew}，如图6-3所示。

$$R = 2R_w + R_c + 2R_{ew} \tag{6-2}$$

1）焊件本身电阻 R_w。当焊件和电极已定时，焊件本身电阻 R_w 取决于焊件的电阻率 ρ。电阻率高的金属，导热性较差，因此产热容易散热难，点焊时采用较小的电流即可。例如，焊不锈钢需要几千安的电流；而电阻率低的金属，导热性好，因此产热困难而散热容易，点焊时必须采用较大的电流，例如焊铝合金时需要几万安的电流。

金属的电阻率不仅与金属的成分有关，还与金属的温度有关，如图6-4所示，随温度升高电阻率增大，金属高温熔化时电阻率比熔化前高 1～2 倍，这使得电阻焊加热速度很快，因而焊接速度也很快。

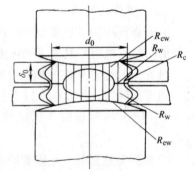

图6-3　电阻焊时电流
分布和电流线

2）焊件间接触电阻 R_c。电阻 R_c 由两部分组成：一是焊件表面氧化物或污物层使电流

受到阻碍而产生的电阻；二是焊件表面总是凹凸不平的，焊件在接触时总是点接触，如图6-5所示，在接触点电流线集中，使电流线发生弯曲，从而增加了电流流过时的阻力，产生电阻。

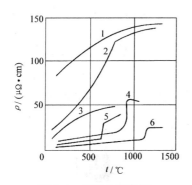

图 6-4　各种金属高温
时的电阻率
1—不锈钢　2—低碳钢　3—镍
4—黄铜　5—铝　6—纯铜

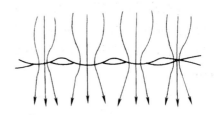

图 6-5　电流流经微观
粗糙表面时的电流线

当电极压力增加或焊件温度升高使金属达到塑性状态时，焊件间的接触面积增加，会导致接触电阻减小。因此当焊件表面较清洁时，接触电阻仅在通电开始时的极短时间内存在，随后会迅速减小以至消失。但是，尽管接触电阻存在的时间极短，却对点焊过程有着显著影响。

3）焊件与电极间电阻 R_{ew}。电阻焊的电极一般采用铜合金，由于铜合金的电阻率比一般焊件低，因此 R_{ew} 比 R_c 更小，对点焊过程的影响也更小。

（2）焊接电流　由式（6-1）可知，电流对电阻热的影响最大，因此在点焊过程中必须严格控制电流。在焊接时，引起电流变化的主要原因是网路电压波动和交流焊机二次回路阻抗变化。对直流焊机，二次回路阻抗变化对电流的影响不明显。

（3）通电时间　为保证点焊时的熔核尺寸和焊点强度，通电时间和电流可以在一定范围内相互补充。为了得到一定强度的焊点，可以选用大电流、短时间（称为硬规范）；也可选用小电流、长时间（称为软规范）。选择哪一种规范，主要取决于金属的性能、焊件厚度和焊机的功率。

（4）电极压力　电极压力主要影响两极间的总电阻 R。随电极压力增加，R 显著降低。此时焊接电流虽略有增加，但不能抵消因 R 降低而引起的产热的减少。因此应在增加电极压力的同时，增大焊接电流或延长焊接时间，以弥补电阻减小对产热的影响。

（5）电极形状和电极材料　电极的接触面积决定接触面上的电流密度，电极材料的电阻率和导热性影响产热与散热，因此电极的形状和电极材料对形成熔核有较大影响。随电极端部的变形与磨损，电极接触面积将增大，导致焊点强度有所降低。

（6）焊件表面状况　焊件表面存在氧化膜、油污及其他杂质，均会增加接触电阻，过厚的氧化膜会造成电流不能流过。若接触面中仅局部导通，会使局部电流密度过大而产生飞溅或表面烧损。焊件表面不均匀还会造成各个焊点加热不一致，从而影响焊点质量。因此，焊前必须彻底清理焊件表面。

98

三、点焊工艺

1. 点焊焊接循环

点焊的焊接循环有四个基本阶段，如图6-6所示。

1）预压阶段：电极下降到电流接通的阶段，如图6-6a所示，确保电极压紧工件，使工件间有适当压力。

2）焊接阶段：焊接电流通过工件，产热形成熔核的阶段，如图6-6b所示。

3）结晶阶段：切断焊接电流，电极压力继续维持至熔核冷却结晶的阶段，如图6-6c所示。

4）休止阶段：电极开始提起到电极再次开始下降的阶段，如图6-6d所示，开始下一个焊接循环。

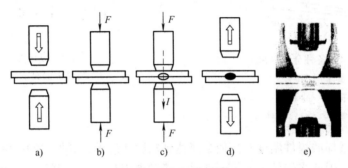

图6-6　点焊的焊接循环

2. 点焊接头形式

点焊接头形式有搭接和卷边接头。设计接头时，必须考虑边距、搭接宽度、焊点间距、装配间隙等。

（1）边距与搭接宽度　边距是焊点到焊件边缘的距离。边距的最小值取决于被焊金属的种类、焊件厚度和焊接参数。搭接宽度一般为边距的两倍。

（2）焊点间距　焊点间距是为避免点焊产生分流影响焊点质量而规定的数值。不同厚度材料的点焊搭接宽度及焊点间距最小值见表6-2。

表6-2　点焊搭接宽度及焊点间距最小值　　　　（单位：mm）

材料厚度	结构钢		不锈钢		铝合金	
	搭接宽度	焊点间距	搭接宽度	焊点间距	搭接宽度	焊点间距
0.3 + 0.3	6	10	6	7		
0.5 + 0.5	8	11	7	8	12	15
0.8 + 0.8	9	12	9	9	12	15
1.0 + 1.0	12	14	10	10	14	15
1.2 + 1.2	12	14	10	12	14	15
1.5 + 1.5	14	15	12	12	18	20
2.0 + 2.0	18	17	12	14	20	25
2.5 + 2.5	18	20	14	16	24	25
3.0 + 3.0	20	24	18	18	26	30
4.0 + 4.0	22	26	20	22	30	35

（3）装配间隙　接头的装配间隙应尽可能小，因为靠压力消除间隙将消耗一部分压力，使实际的压力降低。装配间隙一般为 0.1~1mm。

3. 焊点尺寸

焊点尺寸包括熔核直径、熔深和压痕深度。

熔核直径与电极端面直径和焊件厚度有关，熔核直径 d 与电极端面直径 $d_极$ 的关系为 $d=(0.9~1.4)d_极$，同时应满足 $d=2\delta+3$（δ 为板材厚度）。

压痕深度 C 是指焊件表面至压痕底部的距离，$C=(0.1~0.15)\delta$。

4. 点焊的焊接参数

点焊焊接参数主要包括焊接电流、焊接时间、电极压力、电极端部形状与尺寸等。

（1）焊接电流　焊接电流是决定产热大小的关键因素，将直接影响熔核直径与焊透率，必然影响焊点的强度。电流太小则能量过小，无法形成熔核或熔核过小；电流太大则能量过大，容易引起飞溅。

（2）焊接时间　焊接时间对产热与散热均产生一定的影响。在焊接时间内，焊接区产生的热量除部分分散失外，均用来加热焊接区，使熔核扩大到所要求的尺寸。焊接时间一般以周波计算，一周波为 0.02s。

（3）电极压力　电极压力的大小将影响焊接区的加热程度和塑性变形程度。随着电极压力的增大，接触电阻减小，电流密度降低，从而减慢加热速度，导致焊点熔核直径减小。

（4）电极端部形状与尺寸　根据焊件结构形式、焊件厚度及表面质量要求等参数的不同，使用不同尺寸的电极，见表6-3。

表 6-3　低碳钢焊接参数

板厚/mm	电极端部直径/mm	电极压力/kN	焊接时间/周波	熔核直径/mm	焊接电流/kA
0.3	3.2	0.75	8	3.6	4.5
0.5	4.8	0.90	9	4.0	5.0
0.8	4.8	1.25	13	4.8	6.5
1.0	6.4	1.50	17	5.4	7.2
1.2	6.4	1.75	19	5.8	7.7
1.5	6.4	2.40	25	6.7	9.0
2	8.0	3.00	30	7.6	10.3

四、电阻对焊与闪光对焊

电阻对焊与闪光对焊都是基本的对焊方法，焊接时将焊件夹持在夹具之间，焊件两端面对准，并在接触处通电加热进行焊接。二者的区别在于操作方法不同，电阻对焊是焊件对正、加压后再通电加热；而闪光对焊则是先通电，然后使焊件接触，建立闪光过程进行加热。

1. 电阻对焊

电阻对焊一般用于对接截面较小（一般小于 250mm²、形状紧凑的棒料或厚壁管等）、氧化物易于挤出的工件的焊接。

电阻对焊的焊接过程是先加压后通电，焊接区最高温度始终低于熔点，焊件接头处于塑性状态，焊接中只有变形而几乎无烧损，焊件焊后收缩量小。为保证焊接质量，必须要求焊接时焊件端面加热均匀，并在最后能彻底挤出接口内的氧化物。加热均匀由焊前准备来保证；焊接过程中必须采取措施防止加热时氧化及增加塑性变形量。因此，电阻对焊对工件的端面加工质量要求高，且局限于焊接塑性较好的材料，有时还需要在保护气氛中加热。

电阻对焊具有接头光滑、毛刺小、焊接过程简单等优点。但是，电阻对焊接头的力学性能较差，对焊件的准备工作要求高，目前仅用在小截面金属型材的对焊上。

2. 闪光对焊

闪光对焊用于中大截面的焊接，不仅可焊接同种材料，还可焊接异种材料。闪光对焊接头组织致密，且对焊件的焊前准备工作要求不高。由于焊件焊后收缩量大，需要预留顶锻留量。

闪光对焊的焊接过程包括闪光过程和顶锻过程。焊接开始时先接通电源，并使两焊件端面轻微接触，形成许多接触点，电流通过接触点产生电阻热，使接触点熔化成为连接两端面的液体金属过梁。由于液体过梁中的电流密度极大，使过梁中的液体金属蒸发造成过梁爆破，从焊件对接处飞散出闪亮的金属微滴，形成闪光过程。闪光的主要作用是加热焊件，在闪光结束前可以在焊件整个端面上形成一层液态金属，并在一定深度上使焊件达到塑性变形温度，使过梁爆破的金属蒸气、焊件端面的液态金属层首先被氧化，可对焊件起到很好的保护作用。在焊件上形成一定深度的塑性变形区，是形成接头的必要条件。

在闪光过程结束时，立即对焊件施加足够的顶锻压力，把液态金属及氧化物从接口处挤出，并使焊件接头区产生较大的塑性变形，以促进再结晶，形成共同晶粒，获得牢固接头。

第二节 钎 焊

钎焊也是一种连接金属的方法，且已有几千年的历史，目前在机电、电子工业、仪器仪表制造及航空工业中应用较多。

一、钎焊的原理及特点

（1）钎焊的原理 钎焊是利用熔点比被焊金属低的钎料熔化后依靠毛细管作用填满接头间隙，并与母材之间相互扩散实现连接的一种焊接方法。钎焊与熔焊的主要不同之处在于：钎焊时只有钎料熔化，被焊金属不熔化（熔焊时被焊金属熔化），液态钎料依靠润湿作用和毛细管作用进入两焊件之间的间隙内，依靠液态钎料和固态金属的相互扩散而达到原子结合。

（2）钎焊的特点 与熔焊相比，钎焊有以下优点。

1）钎焊接头平整光滑，外形美观。

2）钎焊时只有钎料熔化，而对母材的加热温度较低，因此对母材的组织和性能影响较小。

3）钎焊时焊件变形小，尤其是采用整体加热的钎焊方法，如炉中钎焊，焊件的变形可减小到最低程度。

4）可以连接异种金属或金属与非金属。

钎焊的优点很多，但也有明显的缺点：钎焊接头强度低，耐高温能力差；接头形式以搭接为主，使结构重量增加；装配要求高等。

二、钎焊的分类及应用

钎焊的种类很多，通常采用的分类方法如下：

（1）按钎焊加热温度分类　可分为低温钎焊（450℃以下）、中温钎焊（450～950℃）、高温钎焊（950℃以上）。通常将加热温度在 450℃ 以下的钎焊称为软钎焊；加热温度在 450℃ 以上的钎焊称为硬钎焊。

（2）按加热方法分类　可分为火焰钎焊、烙铁钎焊、电阻钎焊、感应钎焊、炉中钎焊及浸渍钎焊等。近几年，在钎焊蜂窝壁零件时已采用了较新的加热技术，如石英加热钎焊、红外线加热钎焊以及保证钎焊零件外形精度的陶瓷模钎焊。各种钎焊方法的优缺点及适用范围见表 6-4。

表 6-4　各种钎焊方法的优缺点及适用范围

钎焊方法	优　点	缺　点	用　途
烙铁钎焊	设备简单，灵活性好，适用于微细件钎焊	需使用钎剂	只能用于软钎焊，且只能焊细小件
火焰钎焊	设备简单，灵活性好	控制温度困难，操作技术要求高	钎焊小件
感应钎焊	加热快，钎焊质量好	温度不能精确控制，焊件形状受限制	批量钎焊小件
电阻钎焊	加热快，生产率高，成本较低	控制温度困难，焊件形状、尺寸受限制	钎焊小件
炉中钎焊	能精确控制温度且加热均匀，变形小，钎焊质量好	设备费用高，钎料和焊件不宜含较多易挥发元素	大、小件的批量生产，多焊缝焊件的钎焊

三、钎焊工艺

钎焊工艺包括钎焊接头设计、钎料选择及钎焊工序。

1. 钎焊接头设计

钎焊接头的设计是影响钎焊接头性能的重要因素之一，在设计钎焊接头时必须考虑以下几方面因素。

（1）钎焊接头形式　钎焊接头形式较多，但经常使用的有搭接、对接、斜接及 T 形接等四种基本形式，如图 6-7 所示。

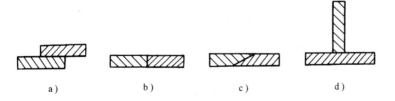

图 6-7　钎焊接头的基本形式
a）搭接接头　b）对接接头　c）斜接接头　d）T 形接头

搭接接头的强度最高，其次是斜接接头，最差的是对接接头，所以承受载荷的零件，一般采用搭接接头。对接接头只有在承受载荷很小的厚壁构件焊接中采用。薄壁零件钎焊时可采用锁边接头，以提高接头强度及密封性，如图6-8所示。

（2）搭接长度　如搭接长度太长，就会耗费材料，增加构件重量；但搭接长度太短，不能满足强度要求。在生产实践中，搭接长度通常为钎焊金属厚度的 3～4 倍，但不超过 15mm。因为搭接长度超过 15mm 以上时钎料很难填满间隙，往往形成大量缺陷，很难获得高质量的钎缝。

图6-8　锁边接头

（3）接头的装配间隙　接头装配间隙大小是影响钎缝致密性和接头强度的关键因素之一。接头装配间隙过小，会妨碍钎料的流入；接头装配间隙过大，则破坏钎料的毛细管作用，钎料不能填满接头的间隙，致使接头强度降低。

接头装配间隙的大小与钎料和钎焊金属有无合金化、钎焊温度、钎焊时间、钎料的安置等有直接关系。一般来说，钎料与钎焊金属之间相互作用较弱，则要求较小的间隙；钎焊金属与钎料的相互作用较强，间隙就要求较大。应该指出，这里所要求的间隙是指在钎焊温度下的间隙，与室温温度时不一定相同。重量大小相同的同种金属接头，在钎焊温度下的间隙与室温差别不大；但重量相差悬殊的同种金属及异种金属的接头，由于热膨胀量不同，因此在钎焊温度下的间隙与室温不同，在这种情况下，设计时必须考虑保证在钎焊温度下接头的间隙。各种材料钎焊时推荐的接头间隙见表6-5。

表6-5　各种材料钎焊接头推荐的间隙

母材种类	钎料种类	钎焊接头间隙/mm	母材种类	钎料种类	钎焊接头间隙/mm
非合金钢	铜钎料	0.01～0.05	铜及铜合金	黄铜钎料	0.07～0.25
	黄铜钎料	0.05～0.20		银基钎料	0.05～0.25
	银基钎料	0.02～0.15		锡钎料	0.05～0.20
	锡钎料	0.05～0.20		铜磷钎料	0.05～0.25
不锈钢	铜钎料	0.02～0.07	铝及铝合金	铝基钎料	0.10～0.30
	黄铜钎料	0.05～0.10		锡锌钎料	0.10～0.30
	银基钎料	0.07～0.25			
	锡钎料	0.05～0.20			

2. 钎料选择

（1）对钎料的要求　钎料是钎焊时使用的填充材料，对钎缝质量有着重要影响。钎料应符合下列基本要求。

1）合适的熔化温度，一般应低于被焊金属熔点几十摄氏度以上。

2）在钎焊温度下能很好地润湿被钎焊的金属，并易于填充钎缝的间隙。

3）与钎焊金属有相互扩散作用，以获得牢固的接头。

4）成分稳定且均匀，不含对被焊金属有害的元素。

5）能满足钎焊接头的力学、物理及化学性能方面的要求。

此外，也必须考虑钎料的经济性，应尽量少用或不用稀有金属和贵重金属。

（2）钎料的分类　有以下几种分类方法。

1）按钎料化学成分，可分为镓基、锡基、铝基、镉基、铟基、铋基、锌基、铅基、银基、铜基、锰基、锆基、钛基、金基、钯基、铂基和铁基钎料等。

2）按钎料的熔点，分为熔点低于450℃的软钎料，它们是锡、铅、铋、铟、镉、锌等金属的合金；熔点为450℃以上的硬钎料，它们是铝、铜、银、镁、锰、金、钯、钼、钛等金属的合金。

（3）钎料的牌号　目前我国主要有两种编号方法。一种是以HL做钎料代号，后面是化学元素符号和含量，HL是焊料两汉字拼音的第一个字母。例如，HLAgCu26-4表示银铜钎料，w_{Cu}为26%，其他元素的质量分数为4%。另一种编号方法是编号前面用"料"字表示钎料；编号的第一位数字表示钎料的化学组成类型；第二、三位数字表示同一类型钎料的不同牌号，此种钎料牌号见表6-6。

表6-6　钎　料　牌　号

牌　　号	化学组成类型	牌　　号	化学组成类型
料1××	铜基合金	料5××	锌及镉合金
料2××	铜磷合金	料6××	锡铅合金
料3××	银合金	料7××	某基合金
料4××	铝合金		

3. 钎焊工序

（1）焊件的表面处理　钎焊前焊件的表面处理包括去油、除氧化膜及在焊件表面镀覆镀层。焊件表面镀覆镀层是为改善钎料对某些基体材料表面的润湿性，防止钎料与母材间相互作用而导致对接头质量产生不良影响（如防止产生裂纹、减少界面产生脆性化合物等）而所为。

（2）装配与固定　钎焊接头在钎焊过程中，特别是钎料开始流动时，必须保持设计时的正确位置，并保证要求的间隙。为此，在钎焊装配时要用各种方法固定焊件，如紧配合、点焊及夹具定位等。图6-9所示为典型钎焊接头的固定方法。

（3）钎料的放置　钎料的放置应保证使钎料和钎焊金属加热温度均匀，并尽可能使钎料在钎焊过程中依靠重力流入接头。钎料流入间隙的方向应对钎缝中的气体或钎剂的排除有利。

（4）钎焊工艺参数　钎焊工艺参数主要是钎焊温度和保温时间。钎焊温度应根据钎料确定，通常选择略高于钎料液相线的温度，以保证钎料能填满间隙。保温时间视焊件大小和钎料与母材的相互作用剧烈程度而定。一般来讲，焊件越大，钎料与母材的相互作用越弱，保温时间应越长些。

（5）钎焊后清洗　钎焊时，有时为了改善焊接性，需要使用焊剂。焊剂的主要作用是去除焊件和钎料表面的氧化膜，并使在钎焊过程中焊件不再被氧化。另外，钎剂可改善钎料对焊件的润湿性。但是，焊剂残渣对钎焊接头有腐蚀作用，因此焊后需要将接头清洗干净。清洗方法因使用焊剂的不同而异。

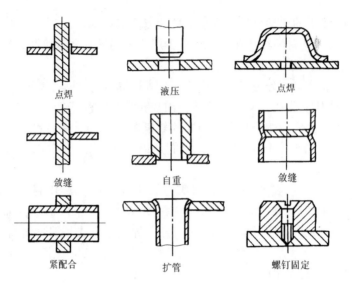

图 6-9　典型钎焊接头的固定方法

第三节　高能量密度焊

由于电子束、激光束的能量密度特别高，所以将电子束焊、激光焊称为高能量密度焊。

一、电子束焊的特点及应用

电子束焊利用电子枪产生的电子束流在强电场作用下以极高的速度撞击焊件表面，具有极大动能的电子将其大部分能量转化为热能使焊件熔化而形成焊缝。

1. 电子束焊的特点

电子束焊与其他焊接方法相比，具有以下特点。

(1) 加热的能量密度高　经过聚焦，电子束的能量密度可达 $10^6 \sim 10^8 \text{W/cm}^2$，通常是电弧焊的 100～1000 倍。因此，电子束焊加热集中，热效率高，形成相同焊接接头需要的热输入小，适宜焊接难熔金属和热敏感性强的金属；同时其加热速度快，热影响区小，焊接变形小，对精加工的零件可做最后连接工序，焊后焊件仍可保持足够高的精度。

(2) 焊缝熔深与熔宽比大　电子束焊的深宽比可达 20，是一般电弧焊的 10 倍。所以用电子束焊接基本上不产生角变形，焊接厚板时可不开坡口实现单道焊，因而可大大降低焊接的成本。

(3) 焊缝金属纯度高　真空电子束焊是在真空度很高的真空室中进行的，因此焊接过程中不存在污染和金属氧化问题，特别适于焊接化学性质活泼、纯度高和易被大气污染的金属，如铝、钛、锆、钼、铍、高强度钢、高合金钢以及不锈钢等。

(4) 焊接参数调节范围广，适应性强　电子束焊接的各个焊接参数不像电弧那样受焊缝成形和焊接过程稳定性的制约而相互影响，它们不仅能各自单独进行调节且调节范围很宽。电子束焊可以焊接的厚度最薄至 0.1mm，最厚可达 300mm 以上，可以焊接的金属有普通低碳钢、高强钢、不锈钢、非铁金属、难熔金属以及复合材料等，也适于一般焊接方法难以施焊的形状复杂的焊件。

以上是电子束焊的优点，电子束焊同时存在以下缺点：设备复杂、昂贵；焊前接头加工、装配要求严格；焊件尺寸受真空室大小的限制；电子束易受磁场干扰而影响焊接质量；焊接时产生的 X 射线须严加防护。

2. 电子束焊的应用

电子束焊可以在一般电弧焊难以进行的场合施焊。例如，由于其焊接变形量小，能焊接已经精加工后的组装件或形状复杂的精密零部件；可以单道焊接厚度超过 100mm 的碳钢或厚度达到 475mm 的铝板；可以焊接热处理强化和冷作硬化的材料而不恶化接头的力学性能；可以焊接靠近热敏元件的焊件；可以焊接内部保持真空度的密封件；可以焊接难熔金属、活泼金属、异种金属及复合材料等。

我国电子束焊已在飞机制造（发动机机座、起落架等）、仪表工业（各种膜片、继电器外壳、异种金属接头等）、汽车工业（齿轮组合体、后桥、变速器箱体等）、能源工业（压缩机转子、叶轮组片等）、化工和金属制造业（高压容器壳体等）中得到了应用。

二、激光焊的特点及应用

激光焊是利用具有高能量密度的激光为热源，将金属熔化形成接头的焊接方法。激光的方向性强、单色性好，经聚焦后能量密度可达 $10^5 W/cm^2$ 以上，与电子束的能量密度接近，具有很强的熔透能力。

1. 激光焊的特点

与一般焊接方法相比，激光焊具有以下特点。

1）聚焦后的激光具有很高的能量密度，因此激光焊的深宽比大。这一特点与电子束焊相似。

2）激光的加热范围小（<1mm），因此焊接速度快，焊接变形小。

3）可以焊接一般焊接方法难以焊接的材料，如高熔点金属等，甚至可用于非金属材料的焊接，如陶瓷、有机玻璃等。

4）激光能反射、投射，在空间传播很远距离而衰减很小，所以可进行远距离或一些难以接近部位的焊接。

5）一台激光器可供多个工作台进行不同的工作，既可用于焊接，又可用于切割和热处理，实现一机多用。

与电子束焊相比，激光焊最大的特点是不需要真空室，焊接过程中不产生 X 射线。它的不足之处在于：焊接厚度比电子束焊要小；难以焊接高反射率的金属；设备投资较大。

2. 激光焊的应用

目前激光焊主要在仪器仪表业（仪表游丝、热电偶的焊接）、食品包装业（马口铁食品罐的焊接）和机械制造业（组合齿轮、电机定子及转子铁心的焊接）中应用。

复习思考题

1. 什么是电阻焊？常用的电阻焊有哪几种？

2. 点焊过程分几个阶段？试画出点焊过程循环图。

3. 钎焊有哪些特点？简单说明其应用。

4. 试述电子束焊的特点及主要应用范围。

5. 试述激光焊的特点及主要应用范围。

［实验］ 电阻焊（点焊）工艺实验

一、实验目的

1）熟悉电阻焊工作原理及周波仪的使用方法。

2）测量熔核（焊点）直径。

3）观察电阻点焊的缺陷并进行分析。

二、实验器材

1）周波仪：1 台。

2）点焊机：1 台。

3）带刻度放大镜：1 只。

4）300mm×40mm×1.5mm 薄钢板若干块。

三、实验步骤

1）熟悉点焊机的工作原理，并掌握其操作要领。

2）将两块 300mm×40mm×1.5mm 薄钢板去锈并重叠在一起，按不同焊接参数在上面焊若干个焊点，注意两个焊点之间距离为 25~30mm，而且起始焊点离钢板边缘在 20mm 以上。

3）在每焊一个焊点时，记录下周波仪上的周波数及 I_h 值，并观察飞溅情况，填入表 6-7 中。

4）用放大镜测出焊点直径并填入表 6-7 中。

5）在剪板机上将钢板沿焊点中心剪开，用普通放大镜观察焊点中可能出现的缺陷，填入表 6-7 中。

表 6-7　实验记录表

焊点序号	焊点直径	周波数 ╱ 时间	I_h/A	飞溅情况	缺　陷
1					
2					
3					
4					
5					
6					

四、实验报告

1）记录表格中各项目。

2）分析焊点产生缺陷的原因。

3）分析焊点是怎样形成的，两个焊点间的距离受什么限制。

第七章 金属材料焊接性分析方法

分析金属材料的焊接性可以为合理制订焊接工艺提供依据。本章简要介绍金属焊接性的基本概念以及一些常用的焊接性试验方法。

第一节 金属的焊接性

一、金属焊接性的概念

金属焊接性是指材料在限定的施工条件下焊接成按规定设计要求的构件，并满足预定服役要求的能力，即金属材料对焊接加工的适应性。焊接性受材料、焊接方法、构件类型及使用要求四个因素的影响。根据上述定义，优质的焊接接头应具备两个特点：即接头中不允许存在超过质量标准规定的缺陷；同时具有预期的使用性能。根据讨论问题的着眼点不同，焊接性又分为工艺焊接性和使用焊接性。

（1）工艺焊接性 是指金属材料对各种焊接方法的适应能力，也就是在一定的焊接工艺条件下能否获得优质致密、无缺陷焊接接头的能力。它不是金属本身所固有的性能，而是随着焊接方法、焊接材料和工艺措施的发展而变化的，即某些原来不能焊接或不易焊接的金属材料，可能会变得能够焊接和易于焊接。

（2）使用焊接性 是指焊接接头或整体结构，为满足技术条件中所规定的使用性能的能力。显然，使用焊接性与产品的工作条件有密切的关系。

不同材料、不同工作条件下的焊件，焊接性的主要内容是不同的。例如，低合金强度钢，对于淬硬和冷裂纹是比较敏感的，因此在焊接这种材料时，如何解决淬硬和冷裂纹问题就成为低合金强度钢焊接性的主要内容；又如焊接奥氏体不锈钢时，其主要问题则是晶间腐蚀问题。即使对于同一金属材料，当采用不同焊接方法、焊接材料及不同的工作条件时，其焊接性也可能有很大差别。

二、影响焊接性的因素

影响焊接性的因素很多，对于钢铁材料来讲，可归纳为材料、工艺、结构及使用条件四个因素。

（1）材料因素 材料因素是指焊接时直接参与物理化学反应和发生组织变化的所有材料，包括母材本身和使用的焊接材料。如焊条电弧焊时用的焊条，埋弧焊用的焊丝和焊剂，气体保护焊用的焊丝和保护气体等。它们在焊接时都直接参与熔池及半熔化区的冶金过程，直接影响焊接质量。母材或焊接材料选用不当，会造成焊缝金属化学成分不合格，力学性能和其他使用性能降低，还会出现气孔、裂纹等缺陷，也就是使结合性能变差。由此可见，正确选用母材和焊接材料是保证焊接性良好的重要基础，必须十分重视。

（2）工艺因素 对于同一母材，当采用不同的焊接方法和工艺措施时，会表现出不同的焊接性。如钛合金对氧、氮、氢极为敏感，用气焊和焊条电弧焊不可能焊好；而用氩弧焊或真空电子束焊，因能防止氧、氮、氢的侵入，使之容易焊接。

焊接方法对焊接性的影响主要来自两个方面：首先是热源的特点（功率密度、加热方式、热源参数及极性），它可以直接影响焊接热循环的主要参数，从而影响接头的组织与性能；其次是不同的保护方式（如熔渣保护、气体保护、气渣联合保护或真空保护），它会影响焊接冶金过程，从而对焊接接头的质量和性能产生重要影响。

工艺措施对防止焊接接头缺陷的产生，提高使用性能也有重要的影响。最常见的工艺措施是焊前预热、焊后缓冷和做消氢处理，它们对防止热影响区淬硬变脆，降低焊接应力，避免氢致冷裂纹等是比较有效的措施。

（3）结构因素　焊接接头和结构设计会影响应力状态，从而对焊接性也产生影响。

这里主要从结构的刚度、应力集中和多向应力等方面来考虑。使焊接接头处于刚度较小的状态，能够自由收缩，有利于防止焊接裂纹；缺口、截面突变、焊缝余高过大、交叉焊缝等容易引起应力集中，要尽量避免；不必要地增大母材厚度或焊缝体积，会产生多向应力，也应注意防止。

（4）使用条件　焊接结构的使用条件是多种多样的，有的在高温或低温下工作，有的在静载荷或动载荷条件下工作，有的则在腐蚀介质中工作等。当其在高温下工作时，有可能发生蠕变；在低温或冲击载荷下工作时，容易发生脆性破坏；在腐蚀介质中工作时，要求接头具有耐蚀性。总之，使用条件越不利，焊接性就越不容易得到保证。

综上所述，金属的焊接性与材料、工艺、结构、使用条件等密切相关，所以不能脱离这些因素而单纯从材料本身的性能来评价焊接性。此外，从上述分析也可以看出，很难用某一项技术指标概括材料的焊接性，只有综合多方面的因素，才能分析焊接性问题。

三、常用焊接工艺措施

为了保证焊接质量，常对焊接性差或较差的金属材料采取预热、后热、焊后热处理等工艺措施。

1. 预热

焊接开始前对焊件的全部（或局部）进行加热的工艺措施称为预热。按照焊接工艺的规定，预热需要达到的温度叫作预热温度。

（1）预热的作用　预热的主要作用是降低焊后冷却速度。对于给定成分的钢种，焊缝及热影响区的组织和性能取决于冷却速度的大小 。对于易淬火钢，预热可以减小淬硬程度，防止产生焊接裂纹。另外，预热还可以减小热影响区的温度差别，在较宽范围内得到比较均匀的温度分布，有助于减小因温度差别而造成的焊接应力。刚度不大的低碳钢、强度级别较低的低合金钢的一般结构，通常不必预热。但焊接有淬硬倾向的焊接性不好的钢材或刚度大的结构时，需焊前预热。由于奥氏体钢预热可使热影响区在危险温度区的停留时间增加，从而增大腐蚀倾向，因此在焊接铬钼奥氏体不锈钢时，不可进行预热。

（2）预热温度的选择　预热温度的选择，应根据钢材的成分、厚度、结构刚度、接头形式、焊接材料、焊接方法及环境因素等综合考虑，并通过焊接性试验来确定。一般钢材碳当量越大（含碳量越多、含合金元素越多）、母材越厚、结构刚度越大、环境温度越低，则预热温度越高。

在多层多道焊时，还要注意层间温度。层间温度不应低于预热温度。

2. 后热

焊接后立即对焊件的全部（或局部）进行加热或保温，使其缓冷的工艺措施称为后热。它不等于焊后热处理。后热的作用是避免形成淬硬组织及使氢逸出焊缝表面，防止产生裂纹。对于冷裂纹倾向性大的低合金高强度钢等材料，还可以进行消氢处理，即在焊后立即将焊件加热到250~350℃的温度范围，保温2~6h后空冷。消氢处理的目的主要是使焊缝金属中的扩散氢加速逸出，大大降低焊缝和热影响区中的氢含量，防止产生冷裂纹。

3. 焊后热处理

焊后为改善焊接接头的组织和性能或消除残余应力而进行的热处理，称为焊后热处理。焊后热处理的主要作用是消除焊接残余应力，软化淬硬部位，改善焊缝和热影响区的组织和性能，提高接头的塑性和韧性，稳定结构的尺寸。

最常用的焊后热处理是在600~650℃范围内的消除应力退火和低于Ac_1点温度的高温回火，另外还有为改善铬镍奥氏体不锈钢耐蚀性的均匀化处理等。

焊后热处理工艺及方法如下：

（1）整体热处理 将焊件置于加热炉中进行整体加热处理，可以得到满意的热处理效果。焊件进炉和出炉时的温度应在300℃以下。300℃以上的加热和冷却速度与板材厚度有关，即

$$v \leqslant 200 \times 25/\delta$$

式中 v——冷却速度（℃/h）；

δ——板材厚度（mm）。

（2）局部热处理 对于尺寸较大不便整体处理、但形状较规则的简单筒形容器、管件等，可以进行局部热处理。局部热处理时，应保证焊缝两侧有足够的加热宽度。局部热处理常采用火焰加热、红外线加热、工频感应加热等加热方法。

第二节　金属焊接性评定与试验

一、焊接性评定的内容

评定母材焊接性的试验，称为焊接性试验。评价金属焊接性的试验主要有：①评定金属在经焊接加工时对缺陷的敏感性，一般情况下，主要是评估对裂纹的敏感性，即进行抗裂纹试验；②评定焊接接头能否满足结构使用性能的要求。评价接头或结构使用性能的试验内容复杂，具体项目取决于结构的工作条件和设计上提出的技术要求，通常为常规力学性能（拉伸、弯曲、冲击等）试验。对在高温、腐蚀、磨损和动载疲劳等不同环境中工作的结构，则应根据不同的要求分别进行相应的高温性能、低温性能、脆断、耐蚀性、耐磨损和动载疲劳等试验；对有时效敏感性的被焊金属，还应进行焊接接头的热应变时效脆化试验。

焊接性与焊接过程中的很多因素有关，没有一种简单的试验方法能确切地评价出金属的焊接性。因为有很多参数，诸如拘束度、装配状态等不易预测，所以试验常带有某些局限性。但焊接性的试验仍可为正确选择焊接方法和焊接材料提供有用的依据。评定焊接性的试验方法很多，但不论工艺焊接性还是使用焊接性，大体上都可分为直接试验和间接试验两种类型。

直接试验：是在一定条件下通过直接施焊来评定焊接性的方法，主要是针对钢在焊接过程所出现的缺陷以及焊接后的接头性能变化而提出的。它可在生产条件下施焊、检查焊接接

头裂纹及其他缺陷的敏感性或测定其力学性能；或在规定条件下在一定尺寸试件上施焊，再做各种检查。前者不需特殊装置，后者尚需特殊装置。

属于直接试验方法的有：实际产品结构试验、各种裂纹试验以及抗气孔和热应变时效试验等。

间接试验：一是以热模拟组织和性能、焊接 SHCCT 图和断口分析，以及焊接热影响区的最高硬度等来判断焊接性；二是根据被焊金属的化学成分和其他条件（如拘束度、焊缝金属扩散氢含量等），通过理论和经验计算来评估热裂、冷裂倾向大小；三是焊缝和接头各种性能试验，如高温蠕变、疲劳试验、耐蚀性试验等。

通过焊接性试验，可以用较小的代价达到以下几个目的：第一，选择适用于母材的焊接材料；第二，确定合适的焊接参数，包括焊接电流、焊接速度以及预热温度、层间保温、焊后缓冷及热处理方面的要求；第三，发展地研究新型材料。

值得提出的是，在大量试验基础上通过电子计算机建立数据库，再利用相应的数学模型建立专家系统，利用这一现代化的工具来评定钢材的焊接性和优化焊接工艺是评价焊接性的新发展。焊接性试验方法的分类如图 7-1 所示。

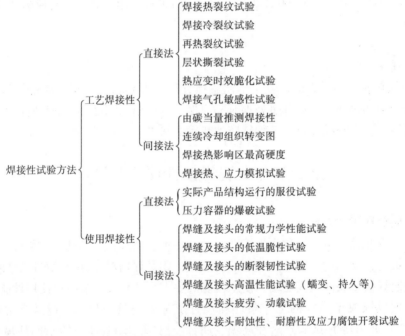

图 7-1　焊接性试验方法的分类

二、常用的焊接性试验方法

由前述可知，焊接性试验方法种类很多，因抗裂性能是衡量金属焊接性的主要标志，所以在生产中还常用焊接裂纹试验来表征材料的焊接性。以下主要介绍几种常用的焊接性试验方法。

1. 间接试验法

碳当量鉴定法是判断焊接性的最简便的间接试验法，常用作焊接冷裂纹的间接评定。所谓碳当量法，就是将包括碳在内的其他合金元素对硬化（脆化和冷裂等）的影响折合成碳的影响。由于各国和各研究单位所采用的试验方法和钢材的合金体系不同，所以都各自建立了许多碳当量公式。其中以国际焊接学会推荐的 CE（IIW）和日本焊接协会的 Ceq（JIS）应用较为广泛。

$$CE(IIW) = C + Mn/6 + (Cr + Mo + V)/5 + (Ni + Cu)/15 \tag{7-1}$$

$$Ceq(JIS) = C + Mn/6 + Si/24 + Ni/40 + Cr/5 + Mo/4 + V/14 \tag{7-2}$$

以上两式中的元素符号表示该元素在钢中的质量分数。式（7-1）主要适用于中等强度的非调质低合金钢（$R_m = 400 \sim 700\text{MPa}$）；式（7-2）主要适用于强度级别较高的低合金高强度钢（$R_m = 500 \sim 1000\text{MPa}$）及调质与非调质钢，但二式均仅适用于 $w_C > 0.18\%$ 的钢种。对于焊接冷裂纹，可用式（7-1）、式（7-2）作为判据，碳当量值越大，被焊材料的淬硬倾向越大，冷裂纹敏感性也越大。经验指出：碳当量小于 0.4% 时，钢材的焊接性优良，淬硬倾向不明显，焊接时不必预热；碳当量为 0.4% ~ 0.6% 时，钢材的淬硬倾向逐渐明显，需要采取适当预热并需要采取控制线能量等工艺措施；碳当量大于 0.6% 时，淬硬倾向强，属于较难焊接的材料，需要采取较高的预热温度和严格的工艺措施。

由于计算碳当量时没有考虑残余应力、扩散氢含量、焊缝受到的拘束等影响，不能完全代表材料实际的焊接性，故用这种方法来判断钢材的焊接性只能作为近似的估计。

近年来为适应工程上的需要，又建立了一些新的碳当量公式，可查阅有关参考文献及相关网页。

2. 直接试验法

在设定的焊接参数下按规定要求焊接工艺试板，然后通过试验来检测焊接接头对裂纹、气孔、夹渣等缺陷的敏感性，以此来评定焊接性，这种方法称为直接试验法，常用的有斜 Y 形坡口焊接裂纹试验方法、焊接热影响区最高硬度试验方法、插销冷裂纹试验等。

（1）斜 Y 形坡口焊接裂纹试验方法　这一方法广泛应用于评定碳钢和低合金高强度钢焊接热影响区对冷裂纹的敏感性。

试件的形状和尺寸如图 7-2 所示，试件坡口采用机械加工。试验所用焊条原则上与试验钢材相匹配，焊前应严格烘干。

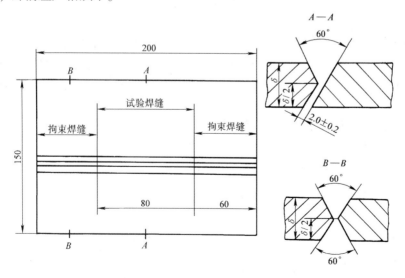

图 7-2　试件的形状和尺寸

拘束焊缝采用双面焊接，注意不要产生角变形和未焊透的情况。试件达到试验温度后，原则上以标准的规范进行试验焊缝的焊接。

试验时按图 7-2 组装试件，先将两端的拘束焊缝焊好，再焊试验焊缝。当采用焊条电弧焊时，试验焊缝按图 7-3 所示方法焊接。当采用焊条自动送进装置焊接时，按图 7-4 所示进行焊接。焊完的试件经在室温放置 24h 后才能进行裂纹的检测和解剖。

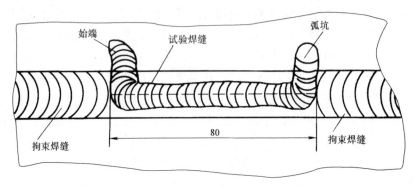

图 7-3 采用焊条电弧焊时，试验焊缝位置

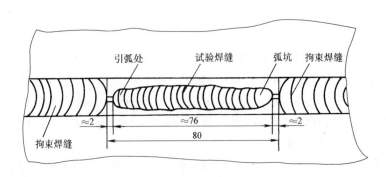

图 7-4 采用焊条自动送进装置焊接试验焊缝位置

检测裂纹及计算方法，根据裂纹产生的位置不同，可分为表面裂纹、根部裂纹和断面裂纹三种形式，表面裂纹可用放大镜观察或用磁力探伤检查，断面裂纹要通过截取断面检查，要求观察五个断面，并分别计算出表面裂纹率、根部裂纹率和断面裂纹率，以裂纹率作为评定标准。

裂纹的长度按图 7-5 进行检测。裂纹长度为曲线形状（图 7-5a），按直线长度检测。裂纹重叠时不必分别计算。

采用下列公式计算裂纹率：

$$表面裂纹率 （\%）_f = \frac{\Sigma l_f}{L} \times 100\% \tag{7-3}$$

$$根部裂纹率 （\%）_r = \frac{\Sigma l_r}{L} \times 100\% \tag{7-4}$$

$$断面裂纹率 （\%） Cs = \frac{h}{H} \times 100\% \tag{7-5}$$

式中　Σl_f——表面裂纹长度之和（mm）；

　　L——试验焊缝长度（mm）；

　　Σl_r——根部裂纹长度之和（mm）；

　　H——试样焊缝的最小厚度（mm）；

　　h——断面裂纹的高度（mm）。

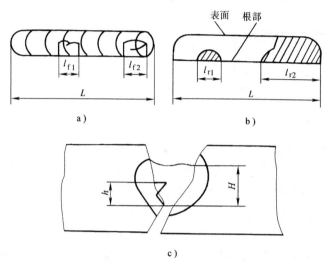

图 7-5　试样裂纹长度计算图

a）表面裂纹　b）根部裂纹　c）断面裂纹

由于斜 Y 形坡口焊接裂纹试验接头的拘束度比实际结构大，根部尖角又有应力集中，所以试验条件比较苛刻。一般认为，在这种试验中若裂纹率不超过 20%，在实际结构焊接时就不致发生裂纹。

如果保持焊接参数不变，而采用不同的预热温度进行试验，则可以测出防止冷裂纹的临界预热温度。另外，也可以将斜 Y 形坡口改为直 Y 形坡口，用来检验焊条的抗裂性能。

这种试验方法的优点是试件易加工，无需特殊装置，试验结果可靠；缺点是试验周期比较长。

（2）焊接热影响区最高硬度试验方法　焊接热影响区最高硬度试验是以热影响区最高硬度来评价钢材冷裂纹倾向的试验方法。该方法适用于低合金钢焊接热影响区由于马氏体转变而引起的裂纹试验，也适用于中碳钢。

试件的形状和尺寸分别见图 7-6 和表 7-1。焊接前采取适当方法去除试件表面水分、铁锈、油污及氧化皮等污物。焊条原则上应适合于所焊的试件，直径为 4mm。焊接时，在试件两端要支承架空，试件下面留有足够的空间。表 7-1 中 1 号试件在室温下、2 号试件在预热温度下进行焊接。如图 7-6 所示，取平焊位置沿试件轧制表面的中心线焊出长（125 ± 10）mm 的焊缝。焊接参数为：焊接电流（170 ± 10）A，焊接速度为（150 ± 10）mm/min。试件焊后在静止的空气中自然冷却，不进行任何热处理。

切取其中间部分的断面，尺寸如图 7-6 所示，加工到能做硬度试验的精度即可。为了不使试样组织发生变化，要求用机械方法切取试样，其硬度试验点至少在 10 点以上，取其算术平均值。

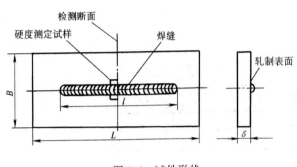

图 7-6 试件形状

表7-1 试件尺寸

试件名称	长 L /mm	宽 B /mm	焊缝长 l /mm
1 号试件	200	75	125 ± 10
2 号试件	200	150	125 ± 10

最高硬度试验的评定标准，最早由国际焊接学会（IIW）提出，当 $HV_{max} \geq 350HV$ 时，即表示钢材的焊接性恶化。这是以不允许热影响区出现马氏体为依据的。近年来大量实践证明，对不同钢种，在不同工艺条件下上述的统一标准是不够科学的。因为，首先焊接性除与钢的成分组织有关外，还受应力状态、含氢量等因素的影响；其次，对低碳低合金钢来说，即使热影响区有一定量的马氏体组织存在，仍然具有较高的韧性及塑性。因此，对不同强度等级和不同含碳量的钢种，应确定出不同的 HV_{max} 许可值。例如：14MnMoV 允许的 HV_{max} 为 420HV，14MnMoNbB 允许的 HV_{max} 为 450HV。

（3）插销冷裂纹试验方法 插销试验是使用专门设备（插销试验机）评定焊接冷裂纹敏感性的一种试验方法。

插销冷裂纹试验采用圆柱形试样。试样由被试钢材加工而成，并插入底板的孔中，使带缺口一端的端面与底板表面平齐。底板上熔敷一焊道，尽量使焊道中心线通过插销端面中心。该焊道的熔深应保证缺口位于热影响区的粗晶区中。焊后在完全冷却以前，给插销施加一拉伸静载荷，如图 7-7 所示。试验既可用启裂也可用断裂作为判断准则。试验所得的结果，可用以评定在选用的试验条件下被试钢材的冷裂纹敏感性，也可做相同条件下的材料焊接性对比。

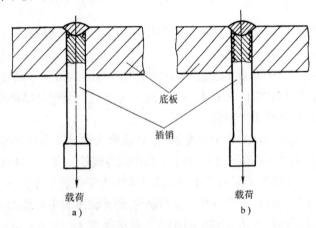

图 7-7 插销试验示意图

a）环形缺口试样 b）螺形缺口试样

插销试验具有以下优点。

1）试件尺寸小，底板与插销材料又不必完全相同，而且底板可重复使用，节约材料。

2）改变焊接热输入及底板厚度，即可得到不同的冷却速度。

3）因插销尺寸小，故可从试验材料的任意方向取样，也可以从焊缝中取样，来研究焊缝金属的裂纹敏感性。

它的主要缺点则是：环形缺口往往不可能整个圆周都恰好处于相同的温度下，这就影响了试验结果的准确性，造成数据分散，再现性不好。

另外，还有十字接头裂纹试验，用来评定母材冷裂纹敏感性；T形接头焊接裂纹试验，用来评定碳素钢T形接头角焊缝裂纹的敏感性；焊接接头缺口冲击试验，用来检测焊接接头不同部位（焊缝、热影响区）的缺口韧性；以及Z向拉伸试验，用来测定钢的层状撕裂倾向等其他焊接性试验方法。

复习思考题

1. 什么是金属的焊接性？工艺焊接性与使用焊接性有什么不同？
2. 简述影响金属焊接性的因素。
3. 常用焊接工艺措施有哪些？
4. 什么是碳当量法？如何利用碳当量法评定金属材料的焊接性？它的适用范围如何？

［实验］ 不同材料的焊接性分析

一、实验目的

1）分析比较低碳钢、Q345钢、18MnMoNb钢的焊接性。

2）掌握斜Y形坡口焊接裂纹试验方法。

二、实验器材

1）弧焊整流器一台。

2）砂轮切片机一台。

3）直流电流表、直流电压表各一块。

4）焊工用具若干套。

5）手持放大镜若干把。

6）量规、钢直尺若干。

7）砂轮机一台。

8）丙酮、酒精、浸蚀剂。

9）低碳钢试件、Q345钢试件、18MnMoNb钢试件各两套。

10）ϕ4mm直径焊条：E4315、E5015、E6015-D$_1$各若干根。

三、实验步骤

采用斜Y形坡口焊接裂纹试验方法在相同的焊接工艺条件下分别测定低碳钢、Q345钢和18MnMoNb钢试验焊缝的表面裂纹率、根部裂纹率和断面裂纹率，并分析比较这三种材料的焊接性。

1）分别将已加工好的低碳钢、Q345 钢、18MnMoNb 钢试件按图 7-2 要求组装，在焊接试验焊缝的部位插入比 2mm 略大的塞片，以保证试件间隙，然后定位焊试件。

2）分别采用 E4315 焊条焊接低碳钢试件、E5015 焊条焊接 Q345 钢试件，E6015-D_1 焊条焊接 18MnMoNb 钢试件两端的拘束焊缝。拘束焊缝采用双面对称焊接，注意不要产生角变形和未焊透。拘束焊缝焊完冷却到室温后拆除塞片。

3）清除试验焊缝坡口及坡口两侧 20mm 范围内的飞溅物、铁锈、氧化皮、油污和水，先用钢丝刷刷净后再用丙酮清洗。

4）分别采用与试件材料相匹配的焊条按规定的焊接参数焊接试验焊缝。焊条电弧焊时必须在坡口外引弧和收弧，如图 7-3 所示。焊前要严格进行焊条烘干。

5）试件焊完在室温放置 48h 后，首先用放大镜检查试件焊缝表面有无裂纹。如有裂纹，可量出裂纹长度并做记录。

6）将每种材料的一块试件采用适当的方法着色后拉断或弯断，用放大镜检查根部裂纹情况并做记录。

7）用砂轮切片机将每种材料的另一块试件的试验焊缝等距离切成四片，对横断面进行研磨磨蚀，用放大镜检查断面裂纹情况并做记录。

8）分别计算每种材料试件的表面裂纹率、根部裂纹率和断面裂纹率。

四、实验报告

1）实验目的。

2）实验环境温度、湿度、试件钢号、化学成分、试件状态、试件厚度及其轧制方向。

3）简述斜 Y 形坡口焊接裂纹试验方法的试验过程。

4）用表格列出各个试件的标号，材料名称，焊接时采用的焊接电源种类和极性，焊条的型号、直径、烘干温度和时间，焊接电流、焊接电压和焊接速度，试件从焊完到开始解剖的时间和解剖方法，并画出表面裂纹、根部裂纹和断面裂纹的示意图，标明裂纹长度。

5）根据试验数据计算各种材料试件的表面裂纹率、根部裂纹率和断面裂纹率。

6）分析比较低碳钢、Q345 钢、18MnMoNb 钢的焊接性。

第八章　常用金属材料的焊接

第一节　碳钢的焊接

非合金钢[○]是指以铁为主要元素，碳的质量分数小于2%并含有少量其他元素的铁碳合金。碳钢具有较好的力学性能和各种工艺性能，而且冶炼工艺比较简单，价格低廉，因而在焊接结构制造中得到了广泛的应用。

碳钢由于分类角度不同而有多种名称。按碳含量可分为低碳钢、中碳钢、高碳钢；按用途常分为结构钢及工具钢。在焊接结构用碳钢中，常采用按碳含量的高低来分类的方法，因为某一含碳量范围内的碳钢其焊接性比较接近，因而焊接工艺的编制原则也基本相同。

碳钢是以铁为基础，以碳为主要合金元素的铁碳合金，碳的质量分数一般不超过1.0%。其他常存元素因含量较低皆不作为合金元素。因此，碳钢的焊接性主要取决于碳含量的高低。随着碳的质量分数的增加，其焊接性逐渐变差，见表8-1。

表8-1　碳钢焊接性与碳的质量分数的关系

名　称	w_C（%）	典型硬度	典　型　用　途	焊　接　性
低碳钢	≤0.15	60HBW	特殊板材和型材薄板、带材、焊丝	优
	0.15～0.25	90HBW	结构用型材、板材和棒材	良
中碳钢	0.25～0.60	25HRC	机器部件和工具	中（通常需要预热和后热，推荐使用低氢焊接方法）
高碳钢	≥0.60	40HRC	弹簧、模具、钢轨	劣（必须采用低氢焊接方法、预热和后热）

一、低碳钢的焊接

1. 低碳钢的焊接特点

低碳钢的碳含量较低（$w_C < 0.25\%$），除 Mn、Si、S、P 等常规元素外，很少含有其他合金元素，因而焊接性良好。其焊接时有以下特点。

1）可装配成各种不同的接头，适应各种不同位置的施焊，且焊接工艺和技术较简单，容易掌握。

2）焊前一般不需预热，只有在环境温度较低或结构刚性过大时，才考虑预热措施。

3）塑性较好，焊接接头产生裂纹的倾向小，适合制造各类大型结构件和受压容器。

4）不需要使用特殊和复杂的设备，对焊接电源没有特殊要求，交直流弧焊机都可以焊接；对焊接材料也无特殊要求，酸性碱性都可。

○ 按最新国家标准规定，对钢按化学成分分为非合金钢、低合金钢和合金钢三类。非合金钢包括的一些内涵比碳素钢更广泛，但此书内容中并未涉及具有特殊性能的专用非合金钢，故仍沿用传统习惯称碳素钢或碳钢。——编辑注

5）低碳钢焊接时，如果焊条直径或工艺参数选择不当，也可能出现热影响区晶粒长大或时效硬化倾向，且焊接温度越高，热影响区在高温停留时间越长，晶粒长大越严重。

2. 低碳钢的焊接工艺

低碳钢几乎可以采用所有的焊接方法进行焊接，并都能保证焊接接头的良好质量，用得最多的是焊条电弧焊、埋弧焊、电渣焊及 CO_2 气体保护焊等。

（1）焊条电弧焊 当焊条牌号、直径确定后，焊接电流、电压以及焊接速度就可依此确定。各焊接参数的选取，主要考虑焊接过程的稳定、焊缝成形良好及在焊缝中不产生缺陷。当母材的厚度较大或周围环境温度较低时，由于焊缝金属及热影响区的冷却速度很快，也有可能出现裂纹，这时需要对焊件进行适当预热。如在寒冷地区室外焊接、温度小于或者等于0℃的情况下均需要预热；在直径大于或等于 $\phi 3000mm$、且壁厚大于或等于50mm 的情况下，以及壁厚大于或等于90mm 的产品的第一层焊道的焊接，焊前都应进行预热。预热温度可视具体情况而定，一般为80~150℃。

焊接受压件，当壁厚大于或等于20mm 时，应考虑采取焊后热处理或相应的消除应力措施；壁厚大于30mm 时，必须进行焊后热处理，温度为600~650℃；壁厚大于200mm 时，待焊至工件厚度的1/2 时，应进行一次中间热处理后，再继续焊接。中间热处理温度为550~600℃，焊后热处理温度为600~650℃。

（2）埋弧焊 低碳钢埋弧焊接头的等强度，主要靠选择相应的焊丝和焊剂来获得。焊丝和焊剂的选择见表8-2。

表8-2　常用低碳钢焊接焊丝和焊剂的选择

钢材牌号	焊条电弧焊		埋弧焊	CO_2 气体保护焊	电渣焊
	一般结构（包括厚度不大的低压容器）	受动载荷，厚板，中、高压及低温容器			
Q215 Q235	E4313、E4303、E4301、E4320、E4311	E4316、E4315 （或 E5016、E5015）	H08A H08MnA HJ431 HJ430	ER49-1 ER50-6	H10MnSi H10Mn2 HJ360
Q275	E5016、E5015	E5016、E5015	H08MnA HJ431 HJ430	ER49-1 ER50-6	H10MnSi H10Mn2 HJ360
08、10、15、20	E4303、E4301、E4320、E4310	E4316、E4315 （或 E5016、E5015）	H08A H08MnA HJ431 HJ430	ER49-1 ER50-6	H10MnSi H10Mn2 HJ360
Q245R（20R、20g）、25	E4303、E4301	E4316、E4315 （或 E5016、E5015）	H10Mn2 H08MnA HJ431 HJ430	ER49-1 ER50-6	H10MnSi H10Mn2 HJ360

与焊条电弧焊相比，埋弧焊可以采用较大的热输入，生产率较高，熔池也较大。在生产中，采用埋弧焊焊接较厚工件时，可以用一道或多道焊来完成。多层埋弧焊焊第一道焊缝时，母材的熔入比例大，当母材的含碳量较高时，焊缝金属的含碳量就略有升高，同时，第一道的埋弧焊容易形成不利的焊缝断面（如所谓的 O 形截面），易产生热裂纹。因此采用多层埋弧焊焊接厚板时，要求在坡口根部焊第一道焊缝时采用的热输入要小些。如采用焊条电弧焊打底的埋弧焊，上述情况基本可以避免。

（3）电渣焊　大厚度工件的焊接可采用电渣焊。低碳钢的电渣焊等强度一般借助于采用低合金钢焊丝来获得，见表 8-2。

由于电渣焊本身的特点决定了焊接熔池体积大，焊缝金属冷却速度慢，焊缝金属的组织比较粗大，热影响区组织有过热现象，所以显著地降低了焊缝及热影响区的强度和韧性。为了使焊接接头的性能满足产品的使用要求，一般焊后接头需进行正火 + 回火热处理。

（4）CO_2 气体保护焊　低碳钢采用 CO_2 气体保护焊，为使焊缝金属具有足够的力学性能和良好的抗裂纹及气孔的能力，采用含 Mn 和含 Si 焊丝，如 H08Mn2Si、H08MnSiA 等。除选择适当的焊丝外，起保护作用的 CO_2 气体质量也很重要。若 CO_2 气体中 N 和 H 的含量过高，焊接时即使焊缝被保护得很好，Mn 和 Si 的数量也足够，还是有可能在焊缝中出现气孔。进行 CO_2 气体保护焊时，为使电弧燃烧稳定，要求采用较高的电流密度，但电弧电压不能过高，否则焊缝金属的力学性能会降低，焊接时会出现飞溅及电弧燃烧不稳定等情况。

3. 低碳钢典型零件的焊接

油田输油管线材质为 20 钢，其外径为 $\phi60mm$、壁厚 3.5mm，采用手工钨极氩弧焊打底，焊条电弧焊盖面进行施焊。

（1）坡口形式及加工方法　坡口为 Y 形，坡口角度为 60° ± 5°，钝边 1 ~ 1.5mm，间隙 1.5mm，如图 8-1 所示。坡口用机械加工或砂轮机打磨均可，要求光滑、平整。坡口两侧 20mm 范围内要清除铁锈、油污及水分，且露出金属光泽。

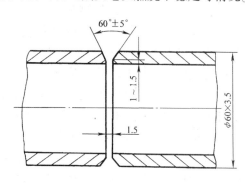

图 8-1　油田输油管线

（2）焊接材料及电源的选择　焊条可用 E5015（J507）或 E5016（J506）碱性低氢型焊条，直径为 $\phi3.2mm$。焊丝选用 ER49-1（H08Mn2SiA），直径为 $\phi2.0mm$。焊接电源选择弧焊整流器。

（3）焊接参数　见表 8-3。

表 8-3　焊 接 参 数

焊接方法	焊接层数	焊接材料		电源种类及极性	焊接电流 /A	电弧电压 /V	焊接速度 /cm·min⁻¹
		型号	规格 ϕ /mm				
手工钨极氩弧焊	1	ER49-1（H08Mn2SiA）	2.0	直流正接	100 ~ 110	10 ~ 12	12 ~ 16
焊条电弧焊	2	E5015	3.2	直流反接	80 ~ 100	22 ~ 26	10 ~ 12

（4）焊接检验　焊缝表面不允许有气孔、裂纹、夹渣等缺陷。外观尺寸要求按表8-4规定。检测质量标准按 GB/T 3323—2005《金属熔化焊焊接接头射线照相》达到Ⅱ级为合格。

表8-4　焊缝外观尺寸要求　　　　　　　　　　　　　（单位：mm）

焊缝余高	焊缝宽度	错边量	咬边深度	变形角度
0～1.5	此坡口每侧增宽0.5～2.5	0～1.0	≤0.5	≤3°

二、中碳钢的焊接

1. 中碳钢的焊接特点

中碳钢的碳的质量分数只比低碳钢提高 0.2%～0.3%，但是这点变化却引起了焊接性的严重恶化。同时在物理性能方面，中碳钢比低碳钢线胀系数略高，热导率稍低，这也就增加了中碳钢焊接的热应力和过热倾向。

由于含碳量的提高，中碳钢的强度增加，但保护碳免于烧损的难度加大。碳（C）和 FeO 发生还原反应：

$$C + FeO \rightarrow Fe + CO \uparrow$$

生成的 CO 可能促使气孔的产生。

当钢中的 w_C 大于 0.15% 时，碳本身的偏析以及它促进硫（S）等其他元素的偏析都明显起来，这会导致钢的热裂纹倾向增大。为了避免低熔点硫化物形成膜状分布，必须增大 Mn 含量，这会使中碳钢中的 Mn 含量超过正常值，从而在冶金上产生一定困难，故用于焊接的中碳钢需要严格限制 S、P 含量。

碳使钢的焊接性变坏的主要原因是它提高了钢的淬硬性，无论是焊缝区淬火还是热影响区淬火，尤其是过热区淬火，中碳钢的马氏体由于有较大的脆性，在焊接应力和扩散氢的作用下都容易发生冷裂纹和脆断。

中碳钢的塑性与原始组织状态有关，除淬火状态外，尚有足够的塑性，故在力学性能方面不会带来焊接困难。但有一点要注意，钢焊接时已是调质状态，则近缝区中凡超过调质处理中回火加热温度的区域，强度都有下降的可能（若未因焊接热过程而淬火的话），当对焊接接头强度有严格要求时这是不允许的。这时，只有焊后重新调质才能保证强度不下降。

总之，中碳钢的焊接性较差，且随钢中碳的质量分数的增加，焊接性会变差。其主要的焊接缺陷是热裂纹、冷裂纹、气孔和接头脆性，有时热影响区中的强度还会下降。当钢中的杂质较多，焊件刚性较大时，焊接问题会更加突出。

2. 中碳钢的焊接工艺

（1）焊接方法　进行中碳钢焊件焊接时，焊条电弧焊是最恰当的焊接方法，应采用相应强度级别的碱性低氢型焊条。

（2）坡口制备　进行中碳钢焊接时，为了限制焊缝中的含碳量、减少熔合比，一般开成带钝边的 U 形或 V 形坡口，并将坡口两侧油、锈等污物清除干净。

（3）预热　大多数情况下，中碳钢焊接需要预热和控制层间温度，以降低焊缝和热影响区冷却速度，防止产生马氏体。预热温度取决于碳当量、母材厚度、结构刚度、焊条类型和工艺方法等。通常 35 钢、45 钢预热温度可达 150～250℃，碳含量更高，或厚度大，或刚性大，则预热温度可达 250～400℃。

（4）焊接电源 一般选用直流弧焊电源，反接，这样可以使熔深减少，起到降低裂纹倾向和气孔敏感性的作用。

（5）焊后热处理 焊后尽量立即进行消除应力热处理，特别对于厚度大或刚性大的工件。消除应力回火温度一般为600~800℃。

如果焊后不能立即进行消除应力热处理，也要进行后热，即采取保温、缓冷措施（放在石棉灰中或炉中缓冷），使扩散氢逸出，以减少裂纹的产生。

（6）焊后处理 焊后可锤击焊缝，以减少焊接残余应力，细化晶粒。

3. 中碳钢典型零件焊接

（1）法兰长轴 材料为35钢，主要尺寸如图8-2所示。采用焊条电弧焊焊接，焊条选用E5015（J507）碱性低氢型焊条，焊前烘干300~350℃，保温1h，出炉后在保温筒中保存。

焊件预热150~200℃，焊前仔细清理焊口，定位焊缝4~5段，每段长50mm。焊件水平放置，焊缝处于立焊位置。圆周焊缝分成6段或4段，分段跳焊以减小焊接应力和变形，第一道焊缝焊速稍慢，焊肉稍厚，灭弧注意填满弧坑。

（2）机车用万向轴 材料为40Cr，结构如图8-3所示。要求材料（包括焊缝）强度达到850MPa，热处理安排有两种方案：一是先将三段毛坯（半成品）调质（840~860℃油淬，600~620℃回火2h），然后焊接，焊后550~600℃退火消除应力；二是焊完后整体调质，焊前毛坯正火。后一种处理在进行整体调质的技术上难度较大，但焊接接头质量容易得到保证，尤其是冲击韧度值由5.6kJ/cm² 提高到100kJ/cm²。

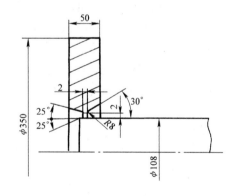 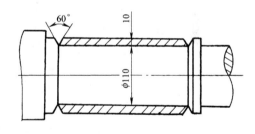

图8-2 焊接法兰长轴　　　　　　　　图8-3 焊接万向轴

采用焊条电弧焊，焊条为E8515（J857）低氢钠型。焊前烘干，焊件预热300℃，焊完后立即用石棉灰保温缓冷。焊后接头强度经退火消除应力后仍可达910~930MPa。

接头处曾因采用过盈组对而发生弧坑裂纹，这是因为过盈组对使接头刚度大，焊缝横向收缩严重受阻所致，改成有间隙组对后避免了此种裂纹。

三、高碳钢的焊接

高碳钢由于碳含量更高，因此焊接性也更差，多为焊补和堆焊，焊接方法一般采用焊条电弧焊和气焊。对于结构件，尤其是承受动载荷的结构，一般不采用高碳钢作为结构材料。

1. 高碳钢的焊接特点

1）高碳钢比中碳钢焊接时产生热裂纹的倾向更大。

2）高碳钢对淬火更加敏感，所以近缝区极易形成马氏体淬硬组织，如工艺措施不当，则在近缝区会产生冷裂纹。

3）高碳钢焊接时由于受焊接高温的影响，晶粒长大快，碳化物容易在晶界上积聚、长大，焊缝脆弱，使焊接接头强度降低。

4）高碳钢导热性比低碳钢差，因此在熔池急剧冷却时会在焊缝中引起很大的内应力，这种内应力很容易导致形成裂纹。

2. 高碳钢的焊接工艺

（1）高碳钢的焊条电弧焊工艺

1）高碳钢焊接时，一般不要求接头与基本金属等强度，通常选用低氢型焊条。若接头强度要求低时，可选用 E5016（J506）、E5015（J507）焊条；接头强度要求高时，可选用含碳量低于高碳钢的低合金高强度钢焊条，如 E6015（J607）、E7015（J707）等。当不能进行焊前预热和焊后回火时，也可选用 E3019-16（A302）、E309-15（A307）等不锈钢焊条。

2）焊前要严格清理待焊处的铁锈和油污，焊件厚度大于10mm时，焊前应预热至200～300℃，一般直流反接，焊接电流应比焊低碳钢小10%左右。

3）在焊接前应对焊条进行400～450℃烘干（1～2h），以除去药皮中的潮气及结晶水，并在100℃下保温，随用随取，以便减小焊缝金属中氧和氢的含量，防止裂纹和气孔的产生。

4）焊件厚度在5mm以下时，可不开坡口，直接从两边焊接，焊条应做直线往返摆动。

5）为了降低熔合比，以减少焊缝中的碳含量，高碳钢最好开坡口多层焊接。对 U 形和双 Y 形坡口多层焊时，第一层应采用小直径焊条，压低电弧沿坡口根部焊接，焊条仅做直线运动。以后各层焊接应根据焊缝宽度，采用环形运条法，每层焊缝应保持 3～4mm 的厚度。对双 Y 形坡口应两边交替施焊，焊接时要降低焊接速度以使熔池缓冷，在最后一道焊缝上要加盖"退火"焊道，以防止基本金属表面产生硬化层。

6）定位焊时应采用小直径焊条焊透。由于高碳钢裂纹倾向大，定位焊缝应比焊接低碳钢时长些，定位焊点的间距也应适当缩短。焊接时不允许在基本金属的表面引弧。收弧时，必须将弧坑填满，熔敷金属可以高出正常焊缝，以减少收弧处的气孔和裂纹。焊件焊后应进行 600～650℃的回火处理，以消除应力、固定组织、防止裂纹、改善性能。

（2）高碳钢的气焊工艺 高碳钢气焊前应对焊件进行预热，焊后整体退火以消除焊接应力，然后再根据需要进行其他热处理；也可焊后进行高温回火（700～800℃），以消除应力，防止裂纹产生并改善焊缝组织。气焊时采用低碳钢焊丝或与母材成分相近的焊丝，火焰采用碳化焰。焊前彻底清除焊接区表面的污物，焊接时要制备与焊件材质相同、等厚的引出板。

第二节　合金结构钢的焊接

用于制造工程结构和机器零件的钢统称为结构钢。合金结构钢是在非合金钢的基础上加入一种或几种合金元素，从而获得高强度或其他特殊性能，并保证必要塑性和韧性的钢。本节主要介绍焊接结构常用合金结构钢中的高强度钢（热轧及正火钢、低碳调质钢、中碳调质钢）的焊接性和焊接工艺。

一、概述

在研究焊接结构用合金结构钢的焊接性和焊接工艺时，在综合考虑化学成分、力学性能及用途等因素的基础上，将合金结构钢分为高强度钢（GB/T 13304—2008 规定，屈服强度≥295MPa、抗拉强度≥390MPa 的钢均称为高强度钢）和专业用钢两大类。这种分类方法的优点是，同一类钢使用条件基本相同，主要质量要求一致，为保证焊接质量所依据的原则（如选用焊接材料的原则、确定焊接参数的原则等）有较多的共同之处，因而为编制焊接工艺带来了很大方便。

1. 高强度钢

高强度钢的种类很多，强度差别也很大。在讨论焊接性时，按照钢材供货的热处理状态将其分为热轧及正火钢、低碳调质钢和中碳调质钢三类。采用这样的分类方法，是因为钢的供货热处理状态是由其合金系、强化方式、显微组织所决定的，而这些因素又直接影响钢的焊接性与力学性能，所以同一类的钢，其焊接性是比较接近的。

（1）热轧及正火钢　以热轧或正火状态供货和使用的钢称为热轧及正火钢。这类钢屈服强度为 295 ~ 490MPa，主要包括 GB/T 1591—2008《低合金高强度结构钢》中的 Q345 ~ Q460 钢。这类钢通过合金元素的固溶强化和沉淀强化提高强度，属于非热处理强化钢。它的冶炼工艺比较简单，价格低廉，综合力学性能良好，具有优良的焊接性，因而得到了广泛应用，特别是在焊接结构制造中，是应用最广泛的一类钢种，同时其品种和质量也是发展最快的一类钢。典型热轧及正火钢的力学性能见表8-5。

表8-5　典型热轧及正火钢的力学性能

牌　号	热处理状态	力　学　性　能			
		R_{eL}/MPa	R_m/MPa	A（%）	a_{KV}/J·cm^{-2}
Q345	热轧	≥345	470 ~ 630	≥21	34
Q390	热轧	≥390	490 ~ 650	≥19	34
Q420	正火	≥420	520 ~ 680	≥18	34
Q460	正火	≥460	550 ~ 700	≥16	34
18MnMoNb	正火 + 回火	≥490	≥637	≥16	U 型≥69
13MnNiMoNb	正火 + 回火	≥392	569 ~ 735	≥18	39

（2）低碳调质钢　这类钢在调质状态下供货和使用，属于热处理强化钢。它的屈服强度为 441 ~ 980MPa，具有较高的强度、优良的塑性和韧性，可直接在调质状态下焊接，焊后不须再进行调质处理。在焊接结构制造中，低碳调质钢越来越受到重视，是具有广阔发展前景的一类钢。

低碳调质钢中合金元素的主要作用是提高钢的淬透性和钢的耐回火性，还使马氏体转变温度降低得最少，以减少淬火裂纹和焊接裂纹。通过调质处理得到低碳马氏体或贝氏体，不但提高了强度，而且保证了塑性和韧性。对同一强度级别的钢来说，调质钢比正火钢的合金元素含量低，从而具有更好的韧性和焊接性。低碳调质钢的缺点是生产工艺复杂，成本高，进行热加工时对工艺参数限制比较严格。典型低碳调质钢的力学性能见表 8-6。

表 8-6　典型低碳调质钢的力学性能

牌　号	板材厚度/mm	R_{eL}/MPa	R_m/MPa	A（%）	a_{KU}/J·cm^{-2}
14MnMoVN	36	598	701	20	20℃，77 −40℃，56
14MnMoNbB	≤50	≥686	≥755	≥14	−40℃，≥39

（3）中碳调质钢　这类钢属于热处理强化钢，其碳含量较高（$w_C > 0.3\%$），屈服强度为 880 ~ 1170MPa，与低碳调质钢相比，合金系统比较简单。碳含量高可有效地提高调质处理后的强度，但塑性、韧性相应下降，而且焊接性也较差，一般需要在退火状态下进行焊接，焊后要进行调质处理。这类钢主要用于制造大型机器上的零件和要求强度高而自重小的构件。典型中碳调质钢的力学性能见表 8-7。

表 8-7　典型中碳调质钢的力学性能

牌　号	热处理规范	屈服强度/MPa	R_m/MPa	A（%）	Z（%）	a_K/J·cm^{-2}	硬度（HBW）
30CrMnSiA	870 ~ 890℃油淬 510 ~ 550℃回火	≥833	≥1078	≥10	≥40	≥49	346 ~ 363
	870 ~ 890℃油淬 200 ~ 260℃回火	—	≥1568	≥5	—	≥25	≥444
30CrMnSiNi2A	890 ~ 910℃油淬 200 ~ 300℃回火	≥1372	≥1568	≥9	≥45	≥59	≥444
40CrMnSiMoVA	890 ~ 970℃油淬 250 ~ 270℃回火	—	≥1862	≥8	≥35	≥49	HRC≥52
35CrMoA	860 ~ 880℃油淬 560 ~ 580℃回火	≥490	≥657	≥15	≥35	≥49	197 ~ 241
35CrMoVA	880 ~ 900℃油淬 640 ~ 660℃回火	≥686	≥814	≥13	≥35	≥39	255 ~ 302
34CrNi3MoA	850 ~ 870℃油淬 580 ~ 650℃回火	≥833	≥931	≥12	≥35	≥39	285 ~ 341
40CrNiMoA	840 ~ 860℃油淬 550 ~ 650℃水或空冷	≥833	≥980	12	50	79	—

2. 专业用钢

把满足某些特殊工作条件的钢总称为专业用钢。按用途不同，其分类品种很多，常用于焊接结构制造的有以下几种。

（1）珠光体耐热钢　这类钢主要用于制造工作温度在 500 ~ 600℃范围内的设备，具有一定的高温强度和抗氧化能力，焊后一般不需要进行调质处理，主要进行高温回火处理。

（2）低温用钢　用于制造在 −20 ~ −196℃的低温下工作的设备，主要特点是韧脆转变温度低，具有好的低温韧性。目前应用最多的是一些含镍的低碳低合金钢，一般在正火或调质状态下使用。

（3）低合金耐蚀钢　主要用于制造在大气、海水、石油、化工产品等腐蚀介质中工作的各种设备，除要求钢材具有合格的力学性能外，还要对相应的介质有耐蚀能力。耐蚀钢的合金系统随工作介质不同而异。

本书主要介绍高强度钢的焊接性和焊接工艺特点，专业用钢由于受篇幅所限，这里不做介绍。

二、合金结构钢的焊接性

分析焊接性，就是找出钢材在焊接中可能出现的问题，并采取针对性措施，避免焊接缺陷，保证接头的质量。合金结构钢品种很多，随着强度等级的提高，钢中合金元素的品种和数量均有所增加，有些钢中还含有较多的碳，这些均对钢的焊接性或多或少带来不利的影响。

1. 合金元素对合金结构钢焊接性的影响

钢材焊接性受许多因素的影响，如碳含量、淬火倾向、耐回火性等，这些性能都取决于钢材的化学成分。这就需要了解合金结构钢中常用合金元素对焊接性的影响。

（1）碳　碳是保证钢材强度的必不可少的元素，但也是降低钢材焊接性的元素。钢中碳含量增加，焊缝中的结晶裂纹和焊接接头的冷裂纹倾向都要增大。因此，从保证焊接性出发，希望降低钢中的碳含量，一般将 w_C 控制在 $0.05\% \sim 0.16\%$。含合金元素多的钢，w_C 限制在 0.10% 左右。

（2）硅　硅的固溶强化作用很强，因此可以有效地提高钢的强度；但其含量超过一定的范围会使钢韧性恶化。硅是良好的脱氧剂并可以防止 CO 气孔，因此焊缝中应含有一定量的硅。但残存的脱氧产物很容易形成低熔点的硅酸盐夹渣。低熔点的硅酸盐除可能导致结晶裂纹外，还会增加熔渣和熔化金属的黏度，引起严重的飞溅，影响焊接质量。一般钢中的 w_{Si} 控制在 $0.40\% \sim 0.70\%$ 范围内。

（3）锰　锰可以提高钢的强度和淬透性。钢中 $w_{Mn} < 2.0\%$ 时，由于可以改善组织和细化珠光体晶粒，故可降低韧脆转变温度。锰可以脱氧和脱硫，从而增加焊缝金属的力学性能，降低焊缝金属的结晶裂纹敏感性。$w_{Mn} < 1\%$ 时，对焊接性无不利影响；若 $w_{Mn} > 1\%$，由于增大了钢的淬透性和晶粒长大倾向，对焊接性不利。

（4）铬　铬能提高淬透性、耐热性和耐蚀性。但是由于铬可强烈增加淬透性，并提高韧脆转变温度，因而对焊接性不利。

（5）钼　钼是提高热强性的元素，能提高热影响区的淬硬倾向，使裂纹敏感性增大。一般认为，$w_{Mo} = 0.25\% \sim 0.50\%$ 时，既可以强化金属又能改善韧性；$w_{Mo} > 0.50\%$，韧性开始恶化。为了防止脆化，一般低合金结构钢焊缝中 w_{Mo} 不超过 0.65%。

（6）镍　对一般非热处理强化的低合金钢，加入镍可以提高强度而又不降低塑性和韧性，从避免产生硬脆组织的角度考虑，镍对焊接性有利。

（7）钒　钒能细化焊缝金属的铸态组织，防止热影响区的晶粒过分长大。同时，由于钒在钢中形成极稳定的碳化物和氮化物，固定了钢中部分的碳和氮，减小了钢的淬透性和时效敏感性，可以防止在焊接接头中形成马氏体或其他硬脆组织，因此钒能改善低合金结构钢的焊接性。

（8）钛 钛是强脱氧剂、脱氮剂，能细化晶粒。少量的钛可以提高金属的韧性；钛过多则使韧性恶化。焊缝中的最佳钛含量因焊接方法不同而异。当钛含量适宜时，由于有细化晶粒和固定碳、氮的作用，可改善钢的焊接性。

（9）铌 一般认为铌能细化晶粒，少量的铌可以提高某些钢的屈服强度。但在大多数情况下，铌会降低冲击韧度。一般在焊接含铌钢时，要求在焊接材料中不含铌，靠母材向焊缝中过渡。当母材中 w_{Nb} 超过 0.05% 时，为了防止焊缝中因铌过多而脆化，一般需要在焊缝中加入适量的锰和少量的钛、钼等。

前面对钢中常用元素对焊接性的影响做了初步的分析，但几种元素共存时，情况要复杂得多。下面对焊接低合金结构钢时一些常见的问题加以介绍。

2. 低合金结构钢的焊接性

低合金高强度结构钢由于碳的质量分数（≤0.2%）及合金元素含量均较低，因此其焊接性总体较好。但由于这类钢中含有一定量的合金元素及微合金化元素，随着强度级别的提高，板厚增加，焊接性将变差。

（1）焊接裂纹 低合金高强度结构钢焊接时容易产生的裂纹是冷裂纹。随着钢材强度等级的提高，淬硬倾向增加，冷裂纹的倾向也增大。又因厚板的刚度大，焊接接头的残余应力也大。因此，冷裂纹主要发生在强度级别较高的厚板结构中。

（2）焊接热影响区脆化 低合金高强度结构钢焊接时，热影响区中被加热到1100℃以上的粗晶区是焊接接头的薄弱区，热影响区粗晶脆化主要与焊接热输入有关。对于热轧钢，焊接热输入较大时，粗晶区将因晶粒长大或出现魏氏组织等而降低韧性；焊接热输入较小时，会由于粗晶区组织中马氏体比例的增大而降低韧性。

对于正火钢，受热输入影响更大。采用过大的热输入时，粗晶区在正火状态下弥散分布的 TiC、VC 和 VN 等溶入奥氏体中，将失去抑制奥氏体晶粒长大及削弱组织细化作用，粗晶区将出现粗大组织而使韧性显著降低。

三、合金结构钢的焊接工艺

焊接工艺的内容，包括焊接方法与焊接材料的选用、焊前准备、焊接参数的确定及焊后处理等。编制焊接工艺时，必须综合考虑母材的焊接性、产品的结构特点、技术要求等多方面的因素。对一定的产品而言，合理的焊接工艺对保证产品的质量、提高生产率、降低成本，有着决定性的作用。

1. 焊接材料的选择

选择焊接材料最重要的原则就是确保焊缝金属的力学性能，使之满足产品的技术要求，从而保证产品的正常使用。

热轧及正火钢主要用于制造受力结构，要求焊接接头具有足够的强度，适当的屈强比，足够的韧性和较低的时效敏感性。因此，选择焊接材料时，必须要使焊缝金属的强度、塑性和韧性等力学性能指标不低于母材。焊接热轧及正火钢常用焊接材料选用示例见表8-8。

低碳调质钢焊接时，焊接材料的选用原则依母材热处理状态的不同而异。母材在调质状态下进行焊接时，选用的焊接材料应保证焊缝金属与调质状态的母材具有相同的力学性能。当接头拘束度很大时，为了防止冷裂纹，可选用强度略低于母材的焊接材料。典型低碳调质钢焊接材料选用示例见表8-9。

表 8-8 热轧及正火钢常用焊接材料选用示例

钢 号			焊条电弧焊条牌号	埋弧焊		电渣焊		CO₂ 气体保护焊焊丝
GB/T 1591—2008	GB/T 1591—1994	旧牌号（GB 1591—1988）		焊丝	焊剂	焊丝	焊剂	
取消	Q295	09Mn2 09Mn2Si 09MnV	J422 J423 J426 J427	H08A H08MnA	HJ431			H10MnSi H08Mn2Si
Q345	Q345	16Mn 14MnNb	J502 J503 J506 J507	不开坡口对接：H08 中板开坡口对接：H08MnA H10Mn2 H10MnSi	HJ431 HJ350	H08MnMoA	HJ431 HJ360	H08Mn2Si
Q390	Q390	15MnV 15MnTi 16MnNb	J502 J503 J506 J507 J556	不开坡口对接：H08MnA 中板开坡口对接：H10Mn2 H08MnSi H08Mn2Si	HJ431 HJ431 HJ350 HJ250	H08Mn2MoA	HJ431 HJ360	H08Mn2Si
Q420	Q420	15MnVN 15MnVTi	J556 J557 J606 J607	H08MnMoA H04MnVTiA	HJ431 HJ350	H10Mn2MoA	HJ431 HJ360	
Q460	Q460		J606 J607 J706 J707	H08Mn2MoA H08Mn2MoVA	HJ250 HJ350	H10Mn2MoA H10Mn2MoV	HJ431 HJ360 HJ350 HJ250	

表 8-9 典型低碳调质钢焊接材料选用示例

钢 号	焊条电弧焊	埋 弧 焊	气体保护焊	电 渣 焊
14MnMoVN	J707 J857	H08Mn2MoA H08Mn2NiMoVA HJ350 焊剂 H08Mn2NiMoA HJ250 焊剂	H08Mn2Si H08Mn2Mo	H10Mn2NiMoA HJ360 焊剂 H10Mn2NiMoVA HJ431 焊剂
14MnMoNbB	H14（Mn—Mo） J857	H08Mn2MoA H08Mn2Ni2CrMoA HJ350 焊剂		H10Mn2MoA H10Mn2NiMoVA H08Mn2Ni2CrMoA HJ360，HJ431 焊剂

中碳调质钢焊接时，为了保证焊缝与母材在相同的热处理条件下获得相同的性能，焊接材料应保证熔敷金属的成分与母材基本一致。同时，为了防止焊缝产生裂纹，还应对钢中的杂质及促使金属脆化的元素的含量进行严格限制。中碳调质钢焊接材料选用示例见表8-10。

表8-10　中碳调质钢焊接材料选用示例

钢　号	焊条电弧焊	气体保护焊		埋弧焊		备　注
		CO_2 焊焊丝	氩弧焊焊丝	焊丝	焊剂	
30CrMnSiA	E8515—G E10015—G HT-1（H08A 焊芯） HT-1（H08CrMoA 焊芯） HT-3（H08A 焊芯） HT-3（H18CrMoA 焊芯） HT-4（HGH41 焊芯） HT-4（HGH30 焊芯）	H08Mn2SiMoA H08Mn2SiA	H18CrMoA	H20CrMoA H18CrMoA	HJ431 HJ431 HJ260	HT 型焊条为航空用牌号，HT-4（HGH41）和 HT-4（HGH30）为用于调质状态下焊接的镍基合金焊条
30CrMnSiNi2A	HT-3（H18CrMoA 焊芯） HT-4（HGH41 焊芯） HT-4（HGH30 焊芯）		H18CrMoA	H18CrMoA	HJ350-1 HJ260	HJ350-1 为80% ~82% 的 HJ350 与18% ~20% 粘结焊剂1号的混合物
40CrMnSiMoVA	J107-Cr HT-3（H18CrMoA 焊芯） HT-2（H18CrMoA 焊芯）					
35CrMoA	J107-Cr		H20CrMoA	H20CrMoA	260	
35CrMoVA	E5515-B2-VNb E8515-G, J107-Cr		H20CrMoA			
34CrNi3MoA	E8515-G E11MoVNb-15		H20Cr3MoNiA			

2. 焊接方法选择

目前用于低合金钢的焊接方法可分成两类。一类是焊接热输入大的焊接法，如单丝和多丝埋弧焊以及电渣焊等。这种方法往往会引起焊缝金属和热影响区的晶粒粗大，加之在较低的冷却速度下所发生的其他冶金变化，可能对接头的韧性产生不利影响，具有再热裂纹倾向的合金钢，其热影响区组织对消除应力裂纹的敏感性增加。另一类是焊接热输入较小的焊接方法，如焊条电弧焊、钨极氩弧焊、熔化极气体保护焊以及窄间隙埋弧焊等。采用这种方法时，焊缝截面大大减小，可显著缩短焊接周期，节约大量的焊接材料，保证焊接接头具有优良的性能；其不利的一面是对焊接设备和操作技能提出了较高的要求。

热轧及正火钢可以用各种焊接方法进行焊接，一般焊接方法对产品质量无显著影响。

低碳调质钢在调质状态下焊接，为了使回火区的软化降到最低程度，应采用比较集中的热源。屈服强度小于 980MPa 的钢，可用焊条电弧焊、埋弧焊、钨极或熔化极气体保护焊；屈服强度大于 980MPa 钢，必须用钨极氩弧焊或电子束焊。

中碳调质钢在焊接方法选择上，由于不强调热输入对接头性能的影响，所以一般的焊接方法都可以采用。

3. 焊前准备

（1）接头形式及坡口制备　接头形式和坡口的几何形状、尺寸、制备方法，会直接影响合金结构钢接头的质量和生产成本。在设计坡口时，首先应避免采用易未焊透的坡口形式，因为焊缝根部缺口往往是各种裂纹的起源区。其次是尽量减少焊缝的横截面积，以降低接头的残余应力，同时也可以减少焊接材料的消耗量，提高生产率。

采用同一焊接材料焊同一钢种时，如果坡口形式和接头形式不同，焊缝金属力学性能也会有所差异。如 16Mn 埋弧焊不开坡口对接，熔合比大，从母材熔入焊缝金属中的合金元素增多，采用合金成分较低的 H08A 焊丝配合 HJ431 焊剂，即可满足焊缝力学性能要求；但对于厚板开坡口对接接头，仍用 H08A 与 HJ431 组合，则会因熔合比小而使焊缝合金元素减少或强度偏低，此时采用合金成分较高的 H08MnA、H10Mn2 焊丝与 HJ431 焊剂组合为宜。

从表 8-11 可知，由于角焊缝的冷却速度比对接时要大，所以采用同样焊接材料进行焊接时，角焊缝的强度比对接缝高，而塑性低于对接缝。因此 16Mn 钢角接时，应采用合金成分较低的 H08A 焊丝与 HJ431 焊剂组合，以获得综合力学性能较好的焊缝；如选用合金成分偏高的 H08MnA 或 H10Mn2 焊丝，则该角焊缝的塑性偏低。所以，应根据因坡口形式和接头形式而改变的熔合比和冷却速度的变化来选择相应的焊接材料，才能获得综合力学性能优良的焊缝与接头。

表 8-11　16Mn 钢埋弧焊接头形式与焊缝性能的关系（采用 HJ431 焊剂）

焊丝	接头形式	焊缝化学成分（质量分数，%）					焊缝力学性能			
		C	Si	Mn	S	P	R_m/MPa	R_{eL}/MPa	A(%)	Ψ(%)
H08A		0.11	0.49	1.3	0.016	0.021	523	495	32.6	67.4
H08MnA	$t = 12$mm	0.14	0.46	1.5	0.019	0.023	565	392	30.7	67
H10Mn2		0.11	0.53	1.7	0.014	0.016	579	551	25.8	68.4
H08A	20	0.12	0.45	1.38	0.02	0.021	594	550	22.9	58.6
H08MnA	24	0.13	0.43	1.55	0.022	0.022	698	525	20.4	47
H10Mn2		0.13	0.48	1.69	0.022	0.017	692	535	18.3	51.3
16Mn 母材	$t \leqslant 16$mm	—	—	—	—	—	510	353	≥21	—
	$t = 17 \sim 25$mm	—	—	—	—	—	≥510	≥353	≥21	—

合金结构钢开坡口时，可采用火焰切割、等离子弧切割和机械加工等方法。为了防止产生切割裂纹，屈服强度超过500MPa或合金总的质量分数大于3%的低合金结构钢，当板厚 $t > 50mm$ 时，切割前应将钢板切割区预热到100℃以上；切割后采用磁粉探伤对切割表面进行表面裂纹检查。低合金结构钢接头坡口背面采用碳弧气刨清根时，气刨前应对工件进行预热。

（2）焊接区的清理　合金结构钢接头焊接区的清理是建立低氢环境的主要环节之一。钢材的淬硬倾向越大，对焊接区清理的要求越高。焊缝边缘和坡口表面不应有氧化皮、锈斑、油脂及其他污染物。焊前还必须清除焊接区钢板表面的吸附水分，特别是在相对湿度较高的环境下焊接时，更应注意这一点。

如果焊件表面未经喷丸、喷砂等预处理，则在焊缝两侧的内、外表面上必须用砂轮打磨至露出金属光泽。焊条电弧焊接头的打磨区要求每侧为20mm，埋弧焊为30mm，电渣焊为40mm。

（3）焊接材料的焊前处理　在合金结构钢的焊接过程中，为防止产生焊接冷裂纹，保证接头的性能，通常选用低氢型碱性焊条。但碱性焊条、熔炼型焊剂和烧结型焊剂均容易吸潮，所以在使用之前，应按技术条件的规定或生产厂推荐的规范对焊条和焊剂进行烘干。对于强度级别高的焊条，应使用焊条保温筒，随用随取。表8-12列出了常用低合金钢焊条和焊剂的烘干规范，可供参考。

表 8-12　常用低合金钢焊条和焊剂的烘干规范

焊 条 牌 号	焊 剂 牌 号	烘干温度/℃	烘干时间/h	保存温度/℃
J502、J503、R102、R202、R302		150～205	1～2	50～80
J506、J507、J607、J707、J807、J857、R307、R317、R407、R347		350～400	1～2	120～150
	HJ350、HJ250	400～450	2～3	120～250
	SJ101、SJ301（烧结型）	300～350	2～3	120～150

4. 焊接参数的选择

焊接参数包括能量参数、温度参数和操作参数三部分。能量参数是指焊接电流、电弧电压和焊接速度。温度参数则包括预热温度、层间温度和后热温度。操作参数主要由焊接位置、焊接顺序、焊接方向和焊道层次等参数组成。正确地选择焊接参数可使焊缝金属和热影响区的性能达到最佳化。

表8-13列出了几种常用热轧及正火钢的预热温度和焊后热处理规范，可供参考。当接头的板厚特别大或施工温度较低时，应适当提高预热温度；结构比较复杂，接头拘束度比较大时，也应提高预热温度。而采用大热输入的焊接方法时，预热温度应降低。如电渣焊时，由于热输入特别大，焊前不需预热。

表 8-13　几种常用热轧及正火钢的预热温度和焊后热处理规范

牌号	预热温度	焊后热处理规范	
		电弧焊	电渣焊
Q345	100 ~ 150℃ (*t*≥30mm)	600 ~ 650℃回火	900 ~ 930℃正火 600 ~ 650℃回火
Q390	100 ~ 150℃ (*t*≥28mm)	550℃或650℃回火	950 ~ 980℃正火 550℃或650℃回火
Q420	100 ~ 150℃ (*t*≥25mm)		950℃正火 650℃回火
Q460	≥200℃	600 ~ 650℃回火	950 ~ 980℃正火 600 ~ 650℃回火

5. 焊后热处理

合金结构钢接头在焊完一部分，或在整个焊接结构的所有接头焊完后，为保证其力学性能，要按技术要求进行焊后热处理。一般情况下焊后热处理的形式有下列几种。

（1）消除应力退火处理　焊后是否需要热处理，要根据钢板的化学成分、板厚、结构刚性、焊接方法及使用条件等因素进行考虑。对于冷裂倾向较大的低合金高强钢、厚壁高压容器等，要求焊后应进行消除应力的热处理。消除应力热处理是指将焊件均匀地以一定的速度加热到 Ac_3 点以下足够高的温度，保温一段时间后随炉均匀地冷却到 $300 ~ 400℃$，最后将焊件移到炉外空冷。

在下列情况下，要对合金结构钢进行消除应力退火处理。

1）母材屈服强度≥490MPa，为防止延迟裂纹，焊后进行退火处理。

2）对厚壁压力容器，为防止三向应力场所造成的脆性破坏，焊后应进行退火处理。

3）对可能发生应力腐蚀开裂或要求尺寸稳定的产品，焊后进行退火处理。

低碳调质钢一般不必进行退火处理，只有属下列情况之一者，才需要进行退火处理。

① 钢材在焊后或冷变形加工后，韧性达不到要求。

② 要求尺寸保持稳定。

③ 钢材对应力腐蚀敏感。

（2）正火＋回火热处理　合金结构钢厚板，在电渣焊之后，或者热校、热成形之后，需进行正火热处理，以细化电渣焊接头的晶粒，调整高温热成形的母材和焊缝金属的性能。钢材的正火温度应选在该钢种的 Ac_3 点以上 $30 ~ 50℃$，正火处理的保温时间通常按 $1 ~ 2min/mm$ 计算，保温结束后将焊件放在平静的空气中冷却。

对于大型厚壁构件，为保证焊件的强度，也可将焊件放在强迫流动的气流中冷却，但必须注意冷却的均匀性。对厚壁构件进行高温空冷正火处理时，由于焊件表面和内部的冷却速度不同，会产生较高的应力，对于形状复杂的构件，正火引起的内应力更为严重，正火后应紧接着进行回火处理。合金成分较高的合金结构钢正火处理后，只有再经回火处理后才能达到符合要求的综合性能。回火处理的目的是改善钢材和接头的组织和性能。

（3）淬火＋回火热处理　当钢材的屈服强度达到或超过 500MPa 时，在正火状态下钢材的韧性会不稳定，采用淬火＋回火热处理方法，可以提高钢材的强度，同时改善韧性。

6. 焊后检验

合金结构钢焊接接头的焊后检验比普通碳钢接头要严格。常用的无损检测法有射线检测、超声检测、渗透检测和磁粉检测等。在低合金结构钢接头焊后检验时，应考虑这种钢的焊接特点，制定合理的检查规程。对于具有延迟裂纹倾向的焊接接头，应规定在焊接工作全部结束后经过48h后再进行焊缝的无损检测。对消除应力裂纹敏感的低合金结构钢接头进行检查时，规定在焊后、消除应力处理后分别对接头做无损检测。由于表面裂纹对结构的安全构成极大的威胁，故在低合金结构钢焊缝及热影响区表面都应做表面磁粉检测。低合金结构钢接头的强度越高，裂纹敏感性越大，无损检测包括磁粉检测的检查概率也应相应提高。

四、典型合金结构钢的焊接工艺

1. Q345 钢的焊接工艺

Q345 钢是典型的热轧钢，板厚 $t < 30$mm 的焊件，焊前一般不必预热。但 Q345 钢的淬硬倾向比低碳钢稍大，所以在低温下或在大刚度、大厚度结构上焊接时，为防止出现冷裂纹，仍需采取预热措施。

（1）焊前准备　钢板可采用氧乙炔焰切割、等离子弧切割下料。板厚 $t < 90$mm 时，切割切缘不必预热；$t > 90$mm 时，钢板切割起点处应预热至 100 ~ 120℃。采用碳弧气刨制备坡口时，$t > 30$mm 的钢板，气刨前应预热至 100 ~ 150℃。

（2）焊条电弧焊工艺　可采用 V 形或 U 形坡口。

适用焊条：E5003（J502）、E5001（J503）、E5016（J506）、E5015（J507）、E5018（J507Fe）。

焊条烘干规范：E5003、E5001，120 ~ 150℃/h；E5016、E5015，350 ~ 400℃/2h。

焊接参数：使用 ϕ4mm 焊条时，焊接电流 $I = 160 ~ 180$A，电弧电压 $U = 21 ~ 22$V；使用 ϕ5mm 焊条时，焊接电流 $I = 210 ~ 240$A，电弧电压 $U = 23 ~ 24$V。

预热温度：使用 E5001、E5003 酸性焊条时，板厚 $t > 20$mm，预热至 100℃以上；使用 E5015、E5016、E5018 碱性焊条时，板厚 $t > 32$mm，预热至 100℃以上。

（3）埋弧焊工艺　可采用 I 形、V 形和 U 形坡口。

适用焊丝：H08MnA、H10Mn2。

适用焊剂：HJ431、HJ350、SJ301。

焊剂烘干规范：HJ431，250 ~ 300℃/2h；SJ301，300 ~ 350℃/2h。

焊接参数：使用 ϕ4mm 焊丝时，焊接电流 $I = 600 ~ 680$A，电弧电压 $U = 34 ~ 38$V，焊接速度 $v = 20 ~ 30$m/h；使用 ϕ5mm 焊丝时，焊接电流 $I = 650 ~ 720$A，电弧电压 $U = 36 ~ 40$V，焊接速度 $v = 25 ~ 32$m/h。

预热温度：板厚 $t > 50$mm，预热温度为 100 ~ 120℃。

焊后热处理：对于低合金高强钢结构，接头最大厚度超过50mm 的重要承载部件，焊后需进行消除应力处理，温度为 600 ~ 650℃，保温时间为 2.5min/mm。对于压力容器的预热焊部件（壁厚 $t > 34$mm）及不预热焊部件（壁厚 $t > 30$mm）时，要求进行焊后消除应力处理，最佳消除应力处理温度为 600 ~ 620℃，保温时间为 3min/mm，加热速度为 150 ~ 200℃/h。

2. 13MnNiMoNb 钢厚板的焊接工艺

13MnNiMoNb 钢是典型的低碳调质钢，是以 Mn、Mo、Nb 为主要合金元素，屈服强度 >

392MPa，中温厚壁压力容器用钢。该钢具有较好的综合力学性能，可在450℃以下的各种温度下工作。

（1）焊前准备　用火焰切割厚度为80mm的钢板时，在切割前应将切割起点周围100mm处预热至100℃以上。不进行机械加工的切割边缘，焊前应进行表面磁粉探伤。采用碳弧气刨清根或制备坡口，气刨时应将焊件预热至150～200℃，气刨后钢板表面应用砂轮打磨清理干净。

（2）焊条电弧焊工艺

坡口选择：可采用V形或U形坡口。

适用焊条：E6015（J607）、E6016（J606）。

焊条烘干规范：350～400℃/h。

焊接参数：使用 $\phi 4mm$ 焊条时，底层焊道焊接电流 $I=140A$，电弧电压 $U=23\sim24V$，填充焊道焊接电流 $I=160\sim170A$；使用 $\phi 5mm$ 焊条时，填充焊道的焊接电流 $I=220\sim230A$，电弧电压 $U=23\sim24V$。

焊前预热温度：板厚大于10mm时，应预热至150～200℃，并保持层间温度不低于150℃。板厚大于90mm时，焊后应立即进行350～400℃/2h的消氢处理。

焊后消除应力处理：对于钢结构，厚度大于30mm的承载部件，焊后需进行消除应力处理。对于受压容器，不预热时，任何厚度的受压部件焊后均需进行消除应力处理；需要预热时，如果受压部件的厚度大于20mm，焊后也要进行消除应力处理。最佳的消除应力处理温度范围为600～620℃。

（3）埋弧焊工艺

坡口选择：可采用I形、V形和U形坡口。

适用焊丝：H08Mn2Mo。

适用焊剂：HJ350、SJ101。

焊剂烘干规范：HJ350，350～400℃/2h；SJ101，300～350℃/2h。

焊接参数：焊丝直径为 $\phi 4mm$，焊接电流 $I=600\sim650A$，电弧电压 $U=36\sim38V$，焊接速度 $v=25\sim30m/h$。

焊前预热温度：板厚 $t>20mm$ 时，预热至150～200℃。保持层间温度不低于150℃，消氢处理和焊后消除应力处理规范与焊条电弧焊相同。

焊后应做100%的超声检测，并做25%的射线检测，所有焊缝及热影响区表面做磁粉检测。进行消除应力处理后，做超声波复验和表面磁粉检测抽查。

第三节　不锈钢的焊接

根据国家标准《不锈钢和耐热钢　牌号及化学成分》（GB/T 20878—2007）规定，以不锈、耐腐蚀为主要特性，铬的质量分数小于10.5%，碳的质量分数小于等于1.2%的钢，称为不锈钢。

不锈钢之所以有良好的耐蚀性，是由于铬可以使钢具有高的钝化能力。本节主要介绍常用不锈钢的焊接性及焊接工艺。

一、概述

1. 不锈钢的类型

不锈钢的分类方法很多，通常按金相组织分类如下：

（1）马氏体型不锈钢　马氏体型不锈钢包括 Cr13 系及以 Cr12 为基的多元合金化的钢。马氏体型不锈钢的典型钢号有 12Cr13、20Cr13、30Cr13、40Cr13 等，它们都有一定的耐蚀性；但只用 Cr 进行合金化，只能在氧化性介质中耐蚀，而在非氧化性介质中不能达到良好的钝化，因而耐蚀性很低。低碳的 12Cr13、20Cr13 钢耐蚀性较好，且具有优良的力学性能，主要用作耐蚀结构零件。30Cr13、40Cr13 钢因含碳量增加，强度和耐磨性提高，但耐蚀性降低，主要用于防锈的手术器械及刀具。马氏体型不锈钢是在调质状态下使用的。

（2）铁素体型不锈钢　正火状态下以铁素体组织为主，$w_{Cr} = 11\% \sim 30\%$ 的高铬钢属于此类，主要用作抗氧化钢，也可用作耐热钢。如 06Cr13Al 作为不锈钢，可用于汽轮机材料、淬火用部件、复合钢材等。再如 10Cr17 不锈钢，可用于生产硝酸、硝铵的化工设备，如吸收塔、热交换器耐酸槽、输送管道、储槽等。

（3）奥氏体型不锈钢　奥氏体型不锈钢是不锈钢中最重要的类别，其生产量和使用量约占不锈钢总量的 70%。其钢号也最多，当今我国常用奥氏体型不锈钢的牌号就有 40 多个，并且绝大部分牌号已经纳入国家标准。如 Cr18Ni8 系列（简称 18-8）中的 06Cr19Ni10、022Cr19Ni10、06Cr17Ni12Mo2Ti 等，主要用于耐蚀条件。

（4）奥氏体-铁素体型不锈钢　这类钢是在超低碳铁素体不锈钢的基础上发展起来的双相不锈钢。钢中铁素体 φ_α 占 60% ~ 40%，奥氏体 φ_γ 占 40% ~ 60%。它具有特殊的抗点蚀及抗应力腐蚀开裂的能力。典型的 $\alpha\text{-}\gamma$ 双相钢有 022Cr19Ni5Mo3Si2N、022Cr22Ni5Mo3N、022Cr23Ni5Mo3N 等，其化学成分与 18-8 钢相比，增加了 Cr，降低了 Ni，并加入一定的 Mo 和 Si、N 等元素。这类钢主要用于含氯离子的环境，如石油、化工、化肥、造纸等设备。

2. 不锈钢的性能特点

（1）不锈钢的物理性能　与碳钢相比，不锈钢的导电性能差；奥氏体型不锈钢线胀系数比碳钢约大 50%，而马氏体型不锈钢和铁素体型不锈钢的线胀系数大体上和碳钢相等；奥氏体型不锈钢的热导率比碳钢低，仅为其 1/3 左右，马氏体型与铁素体型不锈钢的热导率均为碳钢的 1/2 左右。合金元素含量越多，其导电、导热性越差，线胀系数越大。

奥氏体型不锈钢导电、导热性越差，线胀系数越大。这些特殊的物理性能是制订焊接工艺时必须考虑的重要因素。

（2）不锈钢的腐蚀形式　金属受介质的化学及电化学作用而被破坏的现象称为腐蚀。不锈钢的主要腐蚀形式有均匀腐蚀、晶间腐蚀、点状腐蚀和应力腐蚀开裂等。

1）均匀腐蚀。是指接触腐蚀介质的金属整个表面产生腐蚀的现象，如图 8-4a 所示，受腐蚀的金属由于截面不断缩小而最后破坏。

2）晶间腐蚀。是一种起源于金属表面沿晶界深入金属内部的腐蚀现象，如图 8-4b 所示。它主要是因为晶界的电极电位低于晶粒电极电位而产生的。此类腐蚀在金属外观未有任何变化，但在受到应力时即会沿晶界断裂，造成突然破坏，因此其危险性最大。

3）点状腐蚀。腐蚀首先集中于金属表面的局部范围，然后迅速向内部发展，最后穿透，如图 8-4c 所示。不锈钢表面与氯离子接触时，因氯离子容易吸附在钢的表面个别点上，

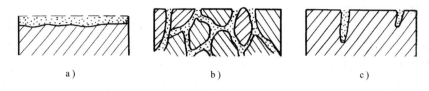

图 8-4　腐蚀的破坏形式

a）均匀腐蚀　b）晶间腐蚀　c）点状腐蚀

破坏了该处的氧化膜，很容易发生点状腐蚀。不锈钢的表面缺陷也是引起点状腐蚀的重要原因之一。

4）应力腐蚀开裂。是一种金属在拉应力与电化学介质共同作用下所产生的延迟开裂的现象。应力腐蚀开裂的一个最重要特点是腐蚀介质与金属材料的组合有选择性，即一定的金属只有在一定的介质中才会发生此种腐蚀。

对焊接结构来说，晶间腐蚀与应力腐蚀开裂较为常见，危害也较大。

二、不锈钢的焊接性

焊接不锈钢时，如果焊接工艺不当或焊接材料选用不正确，会产生一系列的缺陷。这些缺陷主要包括耐蚀性下降和形成焊接裂纹，这将直接影响焊接接头的力学性能和焊接接头的质量。

1. 合金元素对不锈钢接头耐蚀性的影响

不锈钢中常用的合金元素有 C、Cr、Ni、Mo、Ti、Nb、Mn、Si 等，其中 Cr、Ni 是保证不锈钢耐蚀性能的最重要元素。

（1）铬（Cr）　铬是决定不锈钢耐蚀性最重要的元素。钢中有一定量的铬时，在氧化性介质中可在钢表面形成致密、稳定的氧化膜，使其具有良好的耐蚀性。此外，铬是形成和稳定铁素体的元素，它与 α-Fe 可以完全互溶，当 $w_{Cr} > 12.7\%$ 时，可以得到从高温到低温不发生相变的单一 α 固溶体，而且铬以固溶状态存在时，可以提高基体的电极电位，从而使钢的耐蚀性显著增加。一般在不锈钢中 $w_{Cr} \geqslant 13\%$。

（2）镍（Ni）　镍也是不锈钢中的主要元素，当 $w_{Ni} > 15\%$ 时，对硫酸和盐酸有很高的耐蚀性。镍还能提高钢对碱、盐和大气的抗腐蚀能力。镍是形成和稳定奥氏体的元素，但其作用只有与铬配合时才能充分发挥出来。当 $w_{Cr} = 18\%$、$w_{Ni} = 8\%$ 时，经固溶处理就可以得到单一的奥氏体组织。因此，在不锈钢中镍总是和铬配合使用。

（3）碳（C）　碳一方面是稳定奥氏体的元素，作用相当于镍的 30 倍；另一方面，碳与铬的亲和力较大，能与铬形成一系列的碳化物，而使固溶于基体中的铬减少，使钢的耐蚀性下降。因此，钢中碳含量越高，耐蚀性就越低，因而不锈钢中一般 $w_C = 0.1\% \sim 0.2\%$，最多不超过 0.4%。

（4）锰（Mn）和氮（N）　锰和氮都是形成和稳定奥氏体的元素，锰的作用是镍的 1/2，氮的作用是镍的 40 倍，有时用锰和氮部分或全部代替镍，组成 Cr-Mn-N 系列不锈钢。

（5）钛（Ti）和铌（Nb）　钛和铌都是强碳化物形成元素，一般作为稳定剂加入不锈钢中，防止碳与铬形成碳化物，以保证钢的耐蚀性。

（6）钼（Mo）　钼可以增强钢的钝化作用，对提高抗点状腐蚀能力有显著效果。

2. 不锈钢的焊接性分析

（1）焊接接头的晶间腐蚀倾向　奥氏体型不锈钢在 400 ~ 800℃ 范围内加热后对晶间腐蚀最为敏感，此温度区间一般称为敏化温度区间。这主要是由于奥氏体型不锈钢在固溶状态下，碳以过饱和的形式溶解于 γ 固溶体中。加热时，过饱和的碳以 $Cr_{23}C_6$ 的形式沿晶界析出，当使晶界附近 w_{Cr} 降到低于钝化所需的最低数量（$w_{Cr} \approx 12\%$）时，在晶界形成了贫铬层，从而使晶界的电极电位远低于晶内。当金属与腐蚀介质接触时，电极电位低的晶界就被腐蚀，这种腐蚀就是晶间腐蚀。

对于奥氏体型不锈钢的焊接接头，晶间腐蚀可发生在焊缝、熔合线和峰值温度在 600 ~ 1000℃ 的热影响区（又称为敏化区）中，如图 8-5 所示。

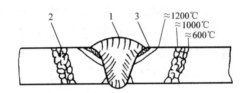

图 8-5　奥氏体不锈钢焊接接头的晶间腐蚀
1—焊缝晶间腐蚀　2—敏化区腐蚀　3—刀蚀

在熔合线上产生的晶间腐蚀又称为刀蚀，因腐蚀形状如刀刃而得名。刀蚀只产生于含有稳定剂的奥氏体型不锈钢的焊接接头上，而且一般发生在焊后再次在敏化温度区间加热的情况下，即在高温过热与中温敏化连续作用的条件下产生。

（2）提高焊接接头耐晶间腐蚀能力的措施

1）降低含碳量。减少奥氏体型不锈钢和焊条中的含碳量，是防止晶间腐蚀最根本的办法。当钢中的碳含量降低到小于或等于室温下在 γ 相中的溶解度（$w_C = 0.02\% ~ 0.03\%$）时，加热时就不会有或很少有 $Cr_{23}C_6$ 析出，则从根本上避免了贫铬层的形成，防止了晶间腐蚀的产生。超低碳不锈钢（$w_C \leqslant 0.03\%$）就是根据这个原理设计的，所以超低碳不锈钢具有优良的耐晶间腐蚀性。

2）加入稳定剂。在钢和焊接材料中加入钛、铌等与碳的亲和力比铬强的合金元素，这些合金元素能够优先与碳结合成稳定的碳化物，从而避免在奥氏体晶界形成碳化铬而产生贫铬层，对提高抗晶间腐蚀能力有十分良好的作用。为此目的所加入的合金元素，称为稳定剂。

3）焊后进行固溶处理。将焊件加热到 1050 ~ 1100℃，使已经析出的 $Cr_{23}C_6$ 重新溶入奥氏体中，然后快速冷却，形成稳定的奥氏体组织，此过程称为固溶处理。经过固溶处理后，消除了晶界的贫铬层，防止了晶间腐蚀的产生。但此方法用于处理大型复杂结构有一定的困难。

4）改变焊缝的组织状态。即使焊缝由单一的 γ 相改变为 γ + δ 双相。当焊缝中存在一定数量的初析铁素体 δ 相时，可以打乱 γ 粗大的柱状晶，使小而直的晶界变得复杂化，破坏腐蚀通道，从而提高耐晶间腐蚀性。但 δ 相的数量不宜过多，5% 左右即可获得较好的效果。

5）减少焊接热输入。尽量选用较小的焊接热输入，以减少在高温停留的时间，对减小敏化区的形成和刀蚀的形成都具有一定的作用。

6）合理安排焊接顺序。防止刀蚀的产生还应注意合理安排焊接顺序，这是因为刀蚀除产生于焊后在敏化温度再次受热外，在多层焊和双面焊时，后一条焊缝的热作用也可能对先焊焊缝的过热区起到敏化加热的作用（图 8-6a）。为此，双面焊缝与腐蚀介质接触的一面的焊缝应尽可能最后焊接。焊缝布局上应尽量避免交叉焊缝，减少焊缝接头。若与腐蚀介质接触的焊缝无法最后焊接时，则应调整焊接参数，使后焊焊缝的敏化区不要与第一面焊缝表面的过热区重合（图 8-6b）。

（3）焊接接头的应力腐蚀开裂　这是不锈钢在静应力（内应力或外应力）与腐蚀介质同时作用下发生的破坏现象。纯金属一般没有应力腐蚀开裂倾向，而在不锈钢中，奥氏体型不锈钢比铁素体型或马氏体型不锈钢的应力腐蚀倾向大。因为奥氏体型不锈钢导热性差，线胀系数大，所以焊后会产生较大的焊接残余应力，因而容易造成应力腐蚀开裂。

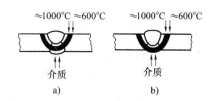

图 8-6　第二面焊缝的敏化区对刀蚀的影响
a）敏化区与腐蚀介质不接触，双面焊
b）敏化区与腐蚀介质接触，多层焊

防止应力腐蚀开裂的措施如下：

1）正确选用材料。根据介质特性选用对应力腐蚀开裂敏感性低的材料，是防止应力腐蚀开裂最根本的措施。

2）消除焊件的残余应力。通常可采用锤击焊件表面来松弛残余应力，也可以进行消除应力热处理。

3）对材料进行防蚀处理。通过电镀、喷镀、衬里等方法，用金属或非金属覆盖层将金属与腐蚀介质隔离开。

4）接头设计应注意防止"死区"，这是为了避免缝隙的存在。因缝隙处会引起腐蚀介质的停滞、聚集，使局部介质浓缩，在应力的作用下易产生应力腐蚀开裂现象。

（4）焊接接头的热裂纹　热裂纹是奥氏体型不锈钢焊接时比较容易产生的一种缺陷，特别是含镍量较高的奥氏体型不锈钢更易产生。其产生的主要原因是奥氏体型不锈钢的液、固相线区间较大，结晶时间较长，而且奥氏体结晶方向性强，使低熔点杂质偏析严重而集中于晶界处；此外，奥氏体型不锈钢的线胀系数大，冷却收缩时应力大，所以易产生热裂纹。

防止奥氏体型不锈钢产生焊接热裂纹的措施如下：

1）严格限制焊缝中 S、P 等杂质的含量。

2）产生双相组织。对于 $w_{Ni} < 15\%$ 的 18-8 型不锈钢，具有 $\gamma + \delta$ 的双相组织焊缝有较高的抗裂性，δ 铁素体含量（φ_δ）应控制在 3% ~ 8%。

当 $w_{Ni} > 15\%$，单相奥氏体组织的高镍不锈钢不宜采用 $\gamma + \delta$ 双相组织（高温时 δ 相促进生成 σ 相，导致 σ 相脆化）时，可采用 $\gamma +$ 碳化物或 $\gamma +$ 硼化物的双相组织，也有较高的抗裂性。

3）合理进行合金化。在不允许采用双相组织的情况下，可以通过调整焊缝金属的合金成分，如加入 Mn（$w_{Mn} = 4\% ~ 6\%$），对防止单相奥氏体焊缝产生热裂纹相当有效。此外，在焊缝中适当增加碳或氮的含量对防止热裂纹也是有益的。

4）工艺上的措施。为降低焊缝的热裂倾向，制订焊接工艺时应尽可能减少熔池过热和接头的残余应力。

（5）焊接接头的脆化

1）σ相脆化。奥氏体型或铁素体型不锈钢在高温（375～875℃）长时间加热就会形成一种 Fe-Cr 金属间化合物，即 σ 相。σ 相本身系脆性相且分布在晶界处，使不锈钢的脆性大大增加。通过把焊接接头加热到 1000～1050℃，然后快速冷却，可消除 σ 相。

2）粗大的原始晶粒。高铬铁素体钢在加热与冷却过程中不发生相变，晶粒很容易长大，而且用热处理方法也无法消除，只能用压力加工才能使粗大的晶粒破碎。为了防止晶粒粗大，焊接时应尽可能采用较小的热输入，以减少接头过热。另外，在母材和焊缝中加入适量的 Ti、Nb、Al 等能够细化晶粒的元素，也可收到一定的效果。

3）475℃脆性。$w_{Cr} > 15\%$ 的铁素体型不锈钢，在 400～550℃ 范围内长期加热后，在室温下变得很脆，其冲击韧度和塑性接近于零。脆化最敏感的温度接近 475℃，故一般称之为 475℃脆性。475℃脆性具有还原性，通过 900℃淬火可以消除。

此外，铁素体型不锈钢焊接接头有明显的脆化倾向，马氏体型不锈钢焊接时淬硬倾向大，都会造成接头部位冷裂纹的形成。

三、不锈钢的焊接工艺

不锈钢焊接接头的基本质量要求是确保接头各区的耐蚀性不低于母材。应以保证接头的耐蚀性为原则，采取相应的措施，选择适用的焊接材料和工艺参数。

1. 奥氏体型不锈钢的焊接工艺

对奥氏体型不锈钢结构，多数情况下都有耐蚀性的要求。因此，为保证焊接接头的质量，需要解决的问题比焊接低碳钢或低合金钢时要复杂得多。在编制工艺规程时，必须考虑备料、装配、焊接各个环节对接头质量可能带来的影响。此外，奥氏体型不锈钢本身的物理性能特点，也是编制焊接工艺时必须考虑的重要因素。

奥氏体型不锈钢焊接工艺的内容，包括焊接方法与焊接材料的选择、焊前准备、焊接参数的确定及焊后处理等。由于奥氏体型不锈钢的塑性、韧性好，一般不需焊前预热。

（1）焊接材料的选择　奥氏体型不锈钢焊接材料的选用原则，应使焊缝金属的合金成分与母材成分基本相同，并尽量降低焊缝金属中的碳含量和 S、P 等杂质的含量。奥氏体型不锈钢焊接材料的选用见表 8-14。

表 8-14　奥氏体型不锈钢焊接材料的选用

钢　　号	焊条型号（牌号）	氩弧焊焊丝	埋弧焊焊丝	埋弧焊焊剂
12Cr18Ni9	E308-16（A102） E308-15（A107）	H08Cr21Ni10	H08Cr21Ni10	HJ260
06Cr18Ni11Ti	E308-16（A102） E308-15（A107）	H08Cr19Ni10Ti	H0Cr20Ni10Ti	HJ260 HJ172
Y12Cr18Ni9Se 12Cr18Ni9Si3	E316-15（A207） E316-16（A202）	H0Cr19Ni12Mo2	—	—
022Cr17Ni12Mo2	E316-16（A202）	H00Cr19Ni12Mo2	H00Cr19Ni12Mo2	HJ260

（2）焊接方法的选择 奥氏体型不锈钢具有较好的焊接性，可以采用焊条电弧焊、埋弧焊、惰性气体保护焊和等离子弧焊等熔焊方法，其工艺特点是小热输入、快速焊、不预热、不消除应力热处理（应力腐蚀开裂除外）。因为电渣焊的热过程特点，使奥氏体型不锈钢接头的抗晶间腐蚀能力降低，并且在熔合线附近易产生严重的刀蚀，所以一般不应用电渣焊。

（3）焊前准备

1）下料方法的选择。奥氏体型不锈钢中有较多的铬，用一般的氧乙炔切割有困难，可用机械切割、等离子弧切割及碳弧气刨等方法下料或进行坡口加工，机械切割最常用的有剪切、刨削等。

2）坡口的制备。在设计奥氏体型不锈钢焊件坡口形状和尺寸时，应充分考虑奥氏体型不锈钢较大的线胀系数会加剧接头的变形，应适当减小 V 形坡口角度。当板厚大于 10mm 时，应尽量选用焊缝截面较小的 U 形坡口。

3）焊前清理。为了保证焊接质量，焊前应将坡口及其两侧 20 ~ 30mm 范围内的焊件表面清理干净，如有油污，可用丙酮或酒精等有机溶剂擦拭。对表面质量要求特别高的焊件，应在适当范围内涂上用白垩粉调制的糊浆，以防止飞溅金属损伤不锈钢表面。

4）表面防护。在搬运、坡口制备、装配及定位焊过程中，应注意避免损伤钢材表面，以免使产品的耐蚀性降低。如不允许用利器划伤钢板表面，不允许随意到处引弧等。

（4）焊接参数的选择 焊接奥氏体型不锈钢时，应控制焊接热输入和层间温度，以防止热影响区晶粒长大及碳化物的析出。

采用焊条电弧焊时，由于奥氏体型不锈钢的电阻较大，焊接时产生的电阻热较大，同样直径的焊条，焊接电流值应比低碳钢焊条降低 20% 左右，焊接参数见表 8-15。焊条长度也应比碳素钢焊条短，以免在焊接时由于药皮的迅速发红而失去保护作用。奥氏体型不锈钢焊条即使选用酸性焊条，最好也采用直流反接法施焊。因为此时焊件是负极，温度低，受热少，而且直流电源稳定，有利于保证焊缝质量。此外，在焊接过程中，应注意提高焊接速度，以减小焊件的变形以及焊缝中的气孔，但焊接速度过快会造成焊缝的不均匀和未焊透等缺陷。焊接时应尽量避免横向摆动。条件允许时，焊后可采用强制冷却措施，这样可有效地防止晶间腐蚀、热裂纹及变形的产生。

表 8-15 不锈钢焊条电弧焊工艺参数

焊件厚度/mm	焊条直径/mm	焊接电流/A		
		平 焊	立 焊	仰 焊
<2	2	40 ~ 70	40 ~ 60	40 ~ 50
2 ~ 2.5	2.5	50 ~ 80	50 ~ 70	50 ~ 70
3 ~ 5	3.2	70 ~ 120	70 ~ 95	70 ~ 90
5 ~ 8	4.0	130 ~ 190	130 ~ 145	130 ~ 140
8 ~ 12	5.0	160 ~ 210		

采用钨极氩弧焊时一般采用直流正接，这样可以防止因电极过热而造成焊缝中渗钨的现象。不锈钢钨极氩弧焊工艺参数见表 8-16。

表 8-16　不锈钢钨极氩弧焊工艺参数

板厚/mm	接头形式	钨极直径/mm	焊丝直径/mm	焊接电流/A	焊接速度/(mm/min)	氩气流量/(L/min)	电流类型
1.0	对接	2	1.6	35~75	150~550	3~4	交流
1.0	对接	2	1.6	30~60	110~450	3~4	直流正极
1.2	对接	2	1.6	50	250	3~4	直流正极
1.5	对接	2	1.6	45~85	120~500	3~4	交流
1.5	对接	2	1.6	40~75	80~300	3~4	直流正极
1.0	角接	2	—	45	230	3~4	交流
1.5	T形接头	2	1.6	40~60	60~80	3~4	交流

　　熔化极氩弧焊一般采用直流反接法。为了获得稳定的喷射过渡形式，要求电流大于临界电流值。其焊接参数见表 8-17。

表 8-17　奥氏体型不锈钢熔化极氩弧焊工艺参数

板厚/mm	焊丝直径/mm	焊接电流/A	电弧电压/V	焊接速度/(m/h)	气体流量/(L/min)
2.0	1.0	140~180	18~20	20~40	6~8
3.0	1.6	200~280	20~22	20~40	6~8
4.0	1.6	220~320	22~25	20~40	7~9
6.0	1.6~2.0	280~360	23~27	15~30	9~12
8.0	2.0	300~380	24~28	15~30	11~15
10.0	2.0	320~440	25~30	15~30	12~17

　　埋弧焊由于热输入大，易破坏奥氏体型不锈钢的耐蚀性，出现裂纹，因此在奥氏体型不锈钢焊接中的应用不如在低合金钢焊接中那样普遍。18-8 型奥氏体型不锈钢埋弧焊工艺参数见表 8-18。

表 8-18　18-8 型奥氏体型不锈钢埋弧焊工艺参数

焊件厚度/mm	装配时允许最大间隙/mm	焊接电流/A	电弧电压/V	焊接速度/(m/h)
8	1.5	500~600	32~34	46
10	1.5	600~650	34~36	42
12	1.5	650~700	36~38	36
16	2.0	750~800	36~38	31
18	3.0	800~850	36~38	25

　　等离子弧焊焊接参数调节范围很宽，可用大电流（200A 以上），利用小孔效应，一次焊接厚度可达 12mm，并实现单面焊双面成形，用很小的电流也可焊很薄的材料，如微束等离子弧焊，用 100~150mA 的电流可焊厚度为 0.01~0.02mm 的薄板。

（5）焊后处理　为增加奥氏体型不锈钢的耐蚀性，焊后应对其进行表面处理，处理的方法有表面抛光、酸洗和钝化处理。

1）表面抛光。不锈钢的表面如有刻痕、凹痕、粗糙点和污点等，会加快腐蚀。将不锈钢表面抛光，就能提高其耐蚀能力；表面粗糙度值越小，其耐蚀性就越好。因为表面粗糙度值小的表面能产生一层致密而均匀的氧化膜，这层氧化膜能保护内部金属不再受到氧化和腐蚀。

2）酸洗。经热加工的不锈钢和不锈钢焊接热影响区都会产生一层氧化皮，这层氧化皮会影响耐蚀性，所以焊后必须将其除去。

酸洗时，常用酸液酸洗和酸膏酸洗两种方法。酸液酸洗又有浸洗和刷洗两种方法。

① 浸洗酸液配方（体积分数）：硝酸（密度为 $1.42g/cm^3$）20%，氢氟酸5%，其余为水。浸洗法适用于较小的部件，将部件在酸洗槽中浸泡 25~45min，取出后用清水冲净。

② 刷洗酸液配方（体积分数）：盐酸50%，水50%。刷洗法适用于大型部件，用刷子或拖布反复刷洗，到呈白色为止，再用清水冲净。

③ 酸膏酸洗适用于大型结构，将配制好的酸膏敷于结构表面，停留几分钟，再用清水冲净。

酸膏配方：盐酸（密度为 $1.19g/cm^3$）20mL、水 100mL、硝酸（密度为 $1.42g/cm^3$）30mL、膨润土150g。

3）钝化处理。钝化处理是在不锈钢的表面用人工方法形成一层氧化膜，以增加其耐蚀性。钝化是在酸洗后进行的，经钝化处理后的不锈钢，外表全部呈银白色，具有较高的耐蚀性。

钝化液配方（质量分数）：硝酸（密度为 $1.42g/cm^3$）5%，重铬酸钾2%，其余为水。

（6）焊后检验　奥氏体型不锈钢一般都具有耐蚀性的要求，所以焊后除了要进行一般焊接缺陷的检验外，还要进行耐蚀性试验。耐蚀性试验的目的是：在给定的条件（介质、浓度、湿度、腐蚀方法、应力状态等）下测定金属抵抗腐蚀的能力，估计其使用寿命，分析腐蚀原因，找出防止或延缓腐蚀的方法。

腐蚀试验方法应根据产品对耐蚀性的要求而定。常用的方法有不锈钢晶间腐蚀试验、应力腐蚀试验、大气腐蚀试验、高温腐蚀试验、腐蚀疲劳试验等。不锈耐酸钢晶间腐蚀倾向试验方法已纳入国家标准，可用于检验不锈钢的晶间腐蚀倾向。

2. 铁素体型不锈钢的焊接工艺

铁素体型不锈钢焊接时热影响区晶粒急剧长大而形成粗大的铁素体。由于铁素体型不锈钢加热时没有相转变发生，这种晶粒粗大现象会造成明显脆化，而且也使冷裂纹倾向加大。此外，焊接时，在温度高于1000℃的熔合线附近快速冷却时会产生晶间腐蚀，但经 650~850℃加热并随后缓冷就可以消除。

铁素体型不锈钢的焊接工艺要点如下：

1）铁素体型不锈钢只采用焊条电弧焊进行焊接，为了减小475℃脆化，避免焊接时产生裂纹，焊前可以预热，预热温度为 70~150℃。

2）焊接时，尽量缩短 430~480℃的加热或冷却时间。

3）为防止过热，尽量减少热输入，例如焊接时采用小电流、快速焊，焊条最好不要摆动，尽量减少焊缝截面，不要连续焊，即待前一道焊缝冷却到预热温度时再焊下一道焊缝，多层焊时要控制层间温度，不宜连续施焊。

4）对于厚度大的焊件，为减少焊接应力，每道焊缝焊完后，可用小锤轻轻敲击焊缝表面。

5）采用强制冷却焊缝的方法，可以减少焊接接头的高温脆化和475℃脆性，同时，还可以防止焊接接头的热影响区过热。其方法主要是通氩冷却或通水冷却铜垫板等。

6）焊后常在700~750℃进行退火处理。这种焊后热处理可以改善接头韧性及塑性。但应注意，高铬铁素体型不锈钢在550~820℃长期加热将会析出σ相，不仅使钢脆化，还会降低耐蚀性。发生σ相析出后，通过820℃以上的加热再使σ相溶解，可消除σ相脆化作用。

7）焊接铁素体型不锈钢用焊条见表8-19。

表8-19　焊接铁素体型不锈钢用焊条

钢的牌号	对接头性能的要求	选用焊条型号（牌号）	预热及热处理
022Cr12	耐硝酸腐蚀及耐热	E430-16（G302）	预热120~200℃，焊后750~800℃回火
10Cr15 10Cr17Mo	提高焊缝塑性	E308-15（A107） E316-15（A207）	不预热，不热处理
Y10Cr17	抗氧化	E309-15（A307）	不预热，焊后760~780℃回火
10Cr17	提高焊缝塑性	E310-16（A402） E310-15（A407） E310Mo-16（A412）	不预热，不热处理

3. 马氏体型不锈钢的焊接工艺

马氏体型不锈钢在焊接时有较大的晶粒粗化倾向，特别是多数马氏体型不锈钢的成分特点使其组织往往处在马氏体—铁素体的边界上。在冷却速度较小时，近缝区会出现粗大的铁素体和碳化物组织，使其塑性和韧性显著下降；冷却速度过大时，由于马氏体型不锈钢具有较大的淬硬倾向，会产生粗大的马氏体组织，使塑性和韧性下降。所以，焊接时冷却速度的控制很重要。并且因其导热性差，马氏体型不锈钢焊接时的残余应力也大，容易产生冷裂纹。有氢存在时，马氏体型不锈钢还会产生更危险的氢致延迟裂纹。钢中碳含量越高，冷裂纹倾向也越大。此外，马氏体型不锈钢也有475℃脆性，但马氏体型不锈钢的晶间腐蚀倾向很小。

预热和控制层间温度是防止裂纹的主要手段，焊后热处理可改善接头性能。

马氏体型不锈钢的焊接工艺要点如下：

1）为保证马氏体型不锈钢焊接接头不产生裂纹，并具有良好的力学性能，在焊接时应进行焊前预热，一般预热温度为150~400℃。

2）焊后热处理是防止延迟裂纹和改善接头性能的重要措施，通常在700~760℃加热空冷。

3）常用的焊接方法是焊条电弧焊，焊条的选用见表8-20。

表 8-20　焊接马氏体型不锈钢用焊条

钢　　种	对接头性能的要求	选用焊条型号（牌号）	预热及热处理
12Cr13	耐大气腐蚀及气蚀	E410-16（G202） E410-15（G207）	焊前预热 150～350℃，焊后 700～730℃回火
13Cr13Mo	耐有机酸腐蚀、耐热	E410-16	焊前预热 150～350℃，焊后 700～730℃回火
	要求焊缝有良好的塑性	E308-15，E308-16 E316-15，E316-16 E310-16，E310-15	焊前不预热（对厚大件可预热至200℃）

马氏体型不锈钢的焊接还可以采用埋弧焊、氩弧焊和 CO_2 气体保护焊等方法。采用这些焊接方法时，可采用与母材成分相近的焊丝，如焊接 12Cr13 钢用 H1Cr13 焊丝（埋弧焊时配合 HJ131 焊剂）。

四、奥氏体型不锈钢典型结构的焊接工艺

本书以 06Cr9Ni10 大直径管对接为例，来讲解奥氏体型不锈钢焊条电弧焊工艺的制订。06Cr9Ni10 的焊接性在前文中已讲过，此处不再重复。

1. **试件的准备及技术要求**

试件的材料为 06Cr9Ni10，焊接位置为垂直固定；采用焊条电弧焊，要求开 U 形坡口。试件及坡口尺寸如图 8-7 所示，进行单面焊双面成形；焊接材料选用 E308-16（A101）焊条；电源选用 ZX-300 型弧焊整流器，采用反接法。

2. **焊前准备与试件的装配**

1）彻底清除坡口及两侧 20mm 范围内的油污、脏物，直至露出金属光泽。

2）焊条需经 250℃烘干，并保温 1～2h。

3）将试件置于装配胎具上进行定位焊，根部间隙为 3mm。

4）定位焊采取三点定位，其相对位置如图 8-8 所示。采用与正式焊接相同的焊条进行定位焊，定位焊缝长度为 10～15mm，定位焊缝位于坡口内，且必须焊透、无缺陷。定位焊缝两端应预先打磨成斜坡，以便焊缝的连接。

5）试件错边量≤2mm。

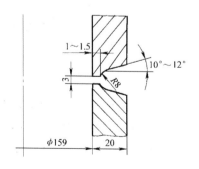

图 8-7　06Cr9Ni10 钢大直径管垂直固定对接焊的试件及坡口尺寸

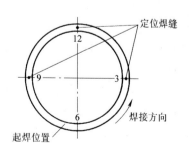

图 8-8　06Cr9Ni10 钢大直径管垂直固定对接焊的定位焊焊接位置

3. 焊接参数选择及操作要点

06Cr9Ni10 钢大直径管垂直固定对接焊的焊条电弧焊焊接参数见表 8-21。

表 8-21　06Cr9Ni10 钢大直径管垂直固定
对接焊的焊接参数

焊接层次	焊条直径/mm	焊接电流/A
打底层	2.5	80 ~ 85
填充层	3.2	100 ~ 110
盖面层	3.2 (4)	90 ~ 100 (110 ~ 120)

大直径管垂直固定焊焊接操作要点基本与板状试件横焊相同，不同的是管子有弧度，焊条需沿管子圆周转动。其操作要点及注意事项如下：

（1）打底焊　打底层的焊接可采用连弧焊手法，也可采用断弧焊手法。

1）如图 8-8 所示，在起始焊接位置坡口上侧引弧，然后向管子的下坡口移动，待坡口两侧熔化后，焊条向根部下压，并稍做停顿，听到电弧击穿坡口根部的"噗噗"声后移动焊条，钝边每侧应熔化 0.5 ~ 1mm，形成熔孔。

2）焊条与管子下侧的夹角应为 80° ~ 85°，与管切线前进方向的夹角为 70° ~ 75°。

3）焊接方向为从左到右，采用锯齿形或斜椭圆形运条，保持短弧施焊。

4）采用连弧焊手法时，焊条在坡口两侧的停留时间，上坡口应比下坡口长些，以防止熔池下坠。焊接电弧的 1/3 保护在熔池前，用来熔化和击穿坡口根部，而 2/3 覆盖在熔池上，并保持熔池形状大小一致，熔池液态金属清晰明亮。

5）若采用断弧焊，应逐点将液态金属送到坡口根部，迅速向侧后方灭弧，灭弧时间间隔要短，动作要干净利落，不拉长弧，灭弧频率以 70 ~ 80 次/min 为宜。接弧位置要准确，每次接弧时焊条中心要对准熔池的 2/3 左右处，使新熔池覆盖前一个熔池 2/3 左右。

6）运条到定位焊缝根部时，焊条要前顶一下，听到"噗噗"的击穿声后稍做停留，然后运条到定位焊缝另一端再次向下压一下，听到击穿声后稍做停留，再恢复到原来的操作手法。

7）当焊条接近起始焊端头时，焊条向前顶一下，让电弧击穿坡口根部，听到"噗噗"声后稍做停留，然后继续向前施焊 10mm 左右，填满弧坑收弧。

（2）填充焊　采用多层多道焊，必须认真清除各焊层间和焊道间的焊渣和飞溅，修平凹凸处，再进行填充层的焊接。填充层的焊接为短弧连续焊，采用锯齿形运条。

填充焊缝应保持表面平整，整个填充层厚度应低于母材表面 1.5 ~ 2mm，并不得熔化坡口两侧棱边。

（3）盖面焊　在焊接盖面前，彻底清除填充层上的焊渣和飞溅。整个盖面层采用四道焊道，运条方法为直线运条，自左向右、自下而上进行焊接。各条焊道的接头部位应错开，后面焊道应覆盖前面焊道宽的 1/3 ~ 1/2。第一条焊道以熔化下侧坡口边缘 1 ~ 2mm 为宜，同样，第四条焊道应以熔化上侧坡口边缘 1 ~ 2mm 为宜。收弧时必须填满弧坑。

五、异种钢焊接

在现代机械制造中，有时为了满足不同工作条件下对材料的要求，常需要将不同种的金属焊接起来。其中以珠光体钢（低碳或低合金钢）与奥氏体钢的焊接最为常见。常温受力构件由珠光体钢制造，高温或与腐蚀介质接触的部件采用奥氏体钢制造，然后再将二者焊接起来。这样不仅可以节约大量的高合金钢，而且能够最大限度地发挥材料的潜力，全面满足产品的使用要求，做到了物尽其用。

1. 珠光体钢与奥氏体钢的焊接性

珠光体钢与奥氏体钢成分差异大，所以它们之间的焊接实际上是异种材料的焊接。异种材料焊接除了金属本身的物理、化学性能对焊接带来的影响外，两种材料在成分与性能上的差异，更大程度上会影响其焊接性，所以异种材料焊接时存在以下几个主要问题。

（1）在熔合区会生成马氏体脆化层　即使采用奥氏体化能力强的高铬—镍型焊接材料，使焊缝获得韧性很好的全部奥氏体组织，在熔合区还是不可避免地生成马氏体组织。由于马氏体硬度高，在焊接时或使用中可能形成裂纹。

焊接时采用镍含量较高的填充金属，提高焊缝金属的含镍量，可以使脆化层的宽度明显降低。此外，在其他条件不变时，熔合比越小，脆化层越窄。

（2）熔合区碳的扩散　除了熔合区会产生低塑性的马氏体组织外，在焊接时还会由于焊缝与母材成分差异较大而导致元素扩散的现象，尤其是碳的扩散。碳从珠光体母材通过熔合区向焊缝扩散，从而在靠近熔合区的珠光体母材上形成了一个软化的脱碳层，而在奥氏体焊缝中形成了硬度较高的增碳层。

焊缝中碳化物形成元素（如铬、钛、铌等）的含量越多，碳的扩散越严重；相反，适当增加珠光体母材中的碳化物形成元素，可有效抑制珠光体钢中碳的扩散。此外，镍是石墨化元素，能降低碳化物的稳定性，因此适当增加焊缝中镍的含量，有助于抑制碳的扩散。

（3）接头复杂的应力状态　珠光体钢与奥氏体钢焊接时，接头在焊后除了产生由于局部加热而引起的热应力外，还有因两种材料线胀系数不同而造成的附加残余应力。这种由于线胀系数不同而产生的残余应力，经热处理是无法消除的。由于接头应力的增加，降低了高温持久强度和塑性，易导致沿熔合线断裂。

2. 珠光体钢与奥氏体钢的焊接工艺

（1）焊接材料的选用　由前面的焊接性分析可知，为了减少熔合区马氏体脆性组织的形成，抑制碳的扩散，应选含镍量较高的填充金属。但随着焊缝中镍含量的增加，使焊缝热裂倾向加大。为了防止热裂纹的形成，最好使焊缝中含有体积分数为 3%～7% 的铁素体组织或形成奥氏体＋碳化物的双相组织，故焊条电弧焊时通常选用 A302 焊条。

（2）焊接方法的选用　焊接时应注意选用熔合比小的焊接方法，如焊条电弧焊、钨极氩弧焊、熔化极气体保护焊都比较合适。埋弧焊则需注意限制热输入，控制熔合比。不过，由于埋弧焊搅拌作用强，高温停留时间长，形成的过渡层较为均匀。

（3）焊接工艺要点　为了减小熔合比，珠光体钢与奥氏体钢焊接时坡口角度应大一些，焊接时采用小直径的焊条或焊丝，小电流、长弧、快速焊的方法。如果为了防止珠光体钢产生冷裂纹而需要预热，则其预热温度应比珠光体钢同种材料焊接时略低一些。

珠光体钢与奥氏体钢焊接接头，焊后一般不进行热处理。因为焊后热处理不但不会消除由于两种材料线胀系数不同而引起的附加应力，而且焊后的加热还会使扩散层加宽。因此，异种材料焊后一般不宜进行热处理。

[实验] 异种钢焊接工艺规程

焊接工艺规程 （WPS）	焊接工艺规程编号		WPS-A43
	版本号	日期	所依据的工艺评定编号
	A	2017-7-5	

焊接方法： ☑GTAW 钨极氩弧焊　□SMAW 焊条电弧焊　　□SAW 埋弧焊　　□GMAW 实芯焊丝气体保护焊

自动化等级　□全自动　　　☑手工　　　　□机械　　　□半自动

1. 焊接接头

1.1　坡口形式：_____V_____

1.2　衬垫（材料及规格）__无__

1.3　其他：_____N. A._____

2. 简图（接头形式、坡口形式与尺寸、焊层、焊道布置及顺序）

$60°\pm5°$

$2\,^{+1}_{\ 0}$

3. 母材

3.1　类别号　_Fe-4_　组别号　_2_　与类别号　_Fe-1_　组别号　_1_　相焊

3.2　标准号　_GB5310_　材料代号_12Cr1MoVG_　与标准号　_GB5310_　材料代号____20G____相焊

3.3　对接焊缝焊件母材厚度范围_____1.5～10mm_____

3.4　角焊缝焊件母材厚度范围_____N. A._____

3.5　管子直径、壁厚范围

3.5.1　对接焊缝_____1.5～10mm_____

3.5.2　角焊缝_____N. A._____

3.6　其他：_____无_____

4. 填充金属

4.1	焊材类别	FeS-1-2	
4.2	焊材标准	GB/T 8110	
4.3	填充金属尺寸	2.0	
4.4	焊材型号	ER50-6	
4.5	焊材牌号（金属材料代号）	GTL-50	
4.6	填充金属类别	实心	

4.7　其他

4.7.1　对接焊缝焊件焊缝金属厚度范围：_____≤10mm_____

4.7.2　角焊缝焊件焊缝金属厚度范围：_____N. A._____

5. 耐蚀堆焊金属化学成分（%）

C	Si	Mn	P	S	Cr	Ni	Mo	V	Ti	Nb

其他

注：每一种母材与焊接材料的组合均需分别填表

（续）

焊接工艺规程	WPS- A43	版本号	A

6. 焊接位置

6.1 对接焊缝的位置：＿＿＿所有＿＿＿

6.2 焊接方向： □向上 □向下

6.3 角焊缝位置：＿＿＿N. A.＿＿＿

6.4 焊接方向： □向上 □向下

7. 焊后热处理

7.1 焊后热处理温度/℃：＿660±10＿

7.2 保温时间范围/h：＿＿＿2＿＿＿

7.3 其他：＿＿＿＿＿无＿＿＿＿＿

8. 预热

8.1 最低预热温度/℃：＿＿＿10＿＿＿

8.2 最高道间温度/℃：＿＿＿300＿＿＿

8.3 保持预热时间：＿＿＿N. A.＿＿＿

8.4 加热方式：＿＿中频加热器＿＿

9. 气体

	气体	混合比	流量/（L/min）
9.1 保护气：	Ar	99.99%	9 ~ 14
9.2 尾部保护气：	无	无	无
9.3 背面保护气：	无	无	无

电特性

电流种类：	见下	极性：	见下
焊接电流范围/A：	见下	电弧电压/V：	见下
焊接速度（范围）：	见下	焊丝送进速度/（cm/min）	见下
钨极类型及直径	见下	喷嘴直径/mm：	8 ~ 12

焊接电弧种类（喷射弧、短路弧等） 见下

11. 焊接参数

焊道/焊层	焊接方法	填充金属		焊接电流		电弧电压/V	焊接速度/（cm/min）	线能量/（kJ/cm）
		牌号	直径/mm	极性	电流/A			
1 ~ end	GTAW	ER50-6	2. 0	DC. EN	100 ~ 160	12 ~ 14	10 ~ 12	8. 1

12. 技术措施

12.1 摆动焊或不摆动焊 ＿＿＿GTAW：均可＿＿＿

12.2 摆动参数 ＿＿＿＿＿＿＿＿＿＿＿

12.3 焊前清理和层间清理 ☑钢刷 或 ☑打磨

12.4 背面清根方法 □打磨 □机加工 □碳弧气刨 ☑无

12.5 单道焊或多道焊（每面） ＿＿GTAW：多道焊＿＿

12.6 多丝焊或单丝焊 □多丝焊 □单丝焊

12.7 焊丝间距 ＿＿＿＿N. A.＿＿＿＿

12.8 闭室焊为室外焊 ＿＿＿闭室焊＿＿＿

12.9 导电嘴至工件距离 ＿＿＿6 ~ 7mm＿＿＿

12.10 锤击有无： □有 ☑无

12.11 其他：环境温度：＿＿＿＿＿，相对湿度：＿＿＿＿＿

	编 制	校 对	审 核	批 准	AI 认可
签名					
日期					

第四节　铸铁的焊补

铸铁的焊补主要用于铸件缺陷的补焊、损坏铸件的修复、生产铸焊复合件等。在铸铁焊补中，应用最多的是灰铸铁的焊补，球墨铸铁次之，可锻铸铁最少。

一、铸铁的种类及性能特点

铸铁按碳在铸铁中的存在形式分为灰铸铁（全部是 G）、白口铸铁（全部是 Fe_3C）和麻口铸铁（$G + Fe_3C$）；按石墨的形态分为普通灰铸铁、球墨铸铁、蠕墨铸铁和可锻铸铁；按化学成分分为普通铸铁和合金铸铁。

普通灰铸铁中碳主要以片状石墨的形式存在，断口呈暗灰色。它具有一定的力学性能和良好的耐磨性、减振性和可加工性，因此是工业生产中应用最广泛的一种铸铁。

球墨铸铁由于石墨以球状分布而得名。它是在铁液中加入稀土金属、镁合金及硅铁等球化剂后使石墨球化而成。球墨铸铁的强度接近于碳钢，具有良好的耐磨性和一定的塑性，并能通过热处理改善性能，因此也被广泛应用于机械制造业中。

目前铸铁的焊接主要就是针对上述两种铸铁的焊接。

白口铸铁中碳完全以渗碳体的形式存在，断口呈亮白色。它的性质硬而脆，极难进行切削加工，工业上极少应用，主要用作炼钢原料。

可锻铸铁中石墨呈团絮状，是由一定成分的白口铸铁经长时间的石墨化退火而得到的。与灰铸铁相比，它有较好的强度和塑性，特别是低温冲击韧性较好，耐磨性和减振性优于非合金钢，但并不可锻，主要用于制造薄壁和形状复杂的受冲击载荷的零件，如各种管类零件及农机具等。

蠕墨铸铁是近十几年发展起来的新型铸铁，其生产方式与球墨铸铁相似，石墨呈蠕虫状。力学性能介于灰铸铁与球墨铸铁之间，主要用来制造大功率柴油机气缸盖、电动机外壳等。

铸铁的性能主要取决于石墨的形状、大小、数量及分布特点。由于石墨的强度极低，在铸铁中相当于裂缝和空洞，这样就破坏了基体金属的连续性，使基体的有效承载面积减小。

铸铁中的碳能以石墨或渗碳体两种独立相的形式存在，渗碳体相是不稳定相，石墨相是相对稳定的相，因此在熔融状态下的铁液中的碳有形成石墨的趋势。铸铁中的碳以石墨形式析出的过程称为铸铁的石墨化。

铸铁石墨化主要与铁液的冷却速度和化学成分（主要是碳、硅含量）有关。成分相同的铁液冷却时，冷却速度越慢，析出石墨的可能性越大，而碳、硅的存在有利于铁液的石墨化进程，所以对于铸铁来说，要求碳、硅含量较高。

二、铸铁的焊接性

灰铸铁的应用最为广泛，这里主要以灰铸铁的焊接性为例来进行分析。常用普通灰铸铁的化学成分为：$w_C = 2.7\% \sim 3.5\%$，$w_{Si} = 1.0\% \sim 2.7\%$，$w_{Mn} = 0.5\% \sim 1.2\%$，$w_S < 0.15\%$，$w_P < 0.3\%$。其特点是碳及硫、磷杂质含量高，这就增大了焊接接头对冷却速度变化的敏感性及对冷热裂纹的敏感性，并且铸铁强度低，基本无塑性，其焊接时的主要问题是焊接接头易出现白口组织和裂纹。

1. 焊接接头的白口组织

在焊接铸铁时，由于熔池体积小，存在时间短，加之铸铁内部的热传导作用，使得焊缝及近缝区的冷却速度远远大于铸件在砂型中的冷却速度。因此，在焊接接头中的焊缝及半熔化区将会产生大量的渗碳体，形成白口组织。

（1）焊缝区白口组织　铸铁焊接时，由于所用焊接材料不同，焊缝材质有两种类型：一种是铸铁成分；另一种是非铸铁（钢、镍、镍铁、镍铜或铜铁高钒钢等）成分。当焊缝为铸铁成分时，熔池冷却速度太快，或碳、硅含量较低，Fe_3C 来不及分解析出石墨，仍以 Fe_3C（渗碳体）形态存在，即产生白口组织。

（2）半熔化区白口组织　该区域很窄，是固相奥氏体与部分液相并存的区域，温度为 $1150 \sim 1250$℃，石墨全部溶解于奥氏体。焊缝冷却时，奥氏体中的碳往往来不及析出形成石墨，以 Fe_3C 的形态存在而成为白口组织，且冷却速度越快，越易形成白口组织。

当焊缝为铸铁成分时，如果冷却速度太快，半熔化区与焊缝区一样，会产生白口组织。当焊缝为非铸铁成分时，由于一般都是冷焊，半熔化区的冷却速度必然很快，该区的白口组织也必然出现，只不过随所用焊条的不同（钢、钝镍、镍铁、镍铜或铜铁焊条等）或焊接工艺不同，白口组织带的宽度有差别。目前铸铁冷焊用的 Z308 纯镍焊条，引起的白口组织带很窄，且为间断出现。

铸铁焊接接头中白口组织的存在，不仅造成加工困难，还会引起裂纹等缺陷的产生，因此铸铁焊接应尽量避免产生白口组织。

防止铸铁焊接接头产生白口组织的主要途径如下：

1）改变焊缝化学成分，主要是增加焊缝的石墨化元素含量或使焊缝成为非铸铁组织。如在焊芯或药皮中加入一些石墨化元素（碳、硅等），使其含量高于母材，以促进焊缝石墨化；或使用异质材料，如镍基合金、高钒、铜钢等焊条，让焊缝分别形成奥氏体、铁素体、非铁金属等非铸铁组织。这样可改变焊缝中碳的存在形式，以使其不出现冷硬组织，并具有一定的塑性。

2）减缓冷却速度，延长半熔合区处于红热状态的时间，有利于石墨的充分析出，可实现半熔合区的石墨化过程。通常采用的措施是焊前预热和焊后保温缓冷。焊缝为铸铁时，一般预热温度为 $400 \sim 700$℃；焊缝为非铸铁时，一般采用不预热的冷焊方法，有时可略加预热，预热温度为 $100 \sim 200$℃或稍高一些。

2. 焊接接头裂纹

灰铸铁焊接接头的裂纹主要是冷裂纹，其产生原因有以下几方面。

1）灰铸铁本身强度较低，塑性更差，承受塑性变形的能力几乎为零，因此容易引起开裂。

2）由于焊接过程对焊件来说属于局部加热和冷却，焊件必然产生焊接应力，焊接应力的存在是导致裂纹产生的又一重要原因。

3）焊接接头的白口组织又硬又脆，不能产生塑性变形，容易引起开裂，严重时会使焊缝及热影响区交界整个界面开裂而分离。

3. 防止裂纹的措施

防止裂纹产生，主要是通过减小焊接应力，并调整焊缝的化学成分，使其具有一定的塑性。

从减小应力的角度看，采用适当温度下的热焊，或者加热减应区焊，都有利于改善接头的应力分布状态；在冷焊时采用严格的工艺措施，如小电流、分段、断续焊，也有利于减小接头中的焊接应力。

通过改变焊缝的化学成分或合金系统，使其成为具有较高塑性的非铸铁组织（如镍基、高钒钢、铜钢组织等），增加了焊缝的塑性变形能力，使近缝区的焊接应力得以松弛，故使焊接接头的裂纹倾向大为降低。

为防止热裂纹的产生，可通过增加药皮的碱度及适当加入脱硫元素来降低杂质的危害。同时，在工艺方面还应采取措施来减少熔合比，以免母材中碳、硫、磷大量进入熔池。

三、灰铸铁的焊接工艺

灰铸铁指前述的普通灰铸铁，其焊接方法有焊条电弧焊、气焊、钎焊和手工电渣焊，其中最常用的是焊条电弧焊、气焊及钎焊。

1. 同质焊缝的焊条电弧焊

同质焊缝指焊后形成铸铁型焊缝。它的焊条电弧焊工艺分为热焊（包括半热焊）和冷焊两种。

（1）热焊及半热焊 针对灰铸铁焊接时白口组织和冷裂纹的问题，人们最先采用了热焊及半热焊工艺，以达到减小铸件温度、降低接头冷却速度的目的。热焊一般预热温度为600～700℃，半热焊预热温度为300～400℃。

1）热焊及半热焊焊条。热焊及半热焊的焊条有两种类型：一种是铸铁芯石墨化铸铁焊条（Z408），主要用于焊补大厚度铸件的缺陷；另一种是低碳钢芯石墨化铸铁焊条（Z208），外涂强石墨化药皮。

2）热焊工艺。电弧热焊时，一般将铸件整体或焊补区局部预热到600～700℃，然后再进行焊接，焊后保温缓冷。热焊具体工艺如下：

① 预热。对结构复杂的铸件（如柴油机缸盖），由于焊补区刚性大，焊缝无自由膨胀收缩的余地，故宜采用整体预热；对结构简单的铸件，焊补处刚性小，焊缝有一定膨胀收缩的余地，如铸件边缘的缺陷及小块断裂，可采用局部预热。

② 焊前清理。用砂轮、扁铲、风铲等工具将缺陷中的残留型砂、氧化皮、铁锈等清除干净，直至露出金属光泽，离缺陷10～20mm 范围内也应磨干净。对有油污的，应用气焊火焰烧掉，以免焊条熔滴焊不上或产生气孔。

③ 造型。对边角部位及穿透缺陷，焊前为防止熔化金属流失，保证一定的焊缝成形，应在待焊部位造型，其形状尺寸如图8-9 所示。

造型材料可用型砂加水玻璃或黄泥，内壁最好放置耐高温的石墨片，并在焊前进行烘干。

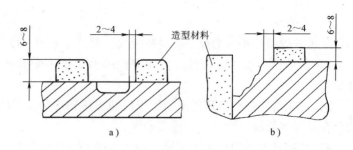

图8-9 热焊焊补区造型示意图
a）中间缺陷焊补 b）边角缺陷焊补

④ 焊接。焊接时，为了保持预热温度，缩短高温工作时间，要求在最短时间内焊完，故宜采用大电流、长弧、连续焊。

焊接电流一般取焊条直径 d 的 40~60 倍，即 $I=(40\sim 60)d$。

⑤ 焊后缓冷。要求焊后采取缓冷措施，一般用保温材料（如石棉灰等）覆盖，最好随炉冷却。

电弧热焊焊缝力学性能可以达到与母材基本相同，且具有良好的可加工性，焊后残余应力小，接头质量高。但热焊法铸件预热温度高工艺复杂，生产周期长，焊工操作条件差，因此其应用和发展受到了一定的限制，只有当缺陷被四周刚度大的部位所包围，在焊接时不能自由热胀冷缩，用冷焊法焊接易裂时才采用。

3）半热焊工艺。半热焊采用 300~400℃ 整体或局部预热。其与热焊相比，可改善焊工的劳动条件。半热焊由于预热温度比较低，在加热时铸件的塑性变形不明显，因而在焊补区刚性较大时，不易产生变形，但焊接应力增大，可能导致接头产生裂纹等缺陷。因此，半热焊只适用于焊补区刚度较小或形状较简单的铸件。

半热焊由于预热温度低，铸件焊接时的温差比热焊条件下大，故焊接区的冷却速度加快，易产生白口组织。为了防止白口组织及裂纹的产生，焊缝中石墨化元素含量应高于热焊时的含量，一般情况下可采用 Z208 或 Z248 焊条。半热焊工艺过程基本与热焊时相同，即大电流、长弧、连续焊，焊后保温缓冷。

（2）冷焊　电弧冷焊即焊前不预热，焊接过程中不辅助加热。它是在提高焊缝石墨化能力的基础上，采用大直径焊条、大焊接线能量的连续焊工艺，以增加熔池存在时间，达到降低接头冷却速度、防止白口组织产生的目的。这种方法用于中厚度以上铸件的一般大缺陷焊补，基本上可以避免白口组织的产生，获得较好的效果。

1）电弧冷焊焊条。电弧冷焊时由于焊缝冷却速度较快，为了防止出现白口组织，同质焊缝冷焊焊条的石墨化元素碳、硅的含量应比热焊焊条高。

2）冷焊工艺要点。

① 焊前清理及坡口制备。焊接前应对焊补区进行清理并制备好坡口。为防止冷焊时因熔池体积过小而冷速增大，焊补区的面积需大于 $8cm^2$，深度应大于 7mm，铲挖出的型槽形状应光滑，并应上大下小呈一定的角度，其形状、尺寸示意如图 8-10 所示。

② 造型。坡口制备好后，为防止焊缝液态铁流失和保证焊缝高于母材，应在等焊部位造型。其造型方法和材料与热焊方法基本相同（图 8-9）。

③ 焊接。焊接时采用大直径焊条，使用直流反接电源，进行大电流、长弧、连续施焊。焊接电流根据焊条直径选择，当焊条直

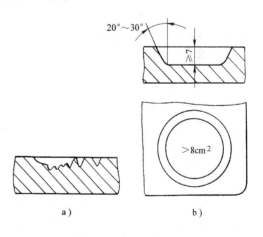

图 8-10　铸铁型焊条冷焊焊前准备示意图
a）缺陷状况　b）型槽形状及尺寸

径为 5mm 时，焊接电流应为 250~350A；当焊条直径为 8mm 时，焊接电流为 380~600A。电弧长度为 8~10mm，由中心向边缘连续焊接。坡口焊满后不要断弧，应使电弧沿熔池边缘靠近砂型移动（图 8-11a），使焊缝堆高。一般焊缝的高度要超出母材表面 5~8mm，焊后焊缝截面形状如图 8-11b 所示。焊后应立即覆盖熔池，以保温缓冷。

2. 异质焊缝的焊条电弧冷焊

异质焊缝即焊后形成非铸铁焊缝。电弧冷焊由于焊前不需预热,简化了焊接工艺过程,改善了操作者的工作条件,具有适用范围广、可进行全位置焊接及焊接效率高的特点,因此是一种很有发展前途的焊接方法。

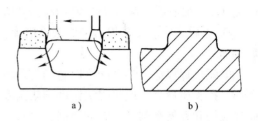

（1）异质焊缝电弧冷焊焊条　我国目前已发展了多种系列的非铸铁型焊缝铸铁焊条,可

图 8-11　铸铁型焊条冷焊示意图

参见 GB/T 10044—2006《铸铁焊条及焊丝》。常用铸铁焊条的性能及主要用途见表 8-22。

表 8-22　常用铸铁焊条的性能及主要用途

牌　号	型　号	药皮类型	电源种类	焊缝金属的类型	熔敷金属主要化学成分(质量分数,%)	主　要　用　途
Z100	EDFe	氧化型	交直流	碳钢	—	一般灰铸铁件非加工面的焊补
Z116	EZV	低氢钠型		高钒钢	C≤0.25,Si≤0.70	高强度灰铸铁件及球墨铸铁的焊补
Z117	EZV	低氢钾型	直流		V=8~13,Mn≤1.5	
Z122Fe	EZFe-2	铁粉钛钙型	交直流	碳钢	—	多用于一般灰铸铁件非加工面的焊补
Z208	EZC	石墨型		铸铁	C=2.0~4.0,Si=2.5~6.5	一般灰铸铁件焊补
Z238	EZCQ			球墨铸铁	C=3.2~4.2,Si=3.2~4.0 Mn≤0.80 球化剂 0.04~0.15	球墨铸铁件焊补
Z238SnCu	EZCQ				C=3.5~4.0,Si≈3.5 Mn≤0.8 Sn、Cu、Re、Mg 适量	用于球墨铸铁、蠕墨铸铁、合金铸铁、可锻铸铁、灰铸铁的焊补
Z248	EZC			铸铁	C=2.0~4.0,Si=2.5~6.5	灰铸铁件焊补
Z258	EZCQ			球墨铸铁	C=3.2~4.2,Si=3.2~4.0 球化剂 0.04~0.15	球墨铸铁件焊补,Z268 也可用于高强度灰铸铁的焊补
Z268	EZCQ				C≈2.0,Si≈4.0 球化剂适量	
Z308	EZNi—1			纯镍	C≤2.00,Si≤2.50 Ni≥90	重要灰铸铁薄壁件和加工面的焊补
Z408	EZNiFe—1			镍铁合金	C≤2.0,Si≤2.5 Ni=45~60,Fe 余	重要高强度灰铸铁件及球墨铸铁件的焊补
Z408A	EZNiFeCu			镍铁铜合金	C≤2.0,Si≤2.0,Fe 余 Cu=4~10,Ni=45~60	重要灰铸铁及球墨铸铁件的焊补
Z438	EZNiFe			镍铁合金	C≤2.5,Si≤3.0 Ni=45~60,Fe 余	
Z508	EZNiCu			镍铜合金	C≤1.0,Si≤0.8,Fe≤6.0 Ni=60~70,Cu=24~35	强度要求不高的灰铸铁件焊补
Z607	—	低氢钠型	直流	铜铁混合	Fe≤30,Cu 余	一般灰铸铁件非加工面的焊补
Z612		钛钙型	交直流			

（2）异质焊缝的电弧冷焊工艺　异质焊缝电弧冷焊的质量，不仅取决于选择的焊接材料，而且要采取正确的工艺措施，否则会因工艺措施不当而促使裂纹、白口等缺陷产生，影响接头的加工性能和使用性能。

1）焊前清理。焊前应将铸件缺陷周围的残留型砂、油污清除干净。由于铸铁组织疏松，晶粒间隙大，尤其是旧铸件，在长期使用过程中会渗入油污、水分和杂质，如不清理干净，会使焊缝产生气孔。另外，由于焊缝中油质碳化，会使接头熔化金属间浸润不良，影响焊缝与母材的熔合，使接头质量下降。其清理方法和要求与同质焊缝的焊条电弧焊相同。

2）坡口制备。电弧冷焊焊补裂纹缺陷时，坡口常用 U 形，也有用 V 形的，U 形比 V 形的熔合比小。坡口形式与尺寸如图 8-12 所示，开坡口前应先在裂纹两端钻孔，以免裂纹扩展，坡口表面在进行机械加工时，要尽量平整，以减少基本金属的熔入量。

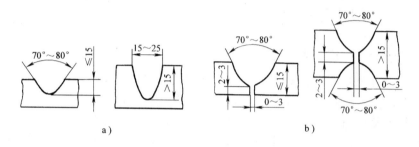

图 8-12　裂纹缺陷的坡口

a）未裂透缺陷坡口　b）裂透缺陷坡口

3）焊接。采用短段、断续施焊。焊接铸铁时很容易开裂，为了减小热应力和防止冷裂纹，必须减小焊接区与母材的温差。冷焊法不是通过预热的办法，而是通过降低焊接区温度来达到降低焊接区与母材温差的目的，因此焊接电流应尽可能小。若电流过大，一方面会增加熔深，母材铸铁熔入焊缝过多，影响焊缝成分，使熔合区白口层增厚，不仅难以加工，甚至会引起裂纹和焊缝剥离；另一方面还会加大焊接区与母材的温差，导致开裂。

焊接过程中，每焊一小段后，应立即采用带圆角的尖头小锤快速锤击焊缝。焊缝底部锤击不便，可用圆刃扁铲轻捻，这样既可松弛焊接应力、防止裂纹，又可锤紧焊缝微孔，增加焊缝致密性。

电弧冷焊时对温度比较敏感，难焊的铸件应在室内进行，以防止风吹。另外，可将工件放置在炉旁，稍提高其整体温度。要求更高时，可将工件整体预热至 200 ~ 250℃。

对于深坡口焊件（其壁厚为 15 ~ 20mm 时），因焊缝体积大，不能一次焊满，焊接后应力增大，容易引起焊缝剥离。为此，除遵循上述工艺要点外，还需采取以下措施。

① 多层焊，采用图 8-13 所示的焊接顺序，以减小焊接应力。

② 当母材材质差、焊缝强度高时，或工件受力大，要求强度高时，可采用栽钉焊法。即在铸件坡口上钻孔攻螺纹，然后拧入钢质螺钉（一般用 M8 螺钉，间距为 20 ~ 30mm），如图 8-14 所示，先绕螺钉焊接，再焊螺钉之间。

图 8-13　铸铁多层焊顺序

③ 坡口内装加强筋，如图 8-15 所示。焊接大厚度焊件时，坡口较深、较大，可将加强筋改成加强板，且叠加几层。这种采用内装加强筋或加强板的方

法，可以承受巨大应力，提高焊补接头的强度和刚性，同时由于大大减少了焊缝金属，减小了焊接应力，可更有效地防止焊缝剥离。

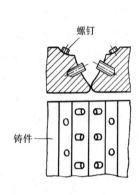

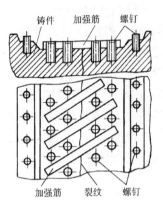

图 8-14　栽钉焊法示意图　　　　图 8-15　装加强筋焊法

④ 当铸件上有多道交叉裂纹，不便逐条补焊时，可采用镶块焊补法。即将焊补区域挖出，用比铸铁壁厚稍薄的低碳钢制备一块尺寸与补焊区相同的镶块，整体焊在铸件上。

⑤ 当焊补较大的缺陷时，为了节约价格昂贵的镍基焊条或高钒焊条，可在第一层或第一、二层采用镍基焊条或高钒焊条，以后各层用低碳钢焊条焊满，这种方法称为组合焊接法，如图 8-16 所示。

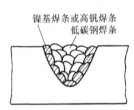

图 8-16　组合焊接法

3. 灰铸铁的气焊

气焊时由于氧乙炔焰的温度比电弧焊低得多，而且火焰分散，热量不集中，焊接加热时间长，焊补区加热体积大，焊后冷却速度缓慢，有利于焊接接头的石墨化过程。然而，由于气焊加热时间长，局部区域过热严重，导致加热区产生很大的热应力，容易引起裂纹。因此，气焊铸铁时，对刚度较小的薄壁铸件可不预热；对结构复杂或刚度较大的焊件，应采用整体或局部预热的热焊法；有些刚度较大的铸件，可采用加热减应区法施焊。

（1）气焊焊接材料

1）焊丝。为了保证气焊的焊缝处不产生白口组织，并有良好的可加工性，铸铁焊丝成分应有高的含碳量和含硅量。常用的焊丝 RZC-1，由于碳、硅含量较低，适用于热焊；焊丝 RZC-2，碳、硅含量较高，适用于冷焊。

2）熔剂。焊接铸铁用气焊熔剂的牌号统一为 CJ201，其熔点较低，约为 650℃，呈碱性，能将气焊铸铁时产生的高熔点 SiO_2 复合成易熔的盐类。其配方中各成分的质量分数分别为 $H_3BO_3$18%、$Na_2CO_3$40%、$NaHCO_3$20%、$MnO_2$7%、$NaNO_3$15%，有潮解性。

（2）气焊工艺要点

1）铸铁气焊也分为热焊和冷焊两种。其共同注意点如下：

① 气焊前应对焊件进行清理，其要求和准备工作与焊条电弧焊相同。

② 气焊时应根据铸件厚度相应选用较大号码的焊炬及焊嘴，以提高火焰能率，增大加热速度。气焊火焰应选用中性焰或轻微的碳化焰。为了防止熔池金属流失，焊接中应尽量保持水平位置焊接。

③ 铸件焊后可自然冷却，注意不要放在空气流通的地方加速冷却，否则会促使白口组织、裂纹的产生。

2）铸铁热、冷焊。由于热焊法与冷焊法在适用范围与工艺方法上有所不同，除了上面需要共同注意的几点外，还需分别注意一些问题。

① 热焊法。一般适用范围：焊补区位于铸件中间，接头刚性较大或铸件形状较复杂时；长期在常温、腐蚀条件下工作，且内部有变质的铸件；材质较差、组织疏松粗糙的铸件；厚度较大，不预热难以施焊或焊接太慢的铸件。预热温度一般为 $600 \sim 700℃$。

② 冷焊法。在操作中要掌握好焊接方向和速度，巧妙地运用热胀冷缩规律，使焊补区在焊接过程中能够比较自由地伸缩，从而减小焊接应力，避免热应力裂纹。为此可采用加热减应区法。这种方法在焊接前要在铸件上选定加热后可使接头应力减小的部位，该部位称为减应区。减应区一般应选在阻碍焊缝热胀冷缩的部位，如图 8-17 所示。为加热减应区，气焊时应注意：①边加热减应区边焊接。不焊接时，气焊火焰应对着减应区或对外，绝不能对着其他不焊的部位；②减应区温度不宜过高，一般不超过 $250℃$，以免该区性能降低；③在室内避风处进行焊接。

（3）灰铸铁带轮焊补实例　如图 8-18 所示，灰铸铁带轮"1"处发生断裂，现采用气焊进行焊补。若采用气焊直接对断裂处进行冷焊，由于其接头刚性很大，难以获得满意的焊接质量，现采用加热减应区法焊接。因该铸件轮缘较厚，在焊接中阻碍焊缝收缩，所以减应区确定为"2"处。

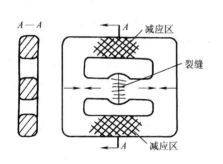

图 8-17　加热减应区焊接示意图

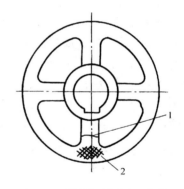

图 8-18　带轮加热减应区焊接

焊接时先将"2"处加热至一定温度。当该区温度升高时，轮缘变热会向外膨胀，断裂部位的裂纹也将随之扩大。当间隙扩大到一定程度（约 1.5mm）时，迅速将火焰移至断裂处（1 处）加热，进行焊接。在焊接过程中，应间隔加热"2"处，使其保持红热状态（$600 \sim 700℃$），以具有一定的塑性，减小对"1"处的拘束作用。焊接结束后，应不断用火焰加热"2"处，使之与接头同时收缩。焊后在室内自然缓冷。由于加热减应区使铸件轮缘的拘束作用降低，故接头裂纹倾向减小。

4. 灰铸铁的钎焊

铸件钎焊时母材本身不熔化，因此对避免铸铁焊接接头出现白口组织是非常有利的，使接头有优良的可加工性。钎料常采用铜合金及其他非铁金属，钎缝塑性较好。另外，钎焊温度较低，焊接接头应力较小，而接头上又无白口组织，因此发生裂纹的敏感性很小。所以，钎焊用于铸铁焊接也有一定的优越性。

铸铁常用是氧乙炔钎焊。最常用的钎料是铜锌钎料 HL103，其铜的质量分数 w_{Cu} = 53% ~ 55%，其余为锌，熔点为 885 ~ 890℃。钎剂一般采用硼砂，也可用 50% 硼砂加 50% 硼酸（质量分数）。常用的钎剂牌号为 CJ301。

铸铁钎焊工艺要求如下：

（1）钎焊前准备　对坡口进行严格清理，一般用汽油洗净焊补区油污，用扁铲或砂轮等彻底清除焊补区的其他杂物。

（2）坡口形式及尺寸　如图 8-19 所示，坡口深度在工件厚度的 4/5 以上，坡口内必须露出金属光泽。

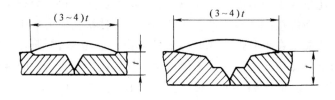

图 8-19　铸铁钎焊坡口

（3）火焰选择　用氧化焰将坡口加热至 900 ~ 930℃（樱红色），将坡口表面的石墨烧去，以便钎料深入母材，提高接头强度。

（4）钎焊　在已加热的坡口上均匀地撒上焊剂，并将烧红的钎料醮上焊剂，用轻微氧化焰先用铜锌钎料在坡口上焊一薄层铺底，然后逐渐填满焊缝。为了防止锌被烧损和产生气孔，焊补区不要过热，为此应保持焰心与熔池有一定的距离，一般为 8 ~ 10mm。火焰应指向钎料，不要指向熔池，不做往复运动，填加钎料要快，加热部位要小。

（5）钎焊顺序　应由内向外、左右交替、从简单到复杂进行钎焊，以减小焊接应力。长焊缝应分段钎焊，每段长度以 80mm 为宜。第一段焊满后待温度降低到 300℃ 以下时再焊第二段，以此类推。注意：段与段之间要连接好。

（6）焊后　用火焰适当加热焊缝周围使其缓冷，以防止近缝区奥氏体相变后淬火，并用小锤锤击焊缝，使焊缝组织紧密，达到松弛应力的目的。

四、球墨铸铁的焊接

球墨铸铁与灰铸铁相比，具有强度高、塑性和韧性好的特点。随着球墨铸铁在生产中的大量应用，其铸件的焊接修复问题也越来越引起人们的重视。

1. 球墨铸铁的焊接特点

球墨铸铁焊接与灰铸铁相比，有很多相似之处，也有其本身的特点。球墨铸铁可以被认为是一种包含有球状石墨的低碳钢，其本身的强度和塑性较好，所以从等强度观点出发，补焊球墨铸铁时应保证焊缝有较好的强度和塑性。

球墨铸铁常用镁和稀土元素作为球化剂。由于球化元素镁及铈、钇等元素都具有强阻碍石墨化能力及提高淬硬临界冷却速度的作用，所以焊接时焊接区的白口倾向比灰铸铁大。

进行球墨铸铁焊接时，若热影响区冷却速度过快，会使奥氏体转变为马氏体，即形成淬火组织，其硬度可高达 620 ~ 700HBW，使焊后机械加工困难。

球墨铸铁的焊接性比灰铸铁差，但球墨铸铁本身的强度和塑性好，不易产生裂纹，这是其有利的一面。所以进行球墨铸铁焊接时，除了应防止白口及淬硬组织外，为了保证焊接接头的强度和塑性，还应考虑焊缝的石墨球化和焊后热处理问题。

2. 球墨铸铁的焊接工艺

球墨铸铁最常用的焊接方法是焊条电弧焊和气焊。

（1）焊条电弧焊　采用焊条电弧焊方法焊接球墨铸铁时，根据所用焊条不同，分为同质焊缝和异质焊缝两种形式。

1）同质焊缝的焊条电弧焊。同质焊缝即焊后形成球墨铸铁焊缝，系采用含有球化及石墨化剂的钢芯铸铁焊条（Z238）配合一定的工艺而取得。同质焊缝一般用于补焊较大的缺陷，为防止白口及冷裂等缺陷，一般采用热焊工艺。

焊前清理方法和要求与灰铸铁基本相同。焊接电源采用直流反接或交流。焊前应进行焊件预热，较小焊件，预热温度一般约为 500℃；较大焊件，预热温度为 700℃。焊接电流的大小应考虑既不严重烧损焊条药皮中的球化剂，又不影响焊缝的熔合，并考虑提高焊接生产率，一般应略低于灰铸铁热焊时的电流值。焊后应注意保温缓冷。

为了保证焊接接头具有足够的强度、塑性和韧性，球墨铸铁焊后应进行正火或退火热处理。正火处理是为了得到珠光体基体组织，以获得足够的强度。其方法是将铸件加热到 900 ~920℃，保温后随炉冷却至 730 ~750℃，然后取出空冷。退火处理是为了得到铁素体基体组织，以得到较高的塑性和韧性。其方法是将铸件加热到 900 ~920℃，保温后随炉冷却。

2）异质焊缝的焊条电弧焊。异质焊缝即焊后形成非铸铁焊缝。在补焊非加工面时，可采用高钒铸铁焊条（Z117），获得高钒钢焊缝；补焊加工面时，可采用镍铁焊条（Z408），获得镍基焊缝。其工艺与灰铸铁冷焊工艺基本相同。由于球墨铸铁的淬硬倾向比较大，在气温低或焊接大厚度的加工铸件时，应适当预热，预热温度为 100 ~200℃。在保证焊缝熔合的前提下焊接电流应尽可能小。如用 ϕ3.2mm 焊条，焊接电流为 90 ~100A；用 ϕ4.0mm 焊条，焊接电流为 135 ~145A。

（2）气焊　气焊火焰温度低，焊缝中镁的蒸发烧损量减小，有利于石墨球化；另外由于其加热和冷却过程比较缓慢，故可以减小白口及淬硬倾向，对石墨化过程也较为有利。因此，气焊方法也适用于球墨铸铁的焊接。

气焊球墨铸铁应采用球墨铸铁焊丝。目前常用的球墨铸铁焊丝有 RZCQ-1、RZCQ-2。气焊时可采用"CJ201"铸铁熔剂。

焊接时，为了减少母材及焊丝中球化元素的烧损，气焊火焰一般应采用中性焰或轻微碳化焰。因球墨铸铁接头的白口及淬硬倾向大，焊前要对焊接区进行预热，一般预热温度为 600℃左右，刚性大的铸件应在较大范围预热或整体预热。

球墨铸铁的气焊一般用于壁厚不大铸件的焊接，生产中常用于壁厚小于 50mm，或者缺陷不大且接头质量要求较高的中小铸件焊补。

复习思考题

1. 采用焊条电弧焊方法焊接低碳钢时，焊接工艺上有哪些要求？

2. Q235A 板，厚 $t = 20$mm，施工环境温度为 -20℃，采用焊条电弧焊进行两块钢板对接焊接，试制订其焊接工艺。

3. 焊接合金结构钢时容易产生的问题有哪些？分别如何解决？

4. 制订 Q345 钢的焊接工艺。

5. 试述不锈钢产生晶间腐蚀的原因及防止方法。

6. 制订奥氏体不锈钢的焊接工艺。

7. 焊接灰铸铁时为什么会产生白口组织？会有什么影响？如何防止它的产生？

8. 铸铁的石墨化对铸铁的组织和性能有何影响？主要是由哪些因素决定的？

［实验］ 灰铸铁补焊

一、实验目的

1）进一步了解灰铸铁的焊接性。

2）理解补焊工艺的制订方法及操作规程。

二、实验器材

1）500A 交流弧焊机组。

2）废旧灰铸铁砂箱若干，或其他较薄的灰铸铁件。

3）J422（E4303）、Z208（EZC）、Z308（EZNi-1）、Z408（EZNiFe-1）$\phi 4.2mm$ 焊条若干。

4）锉刀，硬度实验机。

三、实验步骤

1）熟悉铸铁补焊的工艺制订方法，并理解其操作要领。

2）按不同焊条，分别在四组铸铁件的裂纹或断裂处施焊。

3）比较四种焊条补焊后焊缝的外观、硬度等。

四、实验报告

1）记录下四种焊条焊补后的外观、硬度特点和数值。

2）分析造成这些差别的原因。

第九章　常用非铁金属的焊接

第一节　铝及铝合金的焊接

一、铝的分类

铝密度小，具有良好的塑性，较高的导电性和导热性，同时还具有抗氧化和耐各种介质腐蚀的能力。铝的资源丰富，特别是在钝铝中加入各种合金元素而形成的铝合金，强度显著提高，使用非常广泛。常用的铝及铝合金主要有：

（1）工业纯铝　工业纯铝的含铝量高，其纯度为 $w_{Al}=99\% \sim 99.7\%$，还含有少量的 Fe 和 Si 等其他杂质。

（2）铝合金　纯铝的强度比较低，不能用来制造承受载荷很大的结构，所以使用受到限制。在纯铝中加入少量合金元素，能大大改善铝的各项性能，如 Cu、Mg 和 Mn 能提高强度，Ti 能细化晶粒，Mg 能防海水腐蚀，Ni 能提高耐热性，所以在工业上大量使用铝合金。铝合金的分类如下：

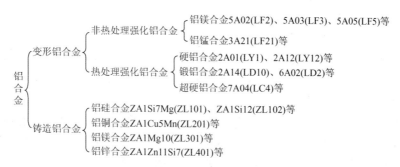

非热处理强化变形铝合金（铝镁、铝锰合金）可通过加工硬化和固溶强化来提高力学性能。其特点是强度中等、塑性及耐蚀性好、焊接性良好，是目前铝合金焊接结构中应用最广的两种铝合金。

热处理强化变形铝合金可通过淬火＋时效等热处理工艺提高力学性能，其特点是强度高、焊接性差，熔焊时焊接裂纹倾向较大，焊接接头的耐蚀性和力学性能下降严重。

铸造铝合金中，铝硅合金应用较广。其特点是有足够的强度、耐蚀性和耐热性良好、焊接性尚好，主要进行铸造铝合金零件的补焊修复。

铝合金种类繁多，其中 5A02（LF2）、5A03（LF3）、5A05（LF5）、5A06（LF6）、3A21（LF21）等铝合金，由于强度中等、塑性和耐蚀性好，特别是焊接性好，被广泛用于焊接结构的材料。其他铝合金因焊接性较差，在焊接结构中应用较少。

二、铝及铝合金的焊接性

铝及铝合金有易氧化、导热性好、热容量和线胀系数大、熔点低以及高温强度小等特点，因而给焊接带来了一定困难。

（1）易氧化　铝与氧的亲和力很强，铝及铝合金在任何温度下都会氧化。其在空气中容易与氧结合生成致密的 Al_2O_3 薄膜（厚度约 $0.1\mu m$），高温焊接时氧化更为激烈。这种 Al_2O_3 薄膜的熔点高达 2050℃，密度约为铝的 1.4 倍，这层氧化膜对自然防腐有利，但是在焊接过程中，会阻碍金属之间的熔合，容易形成夹渣。Al_2O_3 薄膜对水分的吸附能力很强，在焊接过程中若存在于熔池表面，会影响电弧的稳定燃烧，阻碍焊接过程的正常进行。因此，焊接时易形成未熔合、气孔、夹渣等缺陷，从而降低焊接接头的力学性能。为了保证焊接质量，焊前应采用机械或化学法清除焊件坡口和焊丝表面的氧化物；同时，为了防止焊接过程中的再氧化，应对熔池及高温区金属进行有效的气体保护，气焊时采用熔剂，并在焊接过程中不断用焊丝挑破熔池表面的氧化膜。

（2）耗能大　铝及铝合金的热导率约为钢的 4 倍，要达到与钢同样的焊接速度，焊接热输入应为钢的 2～4 倍，因此，焊接铝及铝合金时应采用能量集中、功率大的热源，并采取预热等措施；铝及铝合金的导电性好，在电阻焊时比焊接钢材需要更大容量的电源。

（3）容易形成热裂纹　铝的高温强度低，塑性差（纯铝在 640～656℃ 的伸长率小于0.69%），线胀系数约为 $23.5 \times 10^{-6}/℃$，比钢大两倍左右，凝固时的体积收缩率约为6.6%，在接头中容易形成较大的拘束应力，导致焊件产生较大的内应力，加大了形成变形和裂纹的倾向。铝及铝合金焊接时，主要在焊缝金属中形成结晶裂纹和在热影响区形成液化裂纹。防止产生这些热裂纹的措施主要是改进接头设计、正确选择焊接方法、合理选择焊接参数和适应母材特点的焊接填充材料。如焊接高强铝合金（硬铝、超硬铝）时，常采用 $w_{Si} = 5\%$ 的 Al-Si 焊丝。

（4）容易产生气孔　氢是铝在熔焊时产生气孔的主要原因。由于液态铝能溶解大量的氢，而固态铝则几乎不溶解氢，在焊后的冷却凝固过程中，气体来不及逸出而聚集在焊缝中便形成气孔。此外，焊丝或工件表面氧化膜的存在，增加了对水分的吸附能力，也是形成气孔的重要原因。

焊接时为了减少氢的来源，焊前应认真对焊件、焊丝、焊条等清除氧化膜、潮气和油膜。焊接过程尽可能少中断，以防止气孔的生成。另外，在选择工艺参数时采用较大的热输入，可使氢以过饱和状态固溶在固体铝中，减少氢气孔的产生。

（5）降低焊接接头的力学性能　热处理强化铝合金焊接接头的组织示意图如图 9-1所示。其中性能变化较大的是焊缝、半熔化区和过时效软化区。焊缝区为铸造组织，组织疏松且晶粒粗大，性能一般比母材低；半熔化区除晶粒严重粗化外，局部熔化会使晶粒出现过烧和氧化，导致塑性严重下降，有时还会出现显微裂纹，这个区是整个接头的最薄弱环节；在过时效软化区中，由于加热温度超过了时效温度而产生退火作用，使合

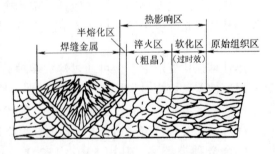

图 9-1　热处理强化铝合金焊接接
头的组织示意图

金时效强化作用完全或部分消失，强度、硬度大大降低，使其成为热影响区中强度最低的部位。此外，某些铝合金中含有低沸点的合金元素如镁、锌等，这些元素在焊接过程中极易蒸发和烧损，从而改变了焊缝金属的合金成分，降低了焊接接头的性能。

（6）降低焊接接头耐蚀性　铝及铝合金焊接接头的耐蚀性一般都低于母材。造成接头耐蚀性降低的主要原因是接头的组织不均匀以及在接头中总是或多或少地存在焊接缺陷，破坏了氧化膜的完整性和致密性，使腐蚀过程加速。另外，焊接应力的存在，是导致接头产生应力腐蚀的主要原因。在实际生产中，可采用细化焊缝晶粒、减少焊缝金属中的杂质含量、锤击焊缝消除焊接应力、选用能量集中的焊接方法以及焊后热处理等措施来提高焊接接头的耐蚀性。

（7）易焊穿　铝及铝合金从固态变为液态时，无明显的颜色变化，所以不易判断母材金属的温度，因此焊接时常因无法察觉而导致烧穿。

三、铝及铝合金的焊接工艺

1. 焊接材料的选择

铝及铝合金的焊接材料包括铝焊丝、铝气焊熔剂以及铝焊条等。

（1）铝焊丝　铝焊丝通常分为以下几种。

1）专用焊丝。专用于焊接与其成分相同或相近的母材，可根据母材成分选用。若无现成焊丝，也可从母材上切下窄条作为填充金属。

2）通用焊丝。$w_{Si} = 5\%$ 的 Al-Si 焊丝，通常用于除 Al—Mg 合金以外的各种铝合金焊接，焊缝金属的流动性好且具有较高的抗裂纹能力。

3）特种焊丝。为焊接各种硬铝、超硬铝而专门冶炼的焊丝。这类焊丝的成分与母材相近。与通用焊丝相比，其焊缝金属既有良好的抗裂性又有较高的强度和塑性。常用铝及铝合金焊丝型号及牌号见表9-1。

表9-1　铝及铝合金焊丝型号及牌号

名　称	型　号	主要化学成分（质量分数,%）	牌　号	用 途 及 特 性
纯铝焊丝	SAl-1	Al≥99.0，Fe≤0.25，Si≤0.20		焊接纯铝及对接头性能要求不高的铝合金，塑性好，耐蚀，强度较低
	SAl-2	Al≥99.7，Fe≤0.30，Si≤0.30	HS301	
	SAl-3	Al≥99.5，Fe≤0.30，Si≤0.35		
铝镁合金焊丝	SAlMg-1	Mg = 2.4～2.8，Mn = 0.50～1.0，Fe≤0.4，Si≤0.4，Al余量		焊接铝镁合金和铝锌镁合金，焊补铝镁合金铸件，耐蚀，抗裂，强度高
	SAlMg-2	Mg = 3.1～3.9，Mn = 0.01，Fe≤0.5，Si≤0.5，Al余量		
	SAlMg-3	Mg = 4.3～5.2，Mn = 0.5～1.0，Fe≤0.4，Si≤0.5，Al余量		
	SAlMg-5	Mg = 4.7～5.7，Mn = 0.2～0.6，Fe≤0.4，Si≤0.4，Ti = 0.2～0.6，Al余量	HS331	
铝硅合金焊丝	SAlSi-1	Si = 4.5～6.0，Al余量	HS311	焊接除铝镁合金以外的铝合金，特别对易产生热裂纹的热处理强化铝合金更合适，抗裂
铝锰合金焊丝	SAlMn	Mn = 1.0～1.6，Al余量	HS321	焊接铝锰及其他铝合金，耐蚀，强度较高
铝铜合金焊丝	SAlCu	Cu = 5.8～6.8，Al余量		焊接铝铜合金

（2）气焊熔剂 气焊熔剂的主要作用是溶解和消除覆盖在熔池表面的氧化膜并在熔池表面形成一层较薄的熔渣，保护熔池金属不被氧化，排除熔池中的气体、氧化物及其他夹杂物，改善熔池金属的流动性。铝及铝合金气焊熔剂的牌号、成分和使用要求见表9-2。

（3）铝焊条 铝及铝合金焊接用焊条药皮涂料主要由氯化物和氟化物组成。药皮的作用除造渣保护熔池外，更主要的是可以清除氧化膜和稳定电弧燃烧。施焊时，一般采用直流反接法。铝及铝合金焊条的牌号、成分及应用见表9-3。

表9-2 铝及铝合金气焊熔剂的牌号、成分（质量分数,%）和使用要求

牌号	KCl	NaCl	NaF	LiCl	BaCl	Na_3AlF_6	使 用 要 求
CJ401	50	28	8	14	—	—	1）焊前将焊接部位擦刷干净
CJ402	30	45	15	10	—	—	2）用水将熔剂调成糊状，涂于焊丝表面
CJ403	40	20	20	—	20	—	3）焊后将残存于工件表面的熔剂用热水洗掉
CJ404	40	—	—	—	40	20	

表9-3 铝及铝合金焊条的牌号、成分及应用

焊条牌号	焊芯成分（质量分数,%）			焊接接头抗拉强度/MPa	主 要 用 途	符合国标型号
	Si	Mn	Al			
L109	—	—	≥99.5	≥64	焊接纯铝及一般接头要求不高的铝合金	TAl
L209	5	—	余量	≥118	焊接铝板、铝硅铸件，一般铝合金及硬铝	TAlSi
L309	—	1.3	余量	≥118	焊接纯铝、铝锰合金及其他铝合金	TAlMn

2. 焊接方法的选择

表9-4列出了铝及铝合金常用焊接方法的特点及适用范围，在生产中应根据具体情况选择最合适的方法。

表9-4 铝及铝合金常用焊接方法的特点及适用范围

焊接方法	焊 接 特 点	适 用 范 围
气焊	氧乙炔焰功率低，热量分散，热影响区及工件变形大，生产率低	用于厚度0.5~10mm的不重要结构，铸铝件焊补
焊条电弧焊	电弧稳定性较大，飞溅大，接头质量较差	用于铸铝件焊补和一般焊件修复
钨极氩弧焊	电弧热量集中，燃烧稳定，焊缝成形美观，接头质量较好	广泛用于厚度0.5~2.5mm的重要结构焊接
熔化极氩弧焊	电弧功率大，热量集中，焊件变形及热影响区小，生产率高	用于≥3mm中厚板材的焊接
电子束焊	功率密度大，焊缝深宽比大，热影响区及焊件变形极小，生产率高，接头质量好	用于厚度为3~75mm的板材的焊接
电阻焊	利用工件内部电阻产生热量，焊缝在外压下凝结结晶，不需要焊接材料，生产率高	用于焊接4mm以下的铝薄板
钎焊	靠液态钎料与固态焊件之间相互扩散而形成金属间牢固的连接，应力变形小，接头强度低	用于厚度≥0.15mm薄板的搭接、套接

3. 焊前准备及焊后清理

（1）焊前准备 铝及铝合金焊前准备包括焊前清理、设置垫板和预热。

1）焊前清理。去除坡口表面的油污和氧化膜等污物。在清除氧化膜之前，应先将坡口及其两侧（各约 30mm 内）的油污、脏物清洗干净，生产上一般采用汽油、丙酮、醋酸乙酯、松香水等清洗剂；对只有轻微油污的，可用温度为 60 ~ 70℃ 的碱性混合液（w_{NaOH} 1% + $w_{Na_3PO_4}$ 5% + $w_{Na_2SiO_3}$ 3% 的水溶液）或 w_{NaOH}（3 ~ 5）% 的溶液清洗；当焊件表面比较干净时，可用热水或蒸汽吹洗。

氧化膜的清理有机械清理和化学清理两种方法。

机械清理是采用机械切削、喷砂处理、细钢丝刷或锉刀等将焊口两侧 30 ~ 40mm 范围内的氧化膜除去。当使用砂轮、砂纸或喷砂等方法清理时，容易使残留的砂粒进入焊缝，故在焊前还应清除残留在焊口上的砂粒。选用钢丝刷时，钢丝直径为 0.1 ~ 0.15mm，否则会使划痕过深。

化学清理是用酸或碱溶液来溶解金属表面的方法去除氧化膜，最常用的方法是用（5 ~ 10）% 体积的 NaOH 溶液（约 70℃），浸泡坡口两侧各 100mm 范围，30 ~ 60s 后先用清水冲洗，然后在约 15% 的 HNO_3 水溶液（常温）中浸泡 2min，再用清水洗干净，最后进行干燥处理。

氧化膜清除后，通常应在 2h 之内焊接，否则会有新的氧化膜生成。氩弧焊时可在 24h 之内焊接，因为新生成的氧化膜极薄，可利用氩弧焊的"阴极清理"作用将其清除。

2）设置垫板。垫板由铜、不锈钢板、石墨板、碳钢板制成，用以控制焊缝根部形状和余高量。垫板表面开有圆弧形或方形槽，垫板及槽口尺寸如图 9-2 所示。

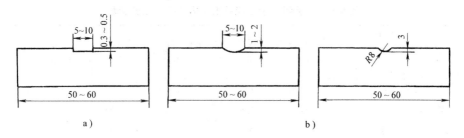

图 9-2　垫板及槽口尺寸
a）方形槽　b）圆弧形槽

3）预热。由于铝的导热性好，为了防止焊缝区热量的大量流失，焊前应对焊件进行预热。薄、小铝件可不预热；厚度超过 5mm 的铝件焊前应预热至 150 ~ 300℃；多层焊时，注意控制层间温度不低于预热温度。

（2）焊后清理　焊后残留在焊缝及附近表面的熔剂及焊渣，在空气、水分的参与下会激烈地腐蚀铝件，必须及时予以清理。一般清理可将焊件在 10% 的硝酸溶液中清洗，处理温度为 15 ~ 20℃，时间为 10 ~ 20min；若处理温度为 60 ~ 65℃，则时间为 5 ~ 15min。浸洗后用冷水再冲洗一次，然后用热空气吹干或在 100℃ 的干燥箱内烘干。

4. 焊接工艺要点

（1）钨极氩弧焊　采用钨极氩弧焊焊接时电弧稳定，所得焊缝致密，焊接接头的强度、塑性、韧性较好，且不存在焊后残留熔剂腐蚀问题，适用于 0.5 ~ 20mm 厚铝板、管的焊接。

1）接头形式。铝及铝合金手工钨极氩弧焊的接头形式见表 9-5。

表 9-5　铝及铝合金手工钨极氩弧焊的接头形式

接 头 形 式	接头尺寸/mm	接 头 形 式	接头尺寸/mm
	$t \leqslant 1.5$ $l = (2.0 \sim 2.5)t$ $R \leqslant t$ 不加填充焊丝		$t = 1 \sim 3$ $a = 0 \sim 0.5$ 若 $t = 3 \sim 5$ 则 $a = 1 \sim 2$
			$t = 6 \sim 10$ $\alpha = 60°$ $a = 0 \sim 3$ $h = 1 \sim 3$

　　2）焊接电源及焊接参数。采用直流反接法具有阴极清理作用，但易使钨极端部过热熔化，污染焊缝金属；直流正接法虽没有钨极过热，但也无阴极清理作用。因此，铝及铝合金焊接一般采用交流电源，以利用"阴极清理"作用来减小氧化膜的危害。

　　手工钨极氩弧焊的工艺参数包括钨极直径、焊接电流、电弧电压、氩气流量、喷嘴孔径、钨极伸出喷嘴的长度、喷嘴与焊件间的距离、接头形式、预热温度等。铝及铝合金交流手工钨极氩弧焊工艺参数见表9-6。

表 9-6　铝及铝合金交流手工钨极氩弧焊工艺参数

板厚 /mm	坡口尺寸			焊丝直径 /mm	钨极直径 /mm	喷嘴直径 /mm	焊接电流 /A	氩气流量 /(L/min)	焊接层数 （正/反）
	形式	间隙 /mm	钝边 /mm						
~1	I	0.5 ~ 2.0	—	1.5 ~ 2.0	1.5	5.0 ~ 7.0	50 ~ 80	4 ~ 6	1
1.5	I	0.5 ~ 2.0	—	2.0	1.5	5.0 ~ 7.0	70 ~ 100	4 ~ 6	1
2	I	0.5 ~ 2.0	—	2.0 ~ 3.0	2.0	6.0 ~ 7.0	90 ~ 120	4 ~ 6	1
3	I	0.5 ~ 2.0	—	3.0	3.0	7.0 ~ 12	120 ~ 150	6 ~ 10	1
4	I	0.5 ~ 2.0	—	3.0 ~ 4.0	3.0	7.0 ~ 12	120 ~ 150	6 ~ 10	1/1
5	V	1.0 ~ 3.0	2	4.0	3.0 ~ 4.0	12 ~ 14	120 ~ 150	9 ~ 12	1 ~ 2/1
6	V	1.0 ~ 3.0	2	4.0	4.0	12 ~ 14	180 ~ 240	9 ~ 12	2/1
8	V	2.0 ~ 4.0	2	4.0 ~ 5.0	4.0 ~ 5.0	12 ~ 14	220 ~ 300	9 ~ 12	2 ~ 3/1
10	V	2.0 ~ 4.0	2	4.0 ~ 5.0	4.0 ~ 5.0	12 ~ 14	260 ~ 320	12 ~ 15	3 ~ 4/1 ~ 2
12	V	2.0 ~ 4.0	2	4.0 ~ 5.0	5.0 ~ 6.0	14 ~ 16	280 ~ 340	12 ~ 15	3 ~ 4/1 ~ 2
16	V	2.0 ~ 4.0	2	5.0	6.0	16 ~ 20	340 ~ 380	16 ~ 20	4 ~ 5/1 ~ 2
20	V	2.0 ~ 4.0	2	5.0	6.0	16 ~ 20	340 ~ 380	16 ~ 20	5 ~ 6/1 ~ 2

　　3）操作技术

　　① 采用高频振荡器或高压脉冲引弧装置引弧，不允许在工件上接触引弧。

　　② 灭弧时除采用电流衰减装置外，在接近灭弧处应加快焊接速度及焊丝填加频率，将弧坑填满后慢慢将电弧拉长再灭弧。

③ 一般采用左焊法焊接，焊枪均匀平稳地向前做直线运动，并保持弧长恒定。为达到熔透和避免咬边，应尽量采用短焊弧。

④ 填充焊丝与工件间应保持一定的角度，如图9-3所示。焊丝倾角越小越好，一般为10°～25°，因为倾角太大容易扰乱电弧及气流的稳定性。

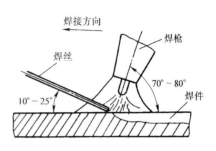

图9-3　焊枪及填充焊丝位置

⑤ 焊接时，无论是单面焊时的打底焊缝还是双面焊时的正面（开坡口面）焊，必须保证足够的熔透。

自动钨极氩弧焊主要用于焊接1～12mm规则的环缝或纵缝，它所选用的焊接参数如焊接电流、喷嘴直径、氩气流量都比手工钨极氩弧焊高。

（2）熔化极氩弧焊　熔化极氩弧焊采用射流过渡时，电弧挺度好，便于全位置焊接且熔深大，可焊的厚度范围广，一般用于板厚大于6mm的焊件。保护气体采用氩气或氩氦混合气体。采用直流反接喷射过渡的方法时，焊接电流必须大于临界电流，焊接参数见表9-7。

表9-7　纯铝、铝镁合金、硬铝的熔化极自动氩弧焊工艺参数

板材牌号	焊丝牌号	板材厚度/mm	坡口形式	坡口尺寸			焊丝直径/mm	喷嘴孔径/mm	氩气流量/(L/min)	焊接电流/A	电弧电压/V	焊接速度/m·h⁻¹	备注
				钝边/mm	坡口角度/(°)	间隙/mm							
1060 1050A	1060	6	—	—	—	0～0.5	2.5	22	30～35	230～260	26～27	25	正反面均一层
		8	V	4	100	0～0.5	2.5	22	30～35	300～320	26～27	24～28	
		10	V	6	100	0～1	3.0	28	30～35	310～330	27～28	18	
		12	V	8	100	0～1	3.0	28	30～35	320～340	28～29	15	
		14	V	10	100	0～1	4.0	28	40～45	380～400	29～31	18	
		16	V	12	100	0～1	4.0	28	40～45	380～420	29～31	17～20	
		20	V	16	100	0～1	4.0	28	50～60	450～500	29～31	17～19	
		25	V	21	100	0～1	4.0	28	50～60	490～550	29～31	—	
		28～30	双Y	16	100	0～1	4.0	28	50～60	560～570	29～31	13～15	
5A02 5A03	5A03 5A05	12	V	8	120	0～1	3.0	22	30～35	320～350	28～30	24	
		18		14			4.0	28	50～60	450～470	29～31	18.7	
		20		16			4.0	28	50～60	450～500	28～30	18	
		25		16			4.0	28	50～60	490～520	29～31	16～19	

采用喷射过渡熔化极氩弧焊，电弧热量集中，焊接熔深大，故焊中厚铝板时可不进行预热。但当板厚大于25mm或环境温度低于-10℃时，应预热至100℃，以保证开始焊接时能熔透。

（3）气焊　气焊铝及铝合金常用纯铝或铝硅合金做填充金属。焊接时最好采用对接接头；搭接、角接及T形接头焊后残留在缝隙中的熔剂及熔渣难以清理，应避免采用。

1）火焰和焊嘴的选择。气焊时采用中性焰或轻微碳化焰。氧化焰会使熔池氧化严重，应严禁使用。使用强碳化焰可能导致焊缝产生气孔、缩松等。

焊嘴大小应根据焊件厚度、坡口形式、焊接位置及焊工的技术水平而定。由于薄铝板易烧穿，所以要选择比焊钢板时小一些的焊嘴；焊厚而大的铝件时，由于散热量大，要选择比焊钢板时大一些的焊嘴。

2）预热。预热可减少熔化金属与热影响区母材之间的温度差别，减少应力，除去金属表面水分，有利于减少气孔，使金属较快熔化，缩短焊接过程。预热温度一般取 200～300℃，预热方法通常是在焊口附近的背面用焊炬进行局部加热。

3）气焊方法。铝及铝合金的气焊一般采用左焊法。焊接开始时，火焰与工件表面垂直，并做环绕运动，以预热焊接区附近的金属，待对接焊缝两边被均匀加热、局部隆起时，就可以填丝开始焊接。

铝及铝合金气焊参数见表 9-8。

铝及铝合金的焊接除上述介绍的几种方法外，在无氩弧焊、气焊的场合，也可采用焊条电弧焊。采用电子束焊接纯铝及铝合金时，单道焊的厚度可达 475mm，接头具有与母材接近的力学性能。

表 9-8　铝及铝合金气焊参数

板厚/mm	1.0～1.5	1.5～3.0	3.0～5.0	5.0～7.0	7.0～10.0	10.0～20.0
焊丝直径/mm	1.5～2.0	2.0～2.5	2.5～3.0	4.0～5.0	5.0～6.0	5.0～6.0
焊炬型号	H01-6			H01-12		
焊嘴孔径/mm	0.9	0.9～1.0	1.1～1.3	1.4～1.8	1.6～2.0	3.0～3.2
焊嘴号数	1、2 号	2、3 号	4、5 号	2、3 号	4、5 号	5 号
乙炔流量/(L/h)	50～150	150～300	300～500	500～1200	1200～1800	2000～5000

5. 铝合金焊接生产应用实例

图 9-4 所示为外径 152.4mm、壁厚 4.8mm 的 6A02 铝合金管，用手工钨极氩弧焊进行对接。管线很长，并处于水平位置，必须在全位置焊接。接头是 U 形对接坡口，不留间隙，接头表面用熔剂擦净，用夹具对准接头后先进行定位焊。定位焊后，拆除夹具，接头分三层焊接，每层由三段组成（图 9-4 左下方）。再引燃电弧时要再熔每段的起端和末端，以防止可能产生的缺陷。焊道截面如图 9-4 中 A—A 所示，其焊接顺序和方向如图中左下所示。焊工横卧在管子下面，在仰焊位置焊接 1、4、5 各段；焊工跪在地上，立向上位置焊接其余各段。其焊接参数见表 9-9。

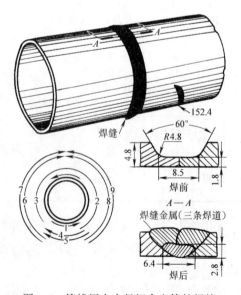

图 9-4　管线用大直径铝合金管的焊接

表 9-9　大直径铝合金管焊接参数

接头形式	U 形坡口无间隙对接
焊接位置	全位置
电源	400A 交流弧焊机组
焊枪	水冷式
电极	钨铈极 ϕ4.8mm
填充焊丝	SAlMg-2ϕ3.2mm
保护气流量	Ar，22L/min
电流	交流，190A
焊缝层次	3

第二节　铜及铜合金的焊接

铜及铜合金具有优良的导电性、导热性及在某些介质中优良的耐蚀性，某些铜合金还具有较高的强度，因而应用十分广泛，仅次于钢铁和铝。

（1）工业纯铜　工业纯铜呈紫色，故又称紫铜。纯铜中的杂质主要有铅、铋、硫、氧等，它们的含量对纯铜的性能影响较大。一般来说，杂质含量越高，其塑性、韧性及传导性越差。纯铜中含氧量高时，还会使接头的裂纹和气孔倾向增大，焊接性变差，故用作焊接结构的纯铜应严格控制含氧量。无氧铜和脱氧铜含氧量少，多用于制造焊接结构。

纯铜根据其含氧量不同可分为普通工业纯铜（w_O = 0.02% ~ 0.10%）、磷脱氧纯铜（w_O ≤0.01%）和无氧纯铜（w_O ≤0.003%），各种牌号的化学成分可见相关国家标准。

（2）黄铜　黄铜是以锌为主要合金元素的铜合金。黄铜的耐蚀性好，冷热加工性能好，但导电、导热性能比纯铜差，其力学性能和铸造性能比纯铜好，价格也便宜，因此应用广泛。

为了进一步提高黄铜的力学性、耐蚀性和工艺性能，在普通黄铜中加入少量的锡、锰、铅、硅、铝、镍、铁等元素，就成为特殊黄铜，如锡黄铜、锰黄铜、铅黄铜、硅黄铜等。

（3）青铜　不以锌或镍为主要合金元素的铜合金统称为青铜，如锡青铜、铝青铜、铍青铜、硅青铜、铅青铜等。

青铜具有较高的力学性能、耐磨性、铸造性能和耐蚀性，常用来铸造各种耐磨、耐蚀的零件，如轴、轴套、阀体、泵壳、蜗轮等。

一、铜及铜合金的焊接性

由于铜及铜合金独特的物理化学性能，焊接时如不采取相应的工艺措施，很容易出现以下问题。

（1）焊缝难熔、成形能力差　铜的熔点比钢低，但其导热性特别好，常温下的热导率比铁大 7 倍，在 1000℃时大 11 倍。焊接时若采用与一般钢材相同的焊接参数，由于大量的热将散失于工件内部，坡口边缘难以熔化，造成填充金属与母材不能很好熔合，容易形成未焊透。并且随工件板厚增加，这一问题显得尤为突出。所以铜及铜合金焊接时需要采用较大功率的热源，同时焊接纯铜时要充分预热。

铜在熔化温度时的表面张力比铁小 1/3，流动性比钢大 1 ~ 1.5 倍，表面成形能力差，为此焊接纯铜及大多数铜合金时，除采用大能量、高能束的焊接方法外，其他方法单面焊时反面必须附加垫板成形装置，不允许采用悬空单面焊接。

（2）容易产生焊接裂纹　裂纹一般出现于焊缝上，也有出现在熔合区及热影响区的。裂纹呈晶间破坏特征，从断面上可看到明显的氧化颜色。

产生裂纹的主要原因是铜及铜合金的线胀系数几乎比低碳钢大50%以上，由液态的熔池金属转变为固态的焊缝金属过程中的收缩率也较大。对于刚性大的工件，焊接时会产生很大的内应力；其次，由于铜的氧化，在焊缝结晶过程中，晶界易形成低熔点的氧化亚铜—铜的共晶物；另外，由于氢的溶入，在焊缝金属凝固和冷却的过程中，过饱和的氢向金属微晶隙中扩散，造成很大的压力，削弱了焊缝金属的晶间结合力，从而产生裂纹；还有母材中低熔点的杂质铅和铋，它们几乎不溶于铜，少量存在于铜液中就可形成低熔点共晶体 $Cu + Pb$（326℃）和 $Cu + Bi$（270℃）。这些低熔点物质在结晶后期以液态形式分布于枝晶间或晶界处，割断了晶粒之间的联系，使铜的高温强度降低，热脆性增加，在焊接应力的作用下很容易产生裂纹。

（3）气孔倾向严重　焊接铜及铜合金时，气孔倾向比低碳钢严重得多，主要是由熔解在金属中的氢直接引起的扩散性气孔和氧化还原反应引起的反应气孔。另外，由于铜自身的特性，也使铜的焊接气孔倾向大大加剧，成为铜熔焊的主要困难之一。

铜在高温下溶解氢的能力很大，凝固时溶解度大幅度下降。由于铜的热导率大，焊缝冷却速度很快，在高温时所溶解的大量气体未能及时逸出，便会在焊缝中形成气孔。

另外，冶金反应所生成的气体也可导致气孔形成。在焊接高温下铜与氧反应生成的氧化亚铜（Cu_2O）与溶解在熔池中的氢反应，生成水蒸气（$Cu_2O + 2H \rightarrow 2Cu + H_2O\uparrow$），而水蒸气不溶于铜液中，在焊缝金属凝固时，如果未能及时逸出，便会在焊缝中形成气孔。

（4）焊接接头性能下降　铜合金焊后晶粒变粗。焊接时，容易发生铜的氧化和合金元素的蒸发、烧损现象。氧化生成的氧化亚铜与α铜的共晶体处于晶粒间界，削弱了金属间的结合能力。另外，低熔点的合金元素（如锌、锡、铝、镉等）氧化、烧损后，不仅降低了合金元素的含量，还会形成脆硬的夹杂物（如铝氧化后生成 Al_2O_3，锡氧化后生成 SnO_2 等）、气孔及未焊透等缺陷。上述晶粒变粗、低熔点的共晶及各种焊接缺陷，将导致焊接接头强度、塑性、耐蚀性及导电性的降低。黄铜焊接时，还有一个问题是锌的蒸发。锌的蒸发在焊接区会产生一层白色烟雾，不但使焊接操作困难，还会影响焊工身体健康，同时会使黄铜的力学性能降低。

二、铜及铜合金的焊接工艺

1. 焊前准备和焊后清理

铜及铜合金焊接的焊前准备和焊后清理与铝及铝合金焊接时相似，如在焊前对工件和焊丝的清理，焊接过程中需要加强对熔池的保护及预热等，在此不再赘述。

2. 焊接方法的选择

铜及铜合金焊接时可选用的焊接方法很多，一般根据铜的种类、焊件形态、对质量的要求、生产条件及焊接生产率等综合考虑加以选择。通常气焊、碳弧焊、焊条电弧焊和钨极氩弧焊多用于厚度小于6mm的工件，而熔化极氩弧焊及埋弧焊则用于更大厚度工件的焊接。

3. 焊接工艺要点

纯铜的密度很大，熔化后铜液流动很快，极易烧穿及形成焊瘤。为了防止铜液从焊缝背面流失，保证反面成形良好，在焊接时需加（铜、石墨、石棉等）垫板。由于铜的导热性很强，焊接时通常预热温度也较高，一般在300℃以上。焊接铜时尽量少用搭接、角接及T形等增加散热速度的接头，一般应采用对接接头。

（1）气焊　在纯铜结构件的修理、制造中，气焊用得比较多，常用于焊接厚度比较小、形状复杂、对焊接质量要求不高的焊件。用气焊法焊接黄铜，可以防止锌的蒸发、烧损，这是其他焊接方法无法相比的优点，因此应用较广。

1）纯铜的气焊。气焊纯铜时可选用含有脱氧剂的纯铜丝HS201、HS202或母材切条作为填充焊丝，熔剂选用CJ301，火焰采用中性焰。为了保证熔透，宜选用较大的火焰能率，一般比焊非合金钢时大1~1.5倍。焊接时需要进行预热，对厚度较小的工件，预热温度取400~500℃；厚度较大的工件，预热温度取600~700℃。为防止接头晶粒粗大，焊后应对焊件进行局部或整体退火处理。局部退火处理一般是在焊件接头附近100mm处用氧乙炔焰加热到550~650℃，然后放在水中急冷。10mm厚的纯铜气焊接头，经上述退火处理后，其性能与基体金属相近。

2）黄铜的气焊。由于气焊的火焰温度低，焊接时黄铜中锌的蒸发要比电弧焊时少，所以气焊是焊接黄铜最常用的方法之一。黄铜气焊时填充金属可选用1号黄铜丝HS221、2号黄铜丝HS222或4号黄铜丝HS224，气焊熔剂可采用硼砂20% + 硼酸80%，或硼酸甲脂75% + 甲醇25%配方自制。气焊火焰适宜采用轻微的氧化焰，以使熔池表面形成一层氧化锌薄膜，阻止锌的进一步蒸发和氧化。焊接薄板时一般不预热；板厚大于5mm时，预热温度为400~500℃；板厚大于15mm时，预热温度为550℃。为防止应力腐蚀，焊后需进行270~560℃的退火处理，以消除焊接应力和改善接头的性能。

（2）氩弧焊

1）手工钨极氩弧焊工艺。手工钨极氩弧焊操作灵活方便，焊接质量高，特别适用于铜及铜合金中薄板件与小件的焊接和补焊。

手工钨极氩弧焊的焊接材料主要有氩气、钨极和焊丝。纯铜可采用纯铜焊丝（HS201），接头不要求导电性时也可选用青铜焊丝（HS211）。常用黄铜焊丝牌号为4号黄铜丝（HS224），但考虑氩弧焊电弧温度高，黄铜焊丝在焊接过程中锌的蒸发量大，烟雾多，且锌蒸气有毒，故也可用无锌的青铜焊丝，如HS211焊丝。纯铜、黄铜手工钨极氩弧焊工艺参数见表9-10。

表9-10　纯铜、黄铜手工钨极氩弧焊工艺参数

母材	板厚/mm	坡口形式	焊丝		钨极		焊接电流		气体		预热温度/℃
			材料	直径/mm	材料	直径/mm	种类	电流/A	种类	流量/(L/min)	
纯铜	~1.5	I	纯铜	2	钍钨极	2.5	直流反接	140~180	Ar	6~8	—
	2~3	I		3		2.5~3		160~280		6~10	—
	4~5	V		3~4		4		250~350		8~12	100~150
	6~10	V		4~5		5		300~400		10~14	100~150
黄铜	1.2	端接	青铜黄铜	—	钍钨极	3.2	直流正接	185	Ar	7	不预热
	1.2	V				3.2		180		7	

2）熔化极氩弧焊工艺。由于熔化极氩弧焊的电弧功率大，焊接热影响区小，预热温度较低，且接头质量及焊接生产率高，因此国内已将其应用于纯铜的厚板件焊接中。

熔化极氩弧焊焊接纯铜时，为了更有效地防止气孔，最好选用含有脱氧剂铝、钛的焊丝，一般选用 HS201 焊丝。

（3）埋弧焊　采用埋弧焊焊接纯铜时，由于熔化金属与外界隔离，并且焊接电流较大，可获得较大的熔深，焊件变形小，接头质量好，焊接生产率高，还可在一定程度上降低预热温度。因此，埋弧焊用于纯铜焊接有一定的优越性，特别适用于中厚度工件规则的长焊缝的焊接。铜及铜合金埋弧焊工艺参数见表 9-11。

表 9-11　铜及铜合金埋弧焊工艺参数

材料	板厚/mm	焊丝牌号	焊剂牌号	预热温度/℃	电流极性	焊丝直径/mm	焊接层数	焊接电流/A	电弧电压/V	焊接速度/m·h⁻¹	备注
纯铜	8 ~ 10	HS201 HS202	HJ431	不预热	直流反接	5	1	500 ~ 550	30 ~ 34	18 ~ 23	用垫板单面单层焊，反面焊透
	16	HS201	HJ150 或 HJ431	不预热	直流反接	6	1	950 ~ 1000	50 ~ 54	13	
	20 ~ 24	HS201	HJ150 或 HJ431	260 ~ 300	直流反接	4	3 ~ 4	650 ~ 700	40 ~ 42	13	用垫板单面多层焊，反面焊透
62 黄铜	6	HS221	HJ431	不预热	直流反接	1. 2	1	290 ~ 300	20	40	焊接接头塑性差，700℃退火可明显改善

（4）焊条电弧焊　用焊条电弧焊焊接铜及铜合金是一种简便的焊接方法，它的生产率比气焊高，但焊接时金属的飞溅和烧损严重，并且焊接烟雾大，焊工劳动条件差，因此一般只用于对接头力学性能要求不高的焊件。

焊接黄铜时一般不用黄铜芯焊条，因其工艺性能差，焊接时会有大量锌蒸发和飞溅，故采用 ECuSnB(T227)、ECuAl(T237)。

第三节　钛及钛合金的焊接

钛及钛合金是优良的结构材料，具有比强度大、耐蚀性好、高低温性能良好等特点，目前已被广泛用于航空、化工及仪表制造等工业部门。常用钛及钛合金主要分为以下种类。

（1）工业纯钛　工业纯钛的熔点高（1668℃），比强度大，表面有一层致密的、非常稳定的氧化膜，由于该膜的保护作用，使钛具有很好的耐蚀性。

我国工业纯钛的牌号有多种，其中应用较广泛的有 TA1、TA2、TA3 三种。TA1 的纯度最高，TA3 最低。随着杂质含量的增加，纯钛的屈服强度、抗拉强度增加，但伸长率下降。

（2）钛合金　由于工业纯钛强度偏低，为提高强度和改善性能，往往需加入合金元素。随着加入合金元素的种类和数量的不同，其室温下的组织也有所不同。常将钛合金分为 α

型（包括近 α 型）、β 型（包括近 β 型）和 α + β 型三大类，其牌号分别由字母 TA、TB、TC 与编号数字组合表示。

α 型钛合金室温强度高于工业纯钛，高温强度（500～600℃）为钛合金中最高者，焊接性、耐蚀性、可加工性良好，室温塑性低，高温塑性好，间隙杂质含量低时可做超低温材料。

β 型钛合金主要特点是加入了大量的 β 稳定元素，如 Mo、Cr、V 等，水冷或空冷至室温能获得全部由 β 相组成的显微组织。β 型钛合金的焊接性较差，易形成冷裂纹，所以在焊接结构中应用甚少。

α + β 型钛合金的基体是 α 相。这类合金中都含有 α 稳定化元素铝，常加入 β 稳定化元素，如 Mo、V、Mn、Cr、Si 等。为了进一步强化合金，添加 Sn、Zr 等中性元素。α + β 型钛合金以 TC4 为代表，是钛合金中应用最多的一个牌号。

α + β 型钛合金兼有 α 型钛合金和 β 型钛合金的优点，具有良好的高温变形能力及热加工性能，能进行热处理强化。由于其有过冷的 β 相，不稳定，热稳定性差，焊接后的接头塑性低，有形成冷裂纹的倾向。

一、钛及钛合金的焊接性

钛及钛合金的焊接性主要表现出如下一些特点。

（1）化学活性大 钛及钛合金不仅在熔化状态，即使在 400℃ 以上的高温固态，也极易被空气、水分、油脂及氧化皮等污染。如从表面吸入的氧、氮、碳、氢等对焊接接头性能均有很大影响。氧使焊缝塑性显著降低；氮与钛在 700℃ 以上的高温下会发生剧烈的作用，形成脆硬的氮化钛，它能提高钛的抗变形能力，但会降低钛的塑性；钛及钛合金中碳的含量过高时，会使焊接接头的性能变脆，一般要求 $w_C < 0.1\%$；氢在 α 型钛合金中的固溶度在 300℃ 时可达 0.2%，而在室温时极低（0.005%），所以溶于 α 型钛合金中的氢，在温度下降至室温的过程中将以氢化物（TiH_2）的形式析出，出现氢脆现象，导致钛的塑性特别是冲击韧度急剧下降，钛合金的氢脆程度比纯钛弱。

为了避免氧、氮、氢及碳对焊接接头性能的影响，并防止气孔产生，焊接时对熔池、焊缝及温度超过 400℃ 的热影响区都要采取有效的保护措施。

（2）热物理性能特殊 钛及钛合金熔点高，导热性差，电阻率大，因此焊接时，焊接接头容易产生过热组织，晶粒变得粗大，尤其是 β 型钛合金，易引起塑性降低。为此，在选择焊接参数时要特别注意，既要保证不过热，又要防止淬硬倾向，一般选择小电流、高焊接速度的焊接参数。

（3）冷裂倾向较大 钛及钛合金焊接时有时会出现冷裂纹，冷裂纹可在焊后立即产生，也可延迟一段时间后产生。形成冷裂纹的原因主要是溶解于钛中的氢在 320℃ 时和钛会发生共析转变，析出 TiH_2，引起金属的塑性和韧性降低，同时发生体积膨胀而产生较大的应力，结果导致产生冷裂纹。对接接头的冷裂纹一般产生于焊缝横截面上。为了防止冷裂纹，需控制焊接接头中的氢含量。对于复杂的焊接结构，应进行焊后消除应力处理。

（4）易产生气孔 在钛及钛合金焊接接头的缺陷中，气孔是最常见的缺陷，约占钛合金焊接缺陷的 70% 以上。形成气孔的原因主要是氢；其次，当钛焊缝中 $w_C > 0.1\%$ 及 $w_O > 0.133\%$ 时，由氧与碳反应生成的 CO 也可能导致产生气孔。另外，随着焊接电流的增大，气孔有增加的倾向，特别是当焊接电流大于 220A 时，气孔急剧增加。焊接速度也对气孔有很大影响，焊接速度增大，气孔增多。如单层钨极氩弧焊时，当焊接速度大于 10m/h 时，气孔总体积迅速增加。

防止气孔的措施：可在焊前清理焊件及焊丝表面；使用的母材及焊丝的含氢量要降低；氩弧焊时氩气的纯度要提高（如 ≥99.99%）；焊接时适当增大焊接线能量，采用慢焊速、薄焊层进行焊接等。

（5）变形大 由于钛的弹性模量约为不锈钢的 1/2，在同样的焊接应力作用下，钛及钛合金的焊接变形量比不锈钢约大 1 倍，焊后矫正困难。因此，焊接时宜采用垫板和压板将焊件压紧，以减小焊接变形量。同时，焊缝的冷却效果会得到加强。

二、钛及钛合金的焊接工艺

1. 焊前准备

（1）焊接环境控制 钛材的焊接场地应为独立区域，焊接应在空气洁净的环境中进行，并应远离通风口或敞开的门窗。承担焊接接头组对的操作人员，必须戴洁净的手套，不得触摸坡口及其两侧附近区域，严禁用铁器敲打钛材表面及坡口。在进行焊接作业之前，应进行菲绕琳试验（图9-5），对焊接环境进行铁离子污染测试。

图9-5 菲绕琳试验

（2）施焊区域以及焊接材料的清洁 焊接接头的坡口面应采用机械方法加工。在焊接前，必须对坡口及其两侧进行严格的清洁处理。打磨建议采用橡胶或尼龙掺氧化铝的砂轮或不锈钢刷。进行打磨后的表面需要用丙酮彻底清洗，并用干净的白布擦拭干净，保证材料表面清洁干燥。

施焊前，应用蓝点法对焊接坡口以及周边区域进行进一步检测（图9-6），如果滤纸立刻呈现蓝色或绿色，则说明该表面存在铁离子污染，须对焊接环境和钛材表面进行进一步的清理，直到检测为试剂颜色没有明显变色，才为合格。

焊接用焊丝的清洁要求与母材相同，每次施焊前必须切除端部被氧化部分。

图9-6 坡口蓝点试验

2. 焊接方法的选择

钛及钛合金由于易被氢、氧、氮等杂质污染，从焊接方法看，不适合采用焊条电弧焊、气焊及 CO_2 气体保护焊，目前生产上主要采用氩弧焊、埋弧焊及电子束焊等方法进行焊接。

3. 焊接工艺要点

（1）氩弧焊　钛及钛合金焊接应用最广的是手工钨极氩弧焊。这种方法主要用于 10mm 以下厚度钛板的焊接；大于 10mm 厚度的钛板可用熔化极氩弧焊；真空充氩焊用于形状复杂且难以使用夹具保护的较小部件或零件的焊接。

手工钨极氩弧焊时，保护气体氩的纯度对焊接接头的塑性、韧性影响很大，因此要求使用高纯度（≥99.99%）的氩气。氩气流量要适当，流量过大或过小都将使焊缝的塑性急剧下降。在不影响流量的情况下，喷嘴到工件表面的距离越小越好。焊接时，为了防止气体杂质对焊缝区的污染，必须对焊接区温度超过 400℃ 的区域实施保护，以隔绝空气，通常采用尾随拖罩加背面保护板的方法进行焊接。

钛及钛合金手工钨极氩弧焊的工艺参数见表 9-12。

表 9-12　钛及钛合金手工钨极氩弧焊的工艺参数

板厚 /mm	坡口形式	钨极直径 /mm	焊丝直径 /mm	焊道数	焊接电流 /A	氩气流量/（L/min）		
						喷嘴	保护罩	背面
0.5		1	1	1	20 ~ 30	6 ~ 8	14 ~ 18	4 ~ 10
1	I	1	1	1	30 ~ 40	8 ~ 10	16 ~ 20	4 ~ 10
2		1.6	1.6	1	60 ~ 80	10 ~ 14	20 ~ 25	6 ~ 12
3	Y	3	1.60 ~ 3.0	2	80 ~ 110	11 ~ 15	25 ~ 30	8 ~ 15
5		3	3	3	100 ~ 130	12 ~ 16	25 ~ 30	8 ~ 15
10	双 Y	3	3	6	120 ~ 150	12 ~ 16	25 ~ 30	8 ~ 15

厚度为 3 ~ 20mm 的钛材要采用熔化极氩弧焊。熔化极氩弧焊时电流采用直流反接，保护气体可用纯氩或氩氦混合体。一般焊丝直径采用 φ1.6mm，焊接电流采用 160A 左右，焊丝伸出长度为 18 ~ 20mm。

（2）埋弧焊　钛及钛合金可以采用埋弧焊进行焊接。焊接设备可采用普通的埋弧焊机，交、直流均可，但用直流反接时焊缝成形较好，生产率也较高。埋弧焊焊剂可采用 $CaF_2 79.5\% + BaCl_2 19\% + NaF 1.5\%$ 配方，也可采用 $CaF_2 87\% + SrCl_2 10\% + LiCl_2 3\%$ 配方。要求使用前应在 300 ~ 400℃ 温度下烘干焊剂。其焊接参数见表 9-13。

表 9-13　工业纯钛埋弧焊的焊接参数

板厚/mm	接头形式	焊丝直径/mm	焊接电流/A	电弧电压/V	焊接速度/m·h^{-1}
1.55 ~ 1.8		1.5	160 ~ 180	30 ~ 34	60 ~ 65
2.0 ~ 2.5		2.0 ~ 2.5	190 ~ 200	32 ~ 34	50
2.5 ~ 3.0		2.0 ~ 2.5	220 ~ 250	32 ~ 34	50
3.0 ~ 3.5	对接	2.5 ~ 3.0	250 ~ 320	34 ~ 36	45 ~ 50
5.0 ~ 8.0		2.5 ~ 3.0	320 ~ 400	34 ~ 36	45 ~ 50
8.0 ~ 12.0		2.5 ~ 3.0	400 ~ 580	34 ~ 36	40 ~ 45
2.0 ~ 3.0	搭接	2.0 ~ 2.5	250 ~ 300	30 ~ 34	40 ~ 45
3.0 ~ 5.0	角接	2.5 ~ 3.0	250 ~ 300	30 ~ 34	40 ~ 45

复习思考题

1. 焊接铝及铝合金时有何特点？
2. 常用铝及铝合金的焊接方法有哪些？各种焊接方法的特点如何？
3. 焊接铝及铝合金时，焊前准备和焊后清理的目的是什么？常用哪些方法？
4. 手工钨极氩弧焊和气焊焊接铝及铝合金时的主要工艺要点有哪些？
5. 纯铜和黄铜的焊接性有何不同？
6. 焊接铜及铜合金时产生裂纹的原因有哪些？如何防止？
7. 焊接钛及钛合金时易出现哪些问题？如何克服？

［实验］ 钛—钢复合板的焊接

一、母材材质及规格

钛垫板以及钛盖板，材质均为 TA1，规格为 3mm。

二、焊接方法

根据目前行业发展，焊接钛材料应用广泛的是采用氩气作为保护气氛的钨极氩弧焊。我们采用手工钨极氩弧焊并附加冷却装置即氩气保护拖罩，对熔池及 400℃ 以上热影响区加以保护的方式进行焊接。

三、焊接参数

1. 钛—钢复合板的接头设计

钛和钢是不能直接熔焊的，因为液态下钛与钢会产生金属间化合物而严重脆化，因而无法焊接。选用的钛—钢复合板的焊接接头形式如图 9-7 所示：对接焊缝上加钛盖板，先焊碳钢母材对接部分。在碳钢焊缝上铺钛垫板，保证压紧平整，最后铺焊钛盖板，钛垫板与钛盖板之间采用钛焊丝焊妥，这样避免了钛与钢之间直接相焊。

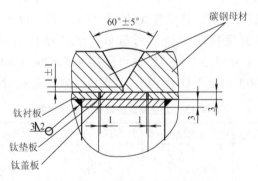

图 9-7 钛—钢复合板的接头设计图

2. 氩气拖罩（图 9-8）

对焊缝正面的保护采取整罩结构。其优点是能将焊接区域全部置于拖罩中，从而能够有效减少焊接过程中空气的侵入，对已焊接的焊缝也起到冷却的作用。为避免氧化，考虑采取平板拖罩边缘加上软性保护材料（如耐高温硅橡胶）的方法，一方面它可以尽量减少拖罩与焊缝表面弧度连接处的空隙，减少空气的侵入；另一方面，由于它质地柔软，也不会影响实际焊接操作过程。

而对于最终焊缝保护气体，要求获得的气体状态是层流，否则气体一出喷嘴就成紊流，使电弧周围的空气被卷入电弧区，破坏对焊接过程中的保护作用，降低接头质量。这就要求氩气从外部输入到拖罩保护气体输出这一过程中必须有一个过渡装置，可以起到类似气筛的作用。

图 9-8　氩气拖罩

3. 保护气体的选择

焊接钛时氩气的保护作用主要体现在三个区域：焊缝熔池，已凝固但温度尚高（250℃以上）的正面，背面焊缝以及热影响区。

正面保护除了使用上述拖罩外，还使用焊枪，氩气喷嘴为大口径喷嘴（建议 ≥ φ10mm），如图 9-9 所示，以增加氩气保护效果；断弧及焊缝收尾时，要继续通氩气保护，直到焊缝及热影响区的金属冷却到100℃以下时方可移开焊枪。

图 9-9　焊接钛所用氩气喷嘴

焊缝的背面保护用一块凹形不锈钢槽钢两端用高温胶带封口后进行充氩保护。焊缝背面应提前送气，流量适当加大，空气排出后，流量逐渐减小；断弧及焊缝收尾时，也应做到滞后送气。

相比于常规氩弧焊，氩气纯度也应提高，以最大限度地减少杂质含量，保证焊接质量。开始焊接时，使用的氩气是常规管道氩气，即纯度为99.99%，但是实际发现保护效果并不理想。焊接过程中，局部还是会出现发蓝情况，后来采用了专用瓶装氩气，将提高氩气纯度至99.999%，结果显示氩气保护效果大大提升。

4. 焊接工艺参数（表9-14）

表 9-14　钛盖板角焊缝焊接工艺参数

焊接层数	焊材		焊接电流/A	电弧电压/V	焊接速度/（mm/min）
	牌号	直径/mm			
1	ERTi-1	Φ2.0	70 ~ 90	14 ~ 16	160 ~ 170
2	ERTi-1	Φ2.0	70 ~ 90	14 ~ 16	160 ~ 170
其他参数					
焊接电源	钨极直径	预热	层间温度	保护气体	焊枪摆动
YC-500WX4 直流氩弧焊机	3.0mm	≥10℃	≤100℃	Ar	无摆动

5. 焊接辅助散热

钛材料导热性差，冷却速度慢，焊接过程中层间温度容易过高，很容易产生气孔、焊缝成形不佳等焊接缺陷。为确保钛焊接过程中工件不过热，可采用钛或铜材料辅助散热板（图9-10），有效降低层间温度。

图 9-10　焊接钛所用辅助散热板

6. 焊接质量检测

钛钢的焊接需在碳钢焊缝探伤全部合格后进行，首先应对钛材料焊缝进行目视检测，若焊缝呈银白色、金黄色则为合格，若焊缝呈紫色、蓝色、灰色、暗灰色、灰白色、黄白色则表示焊缝质量不合格。目视检查合格后，对所有钛材料焊缝按 NB/T 47013.5—2015 进行100%渗透检测，Ⅰ级为合格。

第十章　焊接污染及控制

焊接过程与其他工业生产过程一样，也会产生许多环境污染物，如各种有害气体、电焊烟尘、有毒物质和电磁辐射等。这些污染物不仅会直接污染生产场所的工作环境，使操作者受到危害，还会污染生产场所周围的环境。焊接污染及控制是制订焊接工艺时必须考虑的重要内容。本章主要介绍焊接过程中产生的污染物的种类、危害及其控制措施。

第一节　焊接污染

焊接污染物的种类很多，对人与环境的危害程度也不一样，并因焊接方法的不同，所产生的污染物种类和数量也有所不同。

焊接作业危险源主要来自以下三个方面。

（1）焊接所用的材料　主要有：被焊割材料、填充材料（焊丝、焊条等）、焊剂、保护气体、被焊割材料的涂层、材料表面清洁溶剂等经过燃烧产生的有害物质。

（2）焊割热源　主要有：电弧、用作热源的可燃性气体、等离子体、激光束、电子束等。

（3）特殊作业环境　主要有：相对封闭式工作环境、潮湿工作环境、易燃易爆有毒环境、登高作业环境等。

综上所述，焊接时潜在的危险有：可能发生爆炸、火灾、触电、急性中毒、高空坠落等事故，同时伴随着尘肺、慢性中毒等职业病的危害，这些均对焊接人员的健康安全构成威胁。

1. 电焊烟尘与危害

电焊烟尘是指焊接过程中产生的烟和粉尘。被焊金属材料和焊接材料（焊条和焊丝）熔化时产生的高温金属蒸气，在空气中迅速蒸发—氧化—冷凝形成细小的固态粒子，弥散在电弧周围，从而形成电焊烟尘。固态粒子的直径小于 $0.1\mu m$ 称为烟，直径在 $0.1\sim10\mu m$ 称为粉尘。这些金属及其化合物的细小微粒飘浮到空气中会造成环境污染。电焊烟尘的成分及浓度主要取决于焊接方法、焊接材料及焊接参数。

电焊烟尘的成分十分复杂，不同焊接方法的烟尘成分及其主要危害也有所不同。例如，焊条电弧焊、CO_2 气体保护焊、等离子弧焊（切割）等，其电焊烟尘中主要成分是铁、锰、硅、铝等，长时间接触这些烟尘，容易吸入人的肺部并积聚下来，将有可能引起焊工尘肺、锰中毒和金属热等疾病。

2. 焊接有害气体与危害

在各种熔化焊过程中，焊接电弧的高温和强烈紫外线会使焊接区周围形成一些气体，其中对人体有害的气体，称为焊接有害气体。这些气体包括臭氧、氮氧化物、一氧化碳、氟化物和氯化物等。

有害气体成分及数量多少与焊接材料、焊接方法及焊接参数有关。如采用熔化极氩弧焊焊接非合金钢时，由于紫外线激发作用而产生的臭氧量大于 $73\mu g/min$；而采用 CO_2 气体保护焊焊接碳钢时，仅产生 $7\mu g/min$ 左右的臭氧量。

在氩弧焊、等离子弧焊及等离子弧切割、喷涂、喷焊过程中，电弧温度极高，如钨极氩弧焊电弧温度最高可达 16000K。因此，在这些焊接方法中，电弧发出的紫外线强度很高，可比焊条电弧焊电弧发出的紫外线强度大 30～50 倍。在这样的条件下，电弧区周围必然发生强烈的高温化学反应，导致产生较多的臭氧。

其次，在焊接铜合金、铝合金（非铁金属）及喷焊、喷涂、切割中，还会产生较多的氮氧化物。

（1）臭氧（O_3）的产生与危害　焊接区内的臭氧，是空气中的氧气经电弧高温和强烈紫外线光化作用而产生的。电弧与等离子弧辐射出的短波紫外线，特别是波长为 185～210nm 的紫外线，使空气中的氧分子分解成氧原子。这些氧分子或氧原子在高温下获得一定能量后，激发并互相撞击，生成臭氧。其反应式为

$$O_2 \xrightarrow[\quad 2O_2 + 2O \longrightarrow 2O_3 \quad]{\text{紫外线照射}} 2O$$

臭氧是一种淡蓝色气体，具有强烈刺激性气味。当空气中的臭氧浓度较高（达到 $0.01mg/m^3$）时，可闻到腥臭味；浓度再高时，腥臭味中略带有酸味。

臭氧属于具有刺激性的有害气体和极强的氧化剂，容易同各种物质起化学反应。臭氧被吸入人体之后，主要是刺激呼吸系统和神经系统，引起咳嗽、头晕、胸闷、全身乏力和食欲不佳等症状，严重时可发生肺水肿和支气管炎。此外，臭氧容易同橡胶和棉织品起化学反应，可使其老化变性，如在 $13mg/m^3$ 浓度臭氧的作用下，帆布可在半个月内变性，易破碎。

（2）氮氧化物的产生与危害　在焊接高温作用下，空气中的氮分子、氧分子离解，并结合成氮氧化物。

氮氧化物的种类很多，主要有氧化二氮（N_2O）、一氧化氮（NO）、二氧化氮（NO_2）、三氧化二氮（N_2O_3）、四氧化二氮（N_2O_4）、五氧化二氮（N_2O_5）等。这些气体因其氧化程度不同而具有不同的颜色（从黄白色到深棕色），除 NO_2 外均不稳定，遇光或热都将变成 NO_2 及 NO。NO 在常温下又迅速氧化成 NO_2。因此，焊接时常见的氮氧化物为 NO_2，其次为 NO 和 N_2O_4。

NO_2 为红褐色气体，其毒性为 NO 的 4～5 倍，遇水可变成硝酸或亚硝酸，产生强烈的刺激作用。

氮氧化物对人体的危害主要是可通过呼吸道吸入肺部，其中 80% 滞留在肺泡，逐渐与水作用形成硝酸或亚硝酸，对肺组织产生强烈的刺激及腐蚀作用，引起急性哮喘症或产生肺水肿。急性中毒的主要表现是出现剧烈咳嗽、呼吸困难、虚脱、全身软弱无力等症状。

若长期吸入含氮氧化物浓度超过 $5mg/m^3$ 的空气，可引起慢性中毒，主要表现是头晕、头痛、食欲不佳、体重减轻及四肢无力等。

在实际焊接过程中，氮氧化物单独存在的可能性很小，一般都是和臭氧同时存在，两者叠加后的毒害作用倍增。一般情况下，两种有害气体同时存在比单独存在时对人体的有害作用增大 15～20 倍。

（3）一氧化碳（CO）的产生与危害　焊接过程中产生的一氧化碳（CO）主要来源于二氧化碳（CO_2）在电弧高温作用下的分解。在各种焊接方法中，二氧化碳气体保护焊产生

的一氧化碳的浓度最高。

一氧化碳是无色、无味、无臭、无刺激性的气体，密度比空气略小，几乎不溶于水，它属于一种窒息性气体。一氧化碳对人体的有害作用是使氧在人体内的输送和氧的利用功能发生障碍，造成组织缺氧坏死而中毒。其表现是出现头晕、头痛、面色苍白、全身不适、四肢无力等神经衰弱症。一氧化碳轻度中毒主要表现为眩晕、恶心、呕吐、两腿发软以及有昏厥感。发生上述症状应立即离开现场，吸入新鲜空气，症状即可消失。中度中毒除上述症状加重外，脉搏加快、不能行动且易进入昏迷状态。重度中毒可导致人的死亡，但在焊接时不会发生。

3. 焊接电弧光辐射的危害

焊接电弧的光辐射主要由红外线（波长为760~345000nm）辐射、强可见光（波长为400~750nm）辐射和紫外线（波长为180~400nm）辐射组成。光辐射是能量的传播方式，波长越短，则每个量子具有的能量越大，对机体的作用越强。不同焊接方法和不同焊接参数的光辐射强度及其组成是不同的，尤其是紫外线辐射的强度不同，见表10-1。

表10-1　几种焊接方法的紫外线辐射相对强度

波长/nm	相对强度		
	焊条电弧焊	氩弧焊	等离子弧焊
200~233	0.025	1.0	1.91
233~260	0.059	1.0	1.32
260~290	0.60	1.2	2.21
290~320	3.90	1.0	4.4
320~350	5.61	1.2	7.0
350~400	9.35	1.0	7.8

（1）红外线对人体的危害　红外线对人体的危害主要是引起人体组织的热作用。波长较长的红外线可被皮肤表面吸收，使人产生热的感觉；波长较短的红外线可被深部组织吸收，使血液和深部组织灼伤。眼睛若受到强烈的红外线照射，可立即感到强烈的灼伤和灼痛，发生闪光幻觉；若长期受到红外线照射，可造成红外线白内障和视网膜灼伤，严重时能导致失明。电弧焊均可产生各种波长的红外线。但是，只有气焊是以红外线辐射危害为主。

（2）紫外线对人体的危害　适量的紫外线照射对人的健康是有益的。但焊接电弧的强烈紫外线过度照射，对人体健康有一定的危害。

紫外线对人体伤害的程度与其波长有关。研究表明，波长为180~290nm的紫外线对人体的伤害作用最大，它主要对皮肤和眼睛造成伤害。当皮肤受到强烈紫外线作用时，可引起皮炎、弥漫性红斑，有时出现小水泡和浮肿，有发痒和热灼感，作用强烈时表现为头痛、头晕、发烧、失眠及神经兴奋等。紫外线对眼睛有一定的伤害作用，如直接照射眼睛会引起电光性眼炎。紫外线过度照射还会引起急性角膜炎，主要表现为两眼流泪、刺痛、异物感、怕光等，并伴有头痛、视物模糊等症状。

此外，焊接电弧的紫外线辐射对纤维的破坏力很强，尤其是棉织品为甚。

等离子弧焊、氩弧焊、二氧化碳气体保护焊和焊条电弧焊的危害主要以紫外线辐射为主。

（3）强可见光　焊接电弧的可见光的亮度比肉眼正常承受的亮度约大一万倍。被强可见光照射后眼睛看不见东西、疼痛，通常也称为电弧"晃眼"，短时间内会失去视觉，长时间的照射会引起视力减弱。

第二节　焊接污染物的控制途径

在焊接污染物中，电焊烟尘的危害最大。对焊接污染物的控制主要应从以下几个方面考虑。

1. 改革工艺

以无污染或污染较少的焊接方法（如埋弧焊和电阻焊等）来代替污染较严重的焊接方法（如焊条电弧焊、CO_2 气体保护焊、氩弧焊和等离子弧焊）。这些方法对减少污染是有利的，但是由于技术条件的要求和客观条件的限制，只有局部的可行性。例如，用埋弧焊代替焊条电弧焊，焊接长而直的焊缝或者直径较大的环缝时可以；而焊接短小的、不规则的焊缝则不能代替。

2. 改善焊条

焊条电弧焊产生的烟尘和有害气体都来自焊条药皮，所以焊条药皮是该焊接方法的污染源。因而改善焊条，减少发尘量和烟尘中致毒物质含量应从焊条药皮着手，也就是从污染源的改善着手，这对减少或消除焊接污染有重要意义。

1）将高锰焊条改为低锰焊条，可减少烟尘中致毒物质（锰）的含量。

2）使用已研制成功的低尘低毒碱性焊条，该焊条药皮采用不易蒸发（沸点高）且可减少氟化物产生的药皮材料，可达到减少总发尘量和烟尘中致毒物质含量的目的。

3. 采取局部通风除尘系统

局部通风除尘系统由排气罩、风机、风管和除尘器四部分组成，其示意图如图 10-1 所示。

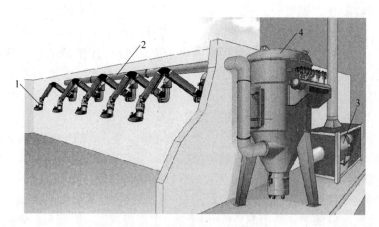

图 10-1　局部通风除尘系统
1—排气罩　2—风管　3—风机（或真空系统）　4—除尘器

（1）排气罩　一般是由薄钢板或薄铁皮制成的吸风罩口，安装于焊接工作点附近，用于吸排焊接过程中产生的有害气体和电焊烟尘。

（2）风机　风机是局部通风系统的重要组成部分，用于克服除尘系统中罩口、风管及净化装置的压力损失，推动通风除尘系统内的气流流量，保证系统的排气量。

（3）风管　风管主要用来输送电焊烟尘和有害气体或净化后的空气。

（4）除尘器　用于捕集电焊烟尘和有害气体的除尘器有多种形式，如静电除尘器、袋式除尘器和洗涤除尘器。静电除尘器和袋式除尘器对电焊烟尘的净化效率较高，可达99%。这两种除尘器都属于干式除尘，捕集到的粉尘易于处理，因此被广泛应用。

局部通风除尘系统的排气罩可以是固定的（用于小型焊件）；也可以是随焊接电弧一起移动的（用于大型焊件的自动化焊接）。

4. 实行密闭化生产

密闭化生产是将污染源控制在一定的空间里，不让污染物向外散发，如将等离子弧堆焊工艺置于密闭罩内进行。密闭罩的结构比较简单，一般可利用屏蔽材料制成罩体，并连接通风除尘系统，将弧光、有害气体、电焊烟尘限制在罩内，防止任意散发，再通过通风除尘系统进行妥善处理。

参 考 文 献

[1] 中国机械工程学会焊接学会. 焊接手册. 第 1 卷. 焊接方法及设备 [M]. 3 版. 北京：机械工业出版社, 2016.

[2] 中国机械工程学会焊接学会. 焊接手册. 第 2 卷. 材料的焊接 [M]. 3 版. 北京：机械工业出版社, 2014.

[3] 英若采. 熔焊原理及金属材料焊接 [M]. 2 版. 北京：机械工业出版社, 2016.

[4] 周振丰. 焊接冶金学（金属焊接性）[M]. 北京：机械工业出版社, 1995.

[5] 雷世明. 焊接方法与设备 [M]. 3 版. 北京：机械工业出版社, 2017.

[6] 中国焊接学会. 先进连接方法 [M]. 北京：机械工业出版社, 2000.

[7] 邱葭菲. 焊接方法 [M]. 北京：机械工业出版社, 2017.

[8] 李隆骏, 许林滔. 特种设备焊工考试实用培训教材 [M]. 2 版. 北京：机械工业出版社, 2016.